모빌리티 디지털전환 이해

이흥식 ◆ 하성용 共著
(중부대학교 교수)

[교육부대학혁신지원사업 사업비로 개발되었음]

에듀컨텐츠·휴피아

목 차

제1장 서론 ... 3

제1절 | 필요성 ... 3
제2절 | 목적 ... 7
제3절 | 추진체계 ... 7

제2장 디지털 전환의 개념 및 제조업 디지털 혁신 ... 11

제1절 | 디지털 전환의 개념 ... 11
제2절 | 디지털 전환의 도전 및 과제 ... 23
제3절 | 디지털 전환 중소기업 영향 ... 29

제3장 디지털 전환 정책 현황 ... 41

제1절 | 정부의 디지털 제조 혁신 방향 ... 41

제4장 모빌리티 산업 및 정책 현황 ... 61

제1절 | 모빌리티 정책방향 ... 61
제2절 | 모빌리티 산업 분류 ... 72
제3절 | 중소 제조기업 스마트제조혁신 지원 정책 ... 87

제5장 제조업 분류 및 현황　　　　　　　　　　　　　　　　　　95

제1절 | 주요통계현황　　　　　　　　　　　　　　　　　　　　　95
제2절 | 특성분석　　　　　　　　　　　　　　　　　　　　　　　107
제3절 | 자동차 부품 산업 현황　　　　　　　　　　　　　　　　　117

제6장 제조업 디지털 전환 실태 조사　　　　　　　　　　　　　125

제1절 | SW 융합클러스터 지원기업 만족도　　　　　　　　　　　125
제2절 | 제조업 종사자 대상 디지털 전환 실태 조사　　　　　　　133
제3절 | 모빌리티 및 디지털전환 관련 키워드 분석　　　　　　　164

제7장 제조·모빌리티 디지털 전환 발전전략　　　　　　　　　185

제1절 | 지역 제조업 디지털 전환을 위한 특성화 전략　　　　　185
제2절 | 지역 제조업 디지털 전환 중장기 발전전략　　　　　　　198
제3절 | 제조업 및 모빌리티 산업 디지털 전환 중장기 로드맵　　216

참고자료　　　　　　　　　　　　　　　　　　　　　　　　　221

모빌리티 디지털전환 이해

에듀컨텐츠·휴피아

제1장
서 론

제1장. 서론

 **서 론**

제1절 | **필요성**

▌ 코로나19 팬데믹 이후에도 지속되는 제조업 위기

○ 경제 성장의 근간이었던 제조업은 노동 인구 감소, 인건비 증가, 원자재 가격 상승, 경기 둔화에 따른 내수 부진 등으로 어려움을 겪고 있음

○ 러시아-우크라이나 전쟁 장기화, 글로벌 공급망 차질, 중국의 일부 지역 봉쇄 등 대외 불안 요인이 증가하면서 제조업의 위기가 장기화할 수 있다는 우려가 나오고 있음

○ 코로나19 팬데믹에서 벗어나 단계적 일상 회복의 기대감이 커지는 상황에서도 국내외 비우호적인 여건으로 제조업 위기가 여전히 심화되고 있음
 - 한국은행이 발표한 제조업 업황 기업경기실사지수(Business Survey Index)*에 따르면 차량용 반도체 등 부품 수급난, 원자재 가격 상승과 이에 따른 생산 차질 등으로 22년 체감경기가 지속적으로 하락하고 있음
 * BSI 지수 100은 전분기 대비 변화 없음을, 100보다 크면 전분기 대비 증가(호전), 작으면 감소(악화)를 의미

[제조업 경기실사지수(BSI) 실적 및 전망 현황('22.12)]

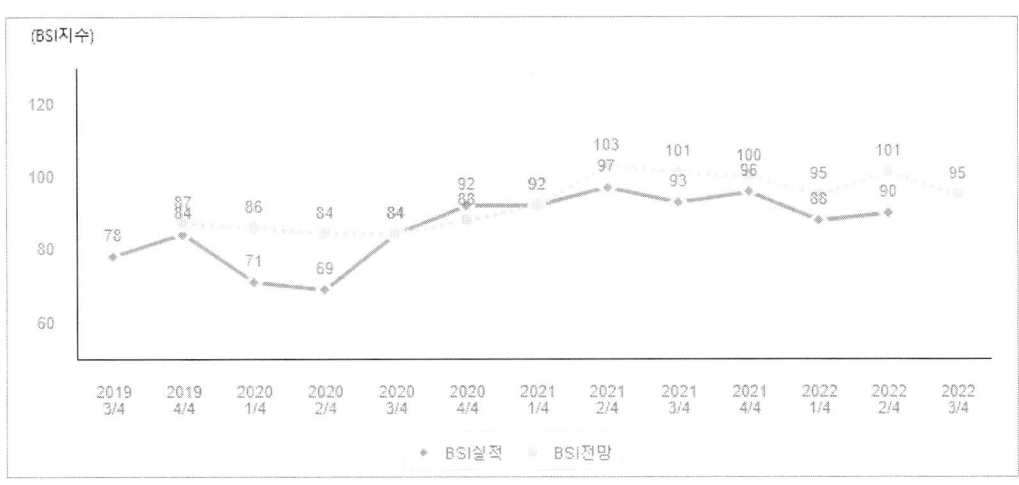

출처: 산업통상자원부, 산업연구원(온/오프라인 설문조사 결과분석자료)

모빌리티 디지털전환 이해

- 국내 제조업의 약 70%를 차지하는 중소기업 대부분은 부가가치가 낮은 하청 구조이며, 저임금의 노동력을 기반으로 사업을 이어 가고 있어 경기가 회복되더라도 제조업 위기는 지속될 공산이 높음
- 불확실한 대외 여건은 차치하더라도 대내적으로 노동 비용 상승과 대비해 제조 생산성은 더디게 향상되고, 생산인력 고령화는 날로 심화하고 있기 때문
- 한국의 제조업 근로자 평균 연령은 2011년 39.2세에서 2020년 42.5세로 연평균 0.90% 올라 연평균 0.08% 오른 미국이나 연평균 0.32% 오른 일본에 비해 훨씬 빠르게 고령화되고 있으며, 향후 10년 안에 노동인구 감소로 말미암은 노동자에 의한 생산성이 50% 이상 자연 감소될 것으로 예상

▍ 경북지역 제조업의 쇠퇴와 새로운 돌파구의 필요성 증대

- 경북은 1970년대 산업화 시기의 주역으로 경부선이 지나는 구미와 동해안의 포항은 지역 발전을 견인하며 부흥
- 최근 산업구조의 재편과 함께 산업화 거점 도시는 갈수록 역동성을 잃어가고 있어 산업 구조 전반의 대혁신 및 신산업 육성의 필요성이 제기
  - 제조업을 기반으로 한 경북과 경남지역은 최근 성장률이 크게 둔화
  - 지난해 코로나19 여파로 대구경북 제조업체의 매출감소율은 6.5%로 지방 평균 5.7%보다도 큰 전국 최고치를 기록

[도별 소득 성장률]

	2012	2013	2014	2015	2016	2017	2018	2019	2020
전국	2.3	3.1	3.1	2.8	2.9	3.1	2.9	2.2	-0.6
충북	3.4	3.9	4.2	7.0	5.8	6.1	6.3	1.7	-1.5
충남	0.7	-1.8	2.9	1.1	3.2	5.4	0.6	1.3	0.4
전북	1.0	4.4	2.0	1.0	-0.8	1.9	1.7	2.4	-0.8
전남	0.7	1.9	0.0	0.7	2.3	1.3	2.2	2.4	0.5
경북	0.8	3.8	7.1	-2.6	2.5	-1.2	-1.2	1.2	-2.9
경남	2.6	0.5	0.4	1.7	0.7	-0.7	0.6	2.0	-5.4

출처 : 통계청 「지역소득」, 2022.8, 수도권 및 광역시 제외
* 매년 12월말 전년도 잠정자료 발표, 국세, 지방세 등 기초통계자료를 보완하여 익년 8월말 확정자료 DB수록
* 2020년 확정자료 수록(2022.8.)

- 경북 제조업은 수출기업의 비중이 낮아 제조업 부활을 위해서는 새로운 접근과 대안이 필요
- 제조업이 단지 제조업만의 문제가 아니라 국가경쟁력의 문제라는 인식이 필요
- 대구경북의 제조업 쇠퇴는 단순히 2차산업의 하락 문제가 아니라 지역경쟁력의 추락이라는 결과로 이어질 수 있음

제1장. 서론

경북 지역 성장잠재력의 추락*

* KIET산업경제분석-지역성장잠재력 분석, 2022.08

○ 경북은 지역 성장 잠재력 종합지수*가 2010년 0.980으로 8위를 기록했지만 2020년 0.949로 11위로 지속적인 하락 추세

○ 경북은 우리나라 주력 제조업의 집적지역인 동북권의 중추도시이지만 기업·산업 역량이나 인적자본, 지역혁신 역량 등이 모두 취약해 디지털 경제시대에 지역성장을 주도하지 못하고 있는 것으로 평가

* 성장 잠재력: 지역 성장 잠재력(RGP, Regional Growth Potential)은 지역 성장 성과(Y), 기업·산업 역량(K), 인적자본 역량(H), 지역혁신 역량(I), 지역사회 역량(S)의 합으로 정의

[시도별 지역 성장잠재력]

구분	2010년		2015년		2020년	
	값	순위	값	순위	값	순위
서울	1.095	1	1.077	1	1.105	1
부산	0.887	16	0.917	15	0.899	16
대구	0.915	13	0.929	13	0.894	17
인천	0.954	10	0.956	10	0.948	13
광주	0.981	7	0.966	8	0.974	8
대전	1.053	2	1.062	2	1.063	3
울산	0.996	5	1.004	6	0.975	7
경기	1.043	4	1.049	3	1.032	4
강원	0.9	15	0.93	12	0.948	12
충북	0.984	6	0.996	7	1.02	6
충남	1.044	3	1.028	4	1.026	5
전북	0.914	14	0.925	14	0.929	14
전남	0.919	12	0.912	16	0.955	10
경북	0.98	8	0.964	9	0.949	11
경남	0.962	9	0.931	11	0.913	15
제주	0.94	11	1.009	5	0.96	9

○ 경북 지역 성장 잠재력 특성에 기반한 맞춤형 산업육성정책 마련이 시급

제조업 위기를 극복하기 위해 디지털 전환의 도입 필요

○ 제조업의 디지털 전환이란 설계, 생산, 물류, 유통 등 제조 가치 사슬의 모든 영역에 걸쳐 디지털화된 데이터를 기반으로 생산성을 향상시키고 고객 가치를 높이는 것을 의미

○ 제조기업 하청 구조의 전통 비즈니스 모델 변화까지 포함해서 조직문화, 업무 프로세스, 비즈니스 모델 등 경영전략 전반에 걸친 혁신적 변화가 필요

모빌리티 디지털전환 이해

- 과거 제조업은 공장이라는 물리적 공간 내에서 생산 업무를 진행하는 것이 당연한 원칙이었지만 제조 빅데이터 처리와 최적화, 인공지능(AI) 기반의 품질 관리, 가상물리시스템(CPS)을 통한 디지털 트윈 등 정보통신기술(ICT) 기반 기술이 빠른 속도로 개발
- 특히 코로나19 이후 많은 기업이 일하는 방식을 바꾸고 있는 가운데 영상회의를 통한 비대면 회의, 원격근무 확산 등으로 온라인 협업툴 활용을 통한 업무방식으로 전환
- 제조업도 품 설계, 부품 구매, 생산품질관리, 시스템 운영 등 주로 사무직과 IT 관련 업무에서 디지털 전환을 통해 일하는 방식의 변화를 추구
- 영업 측면에서도 단순한 대기업 하청 구조에서 탈피해 해외 고객 확대, 애프터마켓 진입 등 거래처 다변화가 필요한 상황

▍제조업 디지털 전환을 위한 전략 마련이 필요

- 제조업의 디지털 전환을 위해서는 디지털 데이터의 기업 공유와 협업이 중요
  - 제조업 활성화는 단순 공장 단위를 넘어 산업 전체 밸류체인에 대한 공급망 관리, 고객 경험, 기업 협업 등 의미 있는 데이터가 가치를 만들 수 있어야 하고 이를 위한 종합적이고 체계적인 지원이 필요하기 때문
- 산업 현장의 디지털 전환 확산을 위해 '산업 디지털전환 촉진법'이 제정되었으며, 이를 통해 기업 간 데이터 공유와 협업 활성화를 촉진
- 제조업의 위기는 국민 일자리 감소와 안정적 소득 창출의 어려움으로 나타나고, 더 나아가 우리나라 경쟁력의 위기로 이어질 수 있음
- 제조 기업 상황에 맞는 디지털 전환 체계를 마련하여 급변하는 대내외적 변화에 능동적이고 신속하게 대응할 수 있는 것이 필요

▍경북 제조업의 대표적인 신성장동력으로 모빌리티 산업을 선정하여 지원

- 경북 산업은 제조업이 산업의 절반가량으로 자동차 부품 제조에 특화되어 있으며(경산-영천-경주를 중심으로 1,300개의 부품업체와 완성차 1차 벤더가 67개로 집적화), 현재는 자동차 산업의 위기로 지속적인 부품 산업의 채산성 악화가 가속화
- 이를 타개하기 위해 모빌리티 산업을 신규 성장동력으로 선정
- 지역의 핵심 산업인 '자동차와 모바일'을 중심으로 포항, 경주, 영천, 경산, 구미, 칠곡, 김천 등 7개 지역에서 SW융합 사업을 수행
- 또한 김천-구미 혁신 클러스터의 대표 산업으로 e모빌리티 산업을 추진

제1장. 서론

제2절 목적

■ 경북 제조업 및 모빌리티 산업의 디지털 전환을 위한 전략 수립
- ○ 경상북도 제조 중소기업 및 모빌리티 산업의 성공적인 디지털 전환을 위한 전략 수립
- ○ 중장기 로드맵 수립을 통해 안정적이고 신속한 디지털 전환 체계 구축

■ 경북 중소 제조 기업 실태조사를 통해 디지털 전환의 추진 현황 분석
- ○ 중소기업의 니즈 분석을 통해 경북 맞춤형 추진 전략 수립

모빌리티 및 중소제조기업 디지털 전환 실태조사 및 현황 분석을 통해
경북 맞춤형 중소 제조 분야 디지털 전환 전략 수립

제3절 추진체계

■ 문헌분석
- ○ 문헌분석은 디지털 전환의 개념 및 국내·외 추진 정책 등 관련한 자료를 중심으로 분석

■ 빅데이터 네트워크 분석 조사
- ○ 빅카인즈 플랫폼을 활용하여 관련 최근 1년간의 관련 이슈키워드의 동향 분석

■ 경북 중소 제조업 디지털 전환 추진 실태 조사
- ○ 경북 제조 중소기업을 대상으로 디지털 전환 추진 현황 및 문제점, 니즈 등을 분석

■ 중장기 발전 전략 도출
- ○ 네트워크 및 실태조사를 통해 경북 맞춤형 중장기 발전 전략을 도출

■ 제조 및 모빌리티 산업 디지털 전환을 위한 로드맵 제안
- ○ 중장기 발전전략을 토대로 디지털 전환 로드맵 제안

에듀컨텐츠·휴피아
CH Eductments Huepia

제2장
디지털 전환의 개념 및 제조업 디지털 혁신

에듀컨텐츠·휴피아

제2장. 디지털 전환의 개념 및 제조업 디지털 혁신

제1절 │ 디지털 전환의 개념

1. 디지털 전환의 정의와 특성

▍제4차 산업혁명이 촉발한 디지털 전환(Digital Transformation)은 디지털 기술을 산업과 사회 모든 측면에 통합하는 과정

- 기술, 문화, 운영, 가치 제공 등 거의 모든 영역에서의 근본적인 변화를 필요로 함
- 디지털 기술은 제4차 산업혁명의 핵심 기술이라고 여겨지는 인공지능(Artificial Intelligence), 블록체인(Block-chain), 가상/증강현실(Virtual/Augmented Reality), 디지털 제조(Digital Fabrication or Additive Manufacturing) 등이 포함
- 디지털 전환은 이 같은 다양한 디지털 기술을 활용하여 비즈니스 모델을 혁신함으로써 자원이 재분배되고 조직이 재정비 되는 일련의 과정을 말하는데, 조직의 동태적 역량(Dynamic Capability)이 충분한지, 조직의 변화관리(Change Management)가 잘 이루어지도 중요한 요소로 작용

▍디지털 전환이 광범위한 사회적 파급효과를 유발하고 있는 것은 디지털이 아날로그와 다른 특징을 가지고 있기 때문

- 전통적인 아날로그 산업경제에서 생산의 중요 3대 요소는 토지, 자본(설비, 공장), 노동으로 아날로그는 유형의 물체이기 때문에 경합성과 배제성을 가짐
- 하나를 더 만들려면 그 만큼의 아날로그가 더 들어가야 하고, 내가 소유하면 다른 사람은 못 가지게 되어 아날로그 재화나 원료를 사용하려면 먼저 소유해서 자신의 통제하에 두어야 하는 유한한 재화를 두고 경쟁하는 구도
- 디지털은 비트(Bit) 또는 0과 1로 표현되는데, 무형의 실체로 무한으로 복제해도 추가 복제 비용이 제로에 가까움
- 디지털 무형자원들은 적은 재투자 비용으로 반복사용이 가능하며(높은 확장성), 다른 무형자산과 결합되어 시너지를 창출하기에 용이한 특징을 가지고 있으나, 무형자산에 대한 유출가능성이 높아 해당 자원을 전유(appropriation)하기 쉽지 않으며, 기 투자된 무형자산을 회수하기 힘든 단점도 있음

모빌리티 디지털전환 이해

[무형 경제의 특징]

특징	세부 내용
큰 확장성(Scalable)	• 무형자산은 거의 재투자 없이 여러 장소에서 반복해서 사용 가능하다 • 사례: AirBnB, Uber 등의 급속한 글로벌 시장확장
매몰(Sunk) 비용 회수가 어려움	• 투자된 무형자산은 팔기 또는 가치를 회복하기 어렵다 • 사례: 노키아 Symbian OS의 사장
유출(Spillovers) 가능성이 크다	• 무형자산은 쉽게 퍼지기 때문에 무형자산에 대한 투자 결과를 전부 얻기 어렵다 • 사례: iPhone 외형 디자인을 모방한 스마트폰의 확산
시너지(Synergies) 창출이 용이하다.	• 무형자산은 다른 무형자산 또는 인적 자본과 결합될 때 가치가 높아진다 • 사례: iPod(HW), iTune(SW, Platform), 음악 제작자의 결합

자료: Haskel et al. (2018)

▎디지털 전환에서 디지털 무형자산은 디지털 기술에 의해 구현되는데 디지털 기술이 가진 일반목적 기술(General Purpose Technology)의 특성은 디지털 전환의 파급력을 높이고 있음

○ 통상 일반목적기술은 증기기관, 내연기관, 전기 등과 같이 노동시간과 생산, 나아가 삶의 형태까지 획기적으로 바꾸어 놓을 수 있는 기술이자 다양한 형태로 변형되어 적용될 수 있는 기술을 의미하는데, 디지털 기술의 경우 적용의 광범위성(Pervasiveness), 확산적 발전 (improvement), 혁신의 보완성(Innovational Complementarities)이 이라고 하는 특성을 가지고 있음 (Bresnahan and Trajtenberg, 1995, Gambardella and McGahan, 2010)

○ 인공지능, 블록체인, 적층제조, 가상/증강현실 등의 디지털 기술은 다양한 분야에서 광범위하게 활용되면서 그 중요성이 배가되고 있음

- 예를 들어, 인공지능 자체는 빅데이터를 효과적으로 분석한다는 기술적 특성을 가지고 있지만 인공지능 스피커에서, 스마트폰 카메라 그리고 자율주행 자동차까지 다양한 분야에 적용되고 있음

- 이러한 광범위한 적용은 인공지능의 분야를 이미지 프로세싱에서, 음석 인식, 교차 분석 등 확산적으로 발전시키게 되는데 이 과정에서 블록체인, 가상/증강현실 같은 다른 디지털 기술들과 보완적으로 활용되면서 보완적 시너지를 창출하게 됨

제2장. 디지털 전환의 개념 및 제조업 디지털 혁신

[디지털 전환에 따른 사회경제적 변화]

특징	세부 내용
다수가 필요하지 않은 규모 (Scale without Mass)	• 디지털상품의 생산은 일반상품에 비해 고정비용이 낮고 한계 비용이 0에 가깝기 때문에 적은 수의 근로자와 무형의 자산을 통해서도 세계적인 규모의 사업 운영이 가능
넓어진 범위 (Panoramic Scope)	• 새로운 비즈니스 모델, 플랫폼 등의 생성은 기존 범위의 경제에 변화를 주어, 디지털 자원을 결합, 보완 및 처리하는 탁월한 능력을 통해 범위 확보의 장애 요소를 감소시킴
시간의 역동성 (Temporal Dynamics)	• 디지털 기술은 상호 작용과 사회·경제 활동의 변화를 가속화하는 동시에 과거 정보의 접근성 및 재사용을 가능하게 하여 과거 정보의 가치를 향상시킴
소프트 자본의 활성화 ("Soft" Capital)	• 디지털화된 자산은 일반 자산들과 달리 비경합성, 영속성, 비배제성의 특성을 가지며, 디지털화 시대에는 자산의 사용 및 소유의 개념이 바뀌어 공유경제가 활성화됨
가치 이동성 (Value Mobility)	• 자본이 무형화·디지털화됨에 따라 상품의 기원이나 가치가 어디서 창출됐는지 알기 어려움
최종소비자의 지능화 (Intelligence at the edges)	• 이전에는 네트워크의 핵심이 중앙에 편중되어 최종소비자들은 일방적으로 정보를 수신할 수밖에 없었지만, 현재는 지능적 핵심이 탈중앙화 되어 개별 이용자들은 다양한 기능을 수행 및 생산
플랫폼 및 생태계 (Platforms and Ecosystems)	• 최종소비자의 권한이 많아짐에 따라 탈중앙화가 진행되었지만, 전자상거래, 소셜 네트워크, 검색사이트 등 새로운 형태의 중개 혹은 중앙화 플랫폼이 등장
공간적 제약의 상실 (Loss of place)	• 인터넷의 편재성과 무형의 산물의 이동성이 보편화되면서 기존의 장소, 거리 및 관할의 제약이 약화됨

자료: 김성웅 외(2017), 2017 OECD 디지털경제 아웃룩 주요 내용 분석 및 의의.

▮ 디지털 자원의 특징, 디지털 기술의 일반목적기술 특성은 다양한 사회변화를 유발하는 요인으로 작용

- OECD는 디지털경제 아웃룩(Digital Economy Outlook 2017)에서 디지털 전환에 따른 사회경제적 변화를 다수가 필요하지 않은 규모(Scale without Mass), 넓어진 범위(Panoramic Scope), 시간의 역동성(Temporal Dynamics), 소프트 자본의 활성화(Soft Capital), 가치 이동성(Value Mobility), 최종소비자의 지능화(Intelligence at the edges), 플랫폼 및 생태계(Platforms and Ecosystems), 공간적 제약의 상실(Loss of place) 으로 요약

- 시장에 제시할 수 있는 가치의 개념, 가치를 창출하는 방법에서 가치를 전달하는 경로까지 비즈니스 모델 전체에 있어 근본적인 변화가 유발되는 것이며, 이러한 변화가 사회모습의 변화까지 유발하게 되는 것

모빌리티 디지털전환 이해

2. 디지털 전환 현상

2.1. 민간영역에서의 디지털 전환

┃ 디지털 전환은 공공부문보다 민간영역에서 빠르게 진행

- ○ 민간기업의 경우 모든 비즈니스 프로세스와 생산과정을 혁신하여 애자일(Agile)한 데이터 기반의 디지털 경제로의 전환 추진
- ○ 민간영역에서의 디지털 전환은 개별 기업차원의 미시적 변화와 산업계 차원의 거시적 변화로 나누어 볼 수 있음
- ○ 먼저, 미시적인 개별 기업차원에서는 물론, 대기업과 중소기업 모두 생존의 관점에서 디지털 전환을 추구하고 있는데 새로운 부가가치 창출을 통해 경쟁에서 비교우위를 선점하고 비용을 절감하는 것이 디지털 전환의 공통된 동인
  - 최근 10년간의 시가총액 10위 기업을 살펴보면 제4차 산업혁명 관련 기업들이 빠르게 부상하고 있음을 알 수 있음
  - 2011년 시가 총액 10위 기업들은 대부분 석유, 금융, 유통 등 전통산업의 강자들이었으나, Facebook, Tesla, Amazon 디지털 기술을 강조하는 신흥기업들이 부상하였으며 이들 전통기업들이 빠르게 대체되었으며 Wall-mart 같은 전통기업들은 생존을 이해 적극적으로 디지털 전환을 시도

[최근 10년간의 시가총액 10위권 기업의 변화]

순위	2011.12	2015.12	2020.12
1	Exxon Mobil	Apple	Apple
2	Apple	Alphabet	Saudi Armco
3	Petro China	MS	MS
4	Royal Dutch Shell	Berkshire Hathaway	Amazon
5	ICBC	Google	Alphabet
6	MS	Petro China	Facebook
7	IBM	Johnson&Johnson	Tencent
8	Chevron	Wells Fargo	Alibaba
9	Wal-Mart	Wal-Mart	Tesla
10	China Mobile	ICBC	Berkshire Hathaway

자료: S&P Capital IQ (2020)

제2장. 디지털 전환의 개념 및 제조업 디지털 혁신

▎**대기업과 중소기업이 디지털 전환을 추구하는 목적에 공통점과 차이점이 있음**

- ○ 공통점은 디지털 전환이 여러 경제활동비용을 감소시킬 수 있다는 것 (Goldfard and Tucker, 2019).
  - Search Costs(검색 비용)의 감소쉽고 편리하게 제품을 검색하고 비슷하거나 동일한 제품의 가격을 비교할 수 있어, 전자상거래에서 판매되는 제품이 가장 저렴한 가격으로 수렴되고, 다양한 제품 판매가 증가(long tail)
    - 매칭 비용의 감소는 플랫폼의 등장, 기업 조직의 글로벌 연결 확대(글로벌 거래, 글로벌 인재)로 이어지고 있음
  - Replication Costs(복제 비용)의 감소
    - 디지털의 비경합성(non-rival)으로 구독경제 모델, 무료 공개와 프리미엄 서비스가 결합된 오픈소스 모델, 카피 레프트(지식재산 공유, Commons) 등의 경제 현상이 나타나고 있음
  - Transportation Costs(운송 비용)의 감소
    - 디지털 정보와 제품, 서비스는 거리의 제약 없이 전 세계에 유통될 수 있으나, 국가의 규제 영향을 받고 있음
  - 넷째는 Tracking Costs(추적 비용)의 감소
    - 온라인에서의 개인의 구매나 활동기록을 바탕으로 개인 맞춤형(가격 차별화, 맞춤형 광고) 등이 가능하다. 이는 프라이버시(개인정보보호) 문제를 발생시키고 있기도 함
  - Verification Costs(검증 비용)의 감소
    - 온라인상에서 구매 기록이나 점수(rating), 피드백(feedback) 등으로 평판을 확인하고 신뢰 여부를 검증할 수 있게 되면서 검증비용이 낮아지고 있음
    - 익명성 속에 평판(rating, feedback)의 누적이 투명성을 높이고, 진실에 수렴하게 되는 효과를 얻고 있음

[디지털 기술이 기업의 수출 비용 절감에 미치는 영향]

가치사슬	세부 내용	전통적인 활동	디지털 활동
시장조사	• 해외 사업기회의 식별 및 정량화 • 목표 시장에 대한 정보 획득 및 견고한 이해	• 노동 집약적: 헌신적 직원, 시장 조사 기관, 잠재적 시장 답사 • 잠재적 시장 출장	• 데스크탑 조사 • 디지털 시장조사 도구(예: 온라인 설문조사) • 여행 필요성 감소
마케팅	• 광고를 통한 해외 시장 고객 타깃팅 • 다양한 광고 채널을 통한 홍보 자료의 배포	• 외국시장 현지의 광고 조달 (예: 신문, 라디오 및 TV 광고)	• 디지털 광고 채널(검색 엔진 최적화, 디스플레이, 소셜, 비디오) • 시장 플랫폼 활용

모빌리티 디지털전환 이해

가치사슬	세부 내용	전통적인 활동	디지털 활동
보험·금융	• 제품 배송보험 및 수출 보증 자금에 대한 정보 • 조달 보험 및 대출 정보 취득	• 제한된 투명성 • 시간 집약적 서류 작업 • 전담 브로커	• 제품 비교 사이트 • 단일 시장 조망 • 디지털 금융 상품
규제	• 중소기업에 적용되는 외국 시장의 규제, 규정 및 법률 • 서류 제출 및 법적 비용과 같은 외국 규정 준수 비용	• 시간 집약적서류 작업 • 전담 컨설턴트	• 전국 단일 조망
유통	• 외국 시장에 상품의 물리적 배송 • 판매에 따른 제품 유통채널	• 수작업에 의한 공급망 관리 • 비효율성 원인에 대한 제한된 정보	• 자동화 및 디지털화된 공급망 관리(예: 사물 인터넷)
운영 지원	• 일상적인 비즈니스 운영(예: 주문처리, 백오피스 작업) • DB 관리, 회계, 커뮤니케이션과 같은 무거운 IT 업무	• 특수 IT 장비(예:서버, 사무용 소프트웨어) • 통신 서비스 • 전담 여행사	• 클라우드 컴퓨팅 및소프트웨어 • VoIP • 온라인 여행 서비스

자료: WTO(2019)

▎**대기업의 경우 디지털 전환을 통해 사업을 확장하고, 새로운 시장을 창출하는데 큰 관심을 보이는 반면, 중소기업들은 인력부족이슈에 대처하고 생산성(Productivity) 향상을 꾀하는데 큰 관심을 보이고 있음**

○ 중소기업들은 특히 디지털 전환을 통해 생산 및 서비스에서의 효율성 제고를 이룰 수 있을 것으로 기대하고 있으며, 이 때문에 스마트 공장, IoT를 통한 자동공정화로 대변되는 공정혁신(Process Innovation)에 큰 관심을 보이고 있음

○ 우리나라는 OECD 회원국 중 대기업과 중소기업의 생산성 격차가 가장 큰 나라이며 그 생산성 격차가 지속적으로 증가하고 있다는 문제에 당면하고 있음 (OECD, 2020).

○ 정부에서도 중소기업의 디지털 전환을 통한 생산성 확대를 최우선 당면과제 중 하나로 인식하고 인공지능과 클라우드 플랫폼(Cloud Platform)에 기반 한 Cyber-Physical 생산시스템 구축을 지원하는 다양한 스마트 팩토리(Smart Factory) 사업을 추진

○ 현재 중소기업벤처부가 지원하고 있는 디지털 전환사업(스마트 팩토리)의 경우 참여 중소기업들이 생산성 증가 외에도 신제품 종류 증가, 소비자 불만 감소, 제품 생산비용 및 시간 절감, 디지털 전환관련 신규 고용창출 등 다양한 긍정적 효과가 나타나나고 있는 것으로 보고되고 있음

제2장. 디지털 전환의 개념 및 제조업 디지털 혁신

[OECD 회원국들의 대기업-중소기업 생산성 격차]

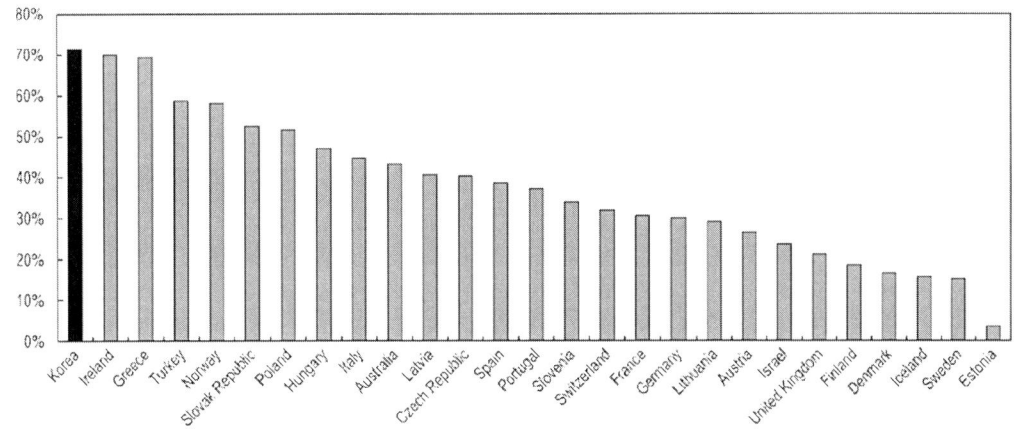

자료: OECD (2020)

[디지털 전환 가속화를 위한 스마트 팩토리 보급사업]

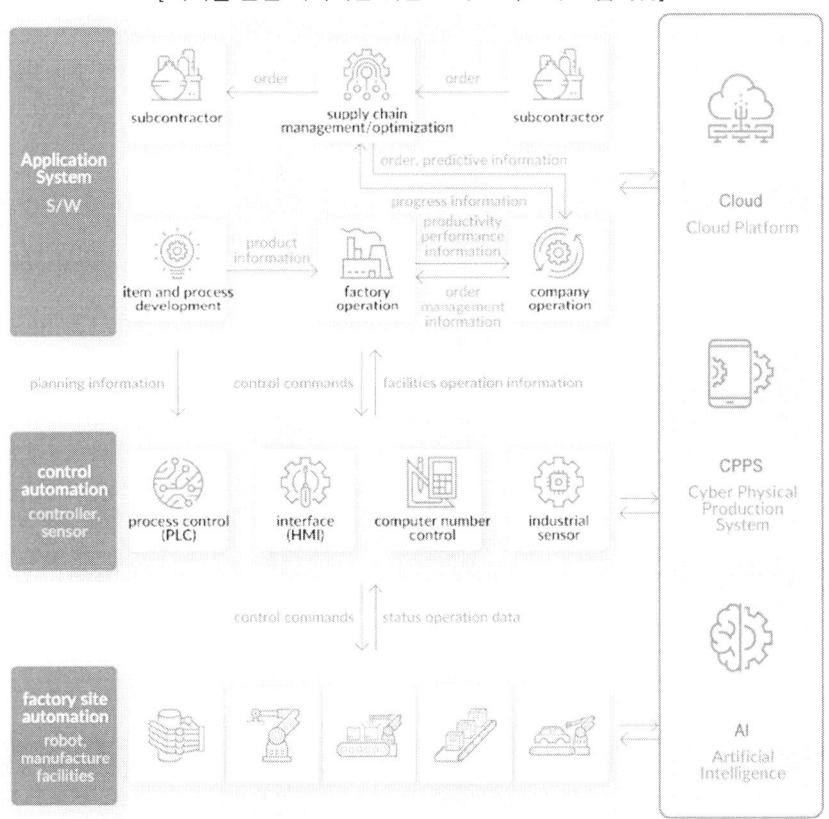

자료: 중소벤처기업부 스마트제조혁신추진단(https://www.smart-factory.kr)

모빌리티 디지털전환 이해

디지털 전환이 산업계 생태계의 변화를 가속화

○ 디지털 전환을 통해 시장이 재편되며 해체(Unbundling)와 흡수(Integration), 융합(Uber Moment)가 동시에 나타나는 양상이 나타나고 있는데, 여기서 해체(Unbundling)란 P&G 같은 거대 다국적 기업들 수많은 스타트업들의 도전을 받고 있으며 시장 장악력을 잃고 있는 현상을, 흡수(Integration)란 반대로 Amazon 같은 거대 기술기업(tech giant)들이 인수합병을 통해 새로운 기술을 빠르게 습득하고 있는 상반되는 현상을 일컬음

○ 디지털 전환에서 가장 독특한 현상은 융합(Uber Moment)인데, 여기서 Uber Moment란, 우버 같은 디지털 플랫폼의 출현으로 이종기술의 결합과 기술 플랫폼을 통한 승자독식 현상이 가속화되는 현상을 말함

○ 대표적인 사례가 인공지능을 기반 아동 주의력결핍 과잉행동장애(ADHD) 치료 게임 같은 SaMD(Software as a Medical Device), 즉 디지털 치료제
  - 전통적으로 치료제는 제약사와 병원의 협업이 주로 이루어졌으나 디지털 전환으로 제약사와 소프트웨어(또는 게임)회사가 협업을 하여 새로운 부가가치(즉, SaMD)를 창출하는 융합효과가 일어나고 있는 것

[디지털 전환 시대의 거시적 변화]

자료: 안준모 (2018)

제2장. 디지털 전환의 개념 및 제조업 디지털 혁신

▎디지털 전환의 거시적 변화는 많은 변화를 가져오고 있음

- ◦ 산업혁명의 시대에 통용되었던 생산 중심의 규모의 경제(scale matter)에서 수요 중심의 경제로의 변화가 예상되며, 속도와 유연성(speed and flexibility)이 경쟁우위의 원천이 될 수 있다는 점에서 새롭게 시장이 창출되며 판도가 바뀌는 시장재편과 창조적 파괴(Creative Destruction)가 일어나고 있음
- ◦ 네이버, 카카오 등 디지털 플랫폼 회사 뿐 아니라 제조업체 들도 적극적으로 다양한 디지털 기술을 활용하며 기존의 비즈니스 모델을 고도화하고 혁신하고 있음

2.2. 공공영역에서의 디지털 전환

▎높은 효율성과 효과성을 지향하는 디지털 기술의 특성은 공공행정의 활력을 불어넣는 개혁적 도구로 활용되고 있으며 이와 함께 상당한 공공가치 창출이 예상(Pencheva et al., 2020).

- ◦ 공공영역의 경우 민간영역에 비해 상대적으로 형평성을 더 강조해왔고 관료제의 특성상 어느 정도의 비효율성이 불가피하다고 인식
- ◦ Capgemini (2017)는 인공지능기술을 통해 공공영역의 생산성과 효율성 제고로 촉발될 수 있는 경제적 효과를 낙관적[1] 시나리오에서 연간 5.61조 USD로 추산했는데, 이는 2025년까지 전세계 GDP를 1.93% 추가 성장시킬 수 있는 규모의 영향력

[공공분야에서의 인공지능 활용에 대한 경제적 효과]

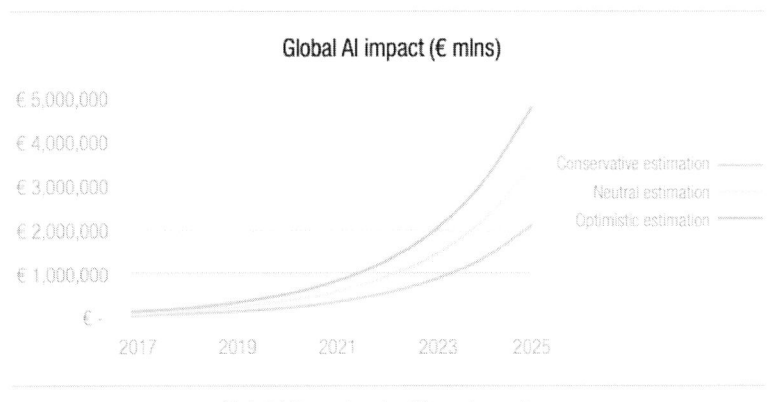

자료: Capgemini (2017)

---

[1] 중립적 시나리오에서는 약 4.03조 USD 및 1.41%, 부정적 시나리오에서는 약 2.45조 USD 및 0.86%인 것으로 나타나 모든 시나리오에서 공공분야의 인공지능 활용의 경제적 효과가 긍정적인 것으로 전망됨 (Capgemini, 2017)

모빌리티 디지털전환 이해

▌디지털 전환이 본격적으로 논의되기 전부터 공공영역에서의 ICT 기술 활용은 꾸준히 이루어져왔는데, 전자정부나 클라우드소싱 플랫폼의 활용이 대표적인 사례

- 전자정부의 경우 행정자료의 디지털화로 시작하여 ICT기술을 통해 행정서비스를 고도화하는 개념으로 확장

- OECD (2003)는 전자정부를 '더 나은 정부를 이루기 위한 도구로서 정보통신기술을 활용하는 것'으로, Palvia and Sharma (2007)는 '정보통신기술 및 인터넷을 활용하여 정부 운영을 지원하고 시민들을 참여시키며 정부서비스를 제공하는 것' 등으로 정의하고 있는데, 전자정부를 좁게 보면 정부가 정보기술을 활용하여 국민들에게 전자적인 민원서비스를 제공하는 행정정보화로 해석될 수 있으며, 넓게 해석하면 전자화된 민원서비스를 넘어 정보기술을 통해 행정 효율화를 꾀하고 정부를 혁신하는 것까지 확장될 수 있음 (정충식, 2018).

▌2000년대 들어서는 개방형 혁신(open innovation)의 부상과 ICT 기술의 본격적 발달로 공공행정서비스의 고도화 직접 민주주의 가능성 모색 등이 이루어 졌는데, 대표적인 사례가 Wiki 미디어 등 클라우드 플랫폼의 활용

- 단순한 아이디어 수집부터, 협력과 참여를 위한 도구, 직접적 의견개진을 위한 플랫폼 등 다양한 수준으로 ICT기술이 활용

- 뉴질랜드는 2008년에 위키미디어 형식으로 경찰법을 입법하였고 미국 특허청은 전문가들이 특허심사에 자유롭게 참여하는 peer-to-patent를 도입한 바 있음

[공공영역에서의 ICT 기술 활용사례]

(유형 1) 아이디어 제시	(유형 2) 협력과 참여	(유형 3) 적극적 주도
• 시민의 피드백제공 - FixMystreet.com - Patent Opinion • 공공기관주도 아이디어 컨테스트 - NSF inducement prize - 미국 에너지부 L-prize • 새로운 행정아이디어개발 - showusbetterway.co.uk - 미국 교통부 idea factory	• 도시계획 - 뉴올리언즈 복구 - Future Melbourne • 특허심사 - Peer-to-patent - PatentFizz, IP.com 등 • 공공행정 - 미국 텍사스주 Border watch - 미국 남가주 산불감시 - GIS 기반 범죄지도	• 직접적인 의견개진 - AmericaSpeaks.org - EU citizen consultation • 협업형 입법 - 뉴질랜드 위키 경찰법 - 모나코 헌법 입법 • 정책 모니터링 - govtrack.us - 정보공개(data.gov)

자료: Hilgers and Piller (2011), 안준모(2016)에서 재인용

제2장. 디지털 전환의 개념 및 제조업 디지털 혁신

[뉴질랜드 위키미디어 입법과 미국 특허청 peer-to-patent]

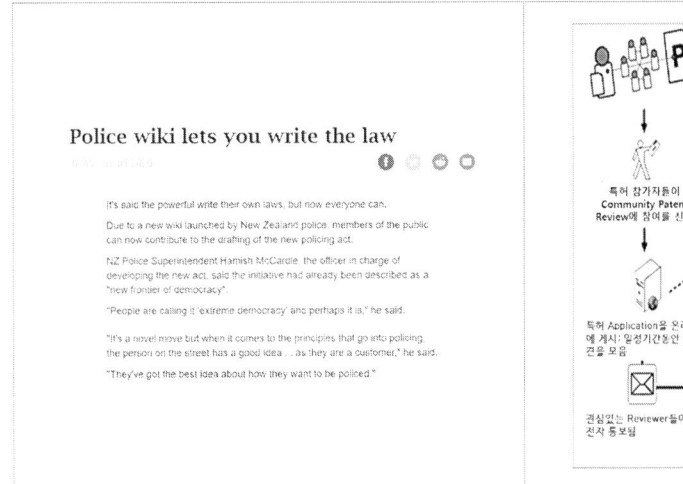
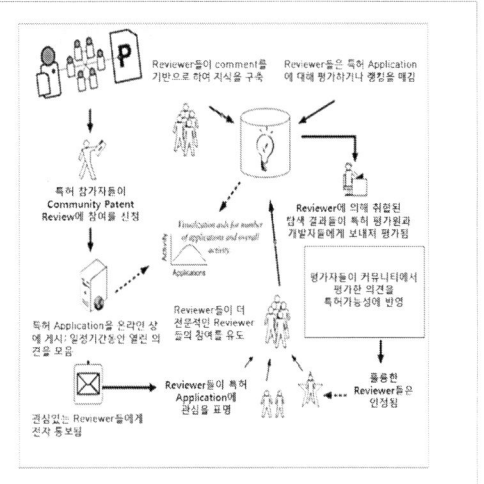

자료: 안준모(2016)에서 재인용

▎ **디지털화, ICT 클라우드 플랫폼 활용이 최근에는 디지털 기술을 적극적으로 활용하는 공공서비스의 디지털화로 이어지고 있는데 특히, 빅데이터에 기반하여 행정 프로세스의 합리성 및 효율성을 제고하는 인공지능 및 블록체인에 집중되는 경향이 있음**

- 미국 보스턴시는 민원종합 전화 311 call과 전용 앱을 통해 방대한 행정데이터를 수집한 후 IBM Watson을 활용하여 정보를 빠르게 분석함으로써 시민들의 행정니즈를 선제적으로 파악하고 있음

- 미국 네바다 보건당국은 기존의 무작위 식당 위생검사를 인공지능 방식으로 전환하였는데, Rochester 대학과 함께 개발한 인공지능을 활용하여 트위터 등에서 수집한 데이터를 분석하여 문제가 예상되는 식당을 예측함으로써 행정비용을 경감하고자 함

- 일본은 2016년부터 인공지능을 활용하여 정부의 회의 의사록을 분석하고 있는데, 회의의 논의 경향이나 내용을 분석하여 정책결정 등에 반영하고 있으며, 이외에 채용·선정, 재해관리, 민원상담, 통계조사, 예산결산 등 다양한 분야에서 인공지능 기술을 도입·활용하고 있음

- 싱가포르도 디지털 기술의 중요성을 인식하고 공공데이터포털센터를 구축하고 안면인식을 통한 임차인 확인, 공공시설물 예방적 유지보수, 법률서비스 등에 적극적으로 인공지능 기술을 활용하고 있으며, 국가 CTO을 임명하여 디지털 기술을 정책적 활용을 적극적으로 추진하고 있음 (이상길, 2018).

모빌리티 디지털전환 이해

[공공영역에서의 ICT 기술 활용사례]

업무내용	활용내용
채용·선정	• 복수후보중 우선후보자 및 조건부합자 선택 후 추천
재해관리	• 재해대책 필요성 여부 판단(기준치 이상 관측) • 인명구조계획의 적절성(시간, 필요조치) • 장래동향 및 변화 등 예측
민원	• 관계 법령 및 행정조치 사전조사 • 회신안 작성 • 외국어 질의 및 회신안 번역
통계조사	• 통계조사 관련 문제점 및 개선과제 도출
예산결산	• 요구사항 분석, 교정작업 • 차년도 영향 분석

자료: 일본 행정연구소 (2016)

▎블록체인의 경우 블록체인이 가진 기술적 특성(불변성 및 투명성) 때문에 공공영역에서 활발하게 사용되고 있음

- ○ 블록체인은 기본적인 정보를 네트워크에서 공유하고 공유된 정보가 하나의 블록으로 형성되어 네트워크 참여자들이 합의 알고리즘을 통해 원장에 기록될 데이터를 검증하기 때문에 원천적으로 위·변조가 불가능

- ○ 이러한 특징 때문에 신뢰를 구축하는데 필요한 행정비용을 절감하는 도구로서 블록체인 기술이 주목받고 있음

- ○ 이탈리아의 경우, 포도의 생산지, 생육상황, 양조이력, 상자의 개폐여부, 온도관리 등 와인생산과 관계된 일련의 정보를 블록체인으로 관리하여 QR코드로 제공하고 있으며, 우리나라 농식품부도 이러한 내용을 골자로 하는 축산물 이력관리를 시범사업으로 추진하고 있음

- ○ 에스토니아의 경우 주민등록, 투표, 의료, 안전 등 정부행정 전반에 블록체인을 활용하고 있는데 블록체인이 개인을 식별하고 개인정보를 보호하는 도구로 사용되고 있으며, 인공지능 등 다른 디지털 기술이 부가적인 행정서비스를 제공하고 있음

제2장. 디지털 전환의 개념 및 제조업 디지털 혁신

제2절 | 디지털 전환의 도전 및 과제[2)]

1. 디지털 기술적 자체의 미성숙

■ 디지털 전환을 위한 기술은 아직은 넘어야 할 많은 장애물이 있음

- ㅇ 인공지능 기술의 경우 인공지능 모델을 학습하기 위해서는 많은 데이터가 필요하지만 현장에서 충분한 데이터의 확보가 어렵고, 인공지능의 근간이 되는 딥러닝의 추론 과정을 해석하지 못한다는 한계점이 있음

- ㅇ 영국 런던정경대는 인공지능기술에 의한 의사결정과정에서의 영향을 분석하면서 알고리즘 역기능에 대해 통제해야 하며 특히, 인간이 이해하지 못하는 알고리즘이 생성되면 안된다고 제시한 바 있음(Andrews et al, 2017)

- ㅇ 이를 극복하기 위해 메타 학습(meta learning), 비용 효율적 능동 학습(active learning), 설명 가능한 인공지능(eXplainable AI) 등에 대한 연구와 이를 뒷받침하기 위한 정책들이 활발하게 추진되고 있으나 아직 실질적으로 구현되지 못하고 있음

[미국 DARPA의 설명 가능한 인공지능]

자료: Gunning (2017)

---

2) 안준모(2021)

모빌리티 디지털전환 이해

[주요국의 인공지능 신뢰 확보를 위한 정책 추진 현황]

유럽 (EU)	▸「인공지능 법안」으로 고위험 인공지능 중심 규제(공급자 의무 부과 등) 제안('21.4.) ▸ '자동화된 의사결정'에 대한 사업자의 활용 고지 의무 및 이용자의 이용거부, 설명요구 및 이의제기 권리를 제도화(「GDPR」, '18.~) ▸ 민간 신뢰성 자율점검 체크리스트 보급('20), 신뢰가능한 인공지능 3대요소 제시('19)
미국	▸ 국가 인공지능 연구개발 전략으로 '기술적으로 안전한 인공지능 개발' 채택('19) ▸ 주요 기업(IBM, MS, 구글 등)을 중심으로 인공지능 개발원칙 마련, 공정성 점검도구 개발·공유 등 윤리적 인공지능 실현을 위한 자율규제 전개 ▸ 과잉규제 지양과 위험기반 사후규제 기조하에 연방정부 차원에서 인공지능 신뢰확보 10대 원칙(투명성, 공정성 등)을 담은 규제 가이드라인 발표('20)
프랑스	▸ 기업·시민 등 3천명이 참여한 숙의적인 공개 토론을 통해 '인간을 위한 인공지능' 구현에 필요한 권고사항 도출('18)
영국	▸ 5대 윤리규범('18.4.), 공공부문 안전한 인공지능 활용을 위한 지침('19.6.), 설명 가능한 인공지능 가이드라인('20.5.) 등 수립
일본	▸ 인공지능과 관련된 모든 이해관계자들이 유의해야 할 7대 기본 원칙을 담은 「인간 중심의 인공지능 사회 원칙」('18.3.) 발표

자료: 과기정통부 보도자료(2021)

▌ 개인정보의 유출가능성 등 디지털 전환기술이 핵심 무형자산인 데이터에 대한 보호와 보안도 중요한 이슈

○ 유럽연합은 적법성·공정성·투명성의 원칙하에 개인정보 이용 목적을 명시적으로 제시하고 보관기간이 경과 할 경우 정보주체를 식별할 수 없는 형태로 보관하도록 하는 GDPR을 회원국에게 적용하고 있으며, 우리나라는 정보보호법 등 데이터 3법의 입법을 통해 이러한 이슈를 해결하고자 하고 있음

○ 개인정보 문제도 인공지능의 알고리즘 이슈처럼 기술의 불안정성에 기반하며 이를 기술적으로 극복하고자 민감정보가 보호되는 분산 인공지능 학습(Federated Learning), 양자암호(양자키분배기, 양자난수생성기 등)통신기반 네트워킹 기술 등 기존의 암호화 접근법에서 발생 가능한 보안 위협에 대응하고자 차세대 암호통신기술 개발이 추진되고 있음

2. 디지털 기술 특성에서 비롯되는 문제

▌ 디지털 전환 기술이 가진 고유특성이 문제가 되기도 하는데 특히 플랫폼의 독점과 일자리 감소가 중요한 도전 요인으로 부각될 수 있음

○ 플랫폼이란, 반복되는 부분을 모듈화 한 엔지니어링 관점의 제조 플랫폼과 네트워크 효과를 강조하는 경제적 관점의 네트워크 플랫폼으로 구분될 수 있는데 (Gawer, 2014), 디지털 전환 기술의 경우 네트워크 플랫폼의 특성을 통해 독점적 지배자의 출현을 가속화 할 수 있음

제2장. 디지털 전환의 개념 및 제조업 디지털 혁신

- 전통적인 상품은 유한성을 가진 물질로 공급을 통제하면 희소성으로 인하여 가격이 등락하는 성격을 가지기 때문에 독점력을 발휘할 수 있음
- 그러나 디지털 온라인 플랫폼의 경우 초기 구축비용이 많이 투입될 수 있으나 서비스 제공을 위한 디지털 자원은 무형의 재화로 한계비용이 제로에 수렴하기 때문에 거의 무한적 공급이 가능함
- 더욱이, 플랫폼에 참여하는 이용자의 네트워크 효과(예: 전화)로 인하여 플랫폼이 성장할수록 독점력이 강화되는 구조를 가지고 있음
- 플랫폼 독점자가 출현하면 플랫폼에서 제공되는 서비스가 표준화(standardization) 되기 때문에, 불편을 감수하면서 다른 플랫폼을 사용할 이익이 높지 않기 때문에 플랫폼 종속이 더 가속화되는 데 이를 락인 효과(Lock-in effect)라 함
- 실제, 플랫폼 기업들은 시장에서 높은 점유율을 보이고 있음
  - 예를 들어, 구글은 전 세계 검색 시장의 92%를 차지하며, 구글의 안드로이드 OS는 전 세계 스마트폰 시장의 85%를 장악하고 있음
  - Facebook과 Google은 미국 모바일 광고시장의 56%를 차지하고 있음
  - 아마존은 미국 전자상거래 시장의 50%, e-북 시장의 90%를 점유하고 있으며, '아마존 효과(Amazon Effect, 아마존이 모든 기업과 산업을 삼키는 것을 의미)'나 'to be amazoned(아마존에 당하다)'라는 용어가 생길 정도로 아마존은 전통적인 오프라인 매장들을 위기로 몰아넣고 있음
  - 장난감 전문점 'Toys"R"us'는 2018년 파산하였고 Sears, Macy's 등 백화점들도 상점을 철수하고 있음
  - 애플은 앱스토어를 통해서 이루어지는 모든 구매품에 30%의 수수료를 매기면서 지배적 지위를 유지하고 있음

▌디지털 전환 기술은 자동화, 생산성 향상을 통해 일자리를 창출할 수도 없앨 수도 있음

- 즉, 일을 구조적으로 변환시키며 창조적 파괴를 유발하는 것인데, 문제는 디지털 전환기술의 일반목적기술 특성 때문에 거의 모든 산업의 일자리 변화를 가져올 수 있다는 것임
- 디지털 전환 기술은 산업별로 다른 정도로 부정적 또는 긍정적 영향을 미침
- Frey and Osborne(2013)은 주로 자동화, 생산성 향상 등을 통해 일자리가 줄어드는 기술적 실업(technical unemployment)에 대해 언급했으나, 독일의 노동 4.0 백서(BMAS, 2016)는 디지털화 전환으로 새로운 일자리가 창출되는 긍정적 역할도 존재한다는 것을 분명히 했으며, 최근 인공지능이 일자리 감소를 가져오는 것은 기술 때문이 아닌 잘못된 제도적 대응 때문이라는 주장도 제기되고 있음
- 하지만, 중장기적으로 일자리의 전환은 불가피하며, 어느 정도는 디지털 전환기술의 속성보다 일자리가 가진 속성에 따라 이러한 일자리 전환이 이루어질 수 있음

모빌리티 디지털전환 이해

3. 디지털 전환과 기존 시스템의 충돌

▍'구조적 장애물'은 디지털 전환을 가로막는 기존의 시스템으로 분야별로 고착화되어 있는 정부의 행정체계로 인한 정책고객 미스매치가 하나의 예임

- ○ 현재의 정부조직법은 정부부처마다 특정한 분야를 상정하고 있음
- ○ 행정안전부나 통일부처럼 불특정 다수의 일반 국민전체를 정책고객으로 하고 있는 부처들도 있지만, 혁신(Innovation)분야에서는 각 부처가 혁신생태계(Innovation Ecosystem)내의 주요 정책고객이 구분되고 있음
  - 예를 들어, 교육부는 혁신주체(Innovation Actor) 중 대학에 대한 지원과 관리를 하고 있으며, 산업통상자원부는 대기업과 중견기업을, 중소기업벤처부는 중소기업과 소상공인을 주요 정책고객으로 하고 있음
- ○ 그러나, 디지털 전환기술의 경우 전술한 일반목적기술의 특성인 혁신의 보완성(Innovational Complementarities)에 힘입어 융·복합화가 가속화되는 경향을 보임
  - 디지털 플랫폼 회사인 우버(Uber)가 Air Taxi 같은 항공기반 모빌리티 산업으로 진출하고, 유통회사 월마트(Wall-Mart)가 드론(Drone)과 인공수분(Artificial Pollination)기술을 융합하여 유기농 식품체인으로 거듭나려고 하는 것이 대표적인 사례임
- ○ 이처럼 기술은 물론 산업간 융·복합이 빈번하게 일어나는 디지털 전환에서는 고유한 정책고객을 가지고 있는 행정체계가 부정적 영향을 미칠 수 있음
- ○ 대학, 중견기업, 중소기업 등은 이들의 입장을 대변해 주는 주무부처가 있기 때문에 이들을 통한 의사전달, 입장표명 등이 가능하나, 다양한 분야가 융·복합되는 디지털 기술기반 기업들의 경우 여러 혁신부처를 한 번에 상대해야 하는 부담에 봉착하게 됨
- ○ 디지털 혁신기업이 대기업일 경우 그나마 그간의 대관업무 경험과 기존 채널을 통해 디지털 혁신의 걸림돌이 되는 사항을 부처에 전달할 수 있지만, 디지털 전환을 선도하고 있는 스타트업들이나 규모가 작은 혁신기업들에게는 이 같은 정책고객 미스매치가 큰 부담이 됨
- ○ 여러 부처를 스스로 상대해야 하기 때문에 갈등조정 비용이 이들에게 전가된다고 할 수 있음
- ○ 아직 형성되지 않은 수혜집단을 고려하지 못한다는 것도 구조적 장애요인이 될 수 있음
- ○ 디지털 혁신으로 인한 신산업은 긍정적인 경제적 효과를 유발 할 수 있음
- ○ 기존사업자의 임금, 이윤을 감소키키는 효과도 있지만, 기존의 문헌들은 차량공유사업이나 숙박공유사업 같은 디지털 플랫폼 사업자들이 소비자의 잉여를 증가시킨다고 일관되게 보고하고 있음 (이수형, 2020)

제2장. 디지털 전환의 개념 및 제조업 디지털 혁신

- 이 경우, 기존사업자 뿐 아니라 새로운 사업자, 그리고 새로운 사업자의 제품/서비스를 활용한 미래의 수혜자(소비자)까지 함께 고려할 필요가 있지만, 각 부처가 기존 사업자를 주요 정책고객으로 한정하고 있는 구조에서는 디지털 전환이 가속화되기 힘든 한계가 있음

▎기존의 법·제도를 수정 없이 그대로 디지털 전환기술에 적용하는 것도 디지털 전환에 부정적 영향을 미칠 수 있음

- 기존의 법조항을 그대로 입법에 적용하는 '수평규제'가 대표적 사례
  - 뉴노멀법 입법 과정에서 기존의 전기통신사업법 규정을 그대로 준용하여 문제가 된 적이 있는데, 허가산업인 기간통신 사업자에게 적용되는 전기통신사업법 조항을 성격이 다른 인터넷 사업자에게 그대로 준용하려고 한 적이 있음
- 이 같은 수평규제는 산업간 차이를 고려하지 않고 기존의 체계를 그대로 적용하는 관성적 처방을 내림으로써 변화의 지연을 유발하게 됨
- 이 같은 기존 아날로그 산업 관점의 관성적 대응은 규제의 강화를 유발하게 되는데 향후 발생할 위험요인을 디지털 사업자에게 전가시킬 확률이 높음
- 따라서, 시스템을 재설계하여 디지털 전환을 가속화하려는 노력도 필요한데, 디지털 치료제(SaMD) 도입에 따라 약물치료제 중심의 심사체계를 근본적으로 바꾼 미국 FDA사례가 좋은 예가 될 수 있음

4. 디지털 전환의 장애물

- Vial (2019)는 '조직적 장애물'로 '관성'과 '저항'을 언급하고 있는데, 여기서 '관성'은 기존 프레임에 갇힌 법·제도가 될 수 있음
- 변화관리(Change Management)관점에서 보면 관성은 변화에 대한 소극적 대응이라고 볼 수 있는데(Jansen, 2000), 기존의 법·제도를 수정 없이 그대로 디지털 전환기술에 적용함으로써 디지털 전환에 부정적 영향을 미칠 수 있음
- 기존의 법조항을 그대로 입법에 적용하는 '수평규제'가 대표적 사례
  - 뉴노멀법 입법 과정에서 기존의 전기통신사업법 규정을 그대로 준용하여 문제가 된 적이 있는데, 허가산업인 기간통신 사업자에게 적용되는 전기통신사업법 조항을 성격이 다른 인터넷 사업자에게 그대로 준용하려고 한 적이 있음
  - 이 같은 수평규제는 산업간 차이를 고려하지 않고 기존의 체계를 그대로 적용하는 관성적 처방을 내림으로써 변화의 지연을 유발하게 됨

모빌리티 디지털전환 이해

○ 기존 제조업 중심의 연구개발(R&D) 세액공제 제도도 이 같은 관성의 또 다른 사례가 될 수 있음
  - 우리나라는 제조업중심의 연구개발 세액공제가 이루어지고 있음
  - 현재의 산업표준 분류로 디지털 혁신기업을 분류할 수 없기 때문에 보다 광범위한 정보통신업에 대해 국가 간 비교를 했음에도 불구하고 미국, 영국, 캐나다 등 다른 선진국과 비교에 제조업에 치우진 결과가 보고되고 있는데, 이는 규모(연구개발 세액공제 총액기준)나 인정건수 모두에 걸쳐 일관되게 나타나고 있음
  - 여러 기술이 융합되는 새로운 기술개발 패턴이 출현하고 있고, 서비스 연구개발, 제조업과 서비스의 융복합화, 디지털 플랫폼화가 가속화되고 있는 상황을 감안하면, 현재의 제조업 중심 연구개발 세액공제 제도 운영은 대표적인 관성적 장애물이라고 볼 수 있음

[연구개발 세액공제 산업별 비중]

국가	총액대비		인정건수대비	
	제조업 (%)	정보 통신업 (%)	제조업 (%)	정보 통신업 (%)
한국 (2016)	88.01	0.23	68.05	0.28
한국 (2018)	81.73	0.88	65.83	0.37
미국 (2014)	59.10	16.65	36.85	10.33
캐나다 (2014)	34.72	8.70	-	-
영국 (2014)	34.41	17.74	29.11	24.38

자료: 안준모 외 (2020)

○ 그룹간의 디지털 기술에 대한 이해도 차이도 수용성 차이와 이로 인한 저항을 유발할 수 있음

○ 디지털 기술은 그 발전 속도가 상당히 빠르고 그 적용 범위가 광범위하기 때문에 다른 기술보다도 높은 이래를 필요로 함

○ 따라서, 디지털 문해력(Digital Literacy)이 디지털 기술 수용성에 직접적인 영향을 줄 수 있는데, 디지털 기술이 본격적으로 도입된 후 태어난 세대(Digital Native)와 그렇지 않은 세대(Digital Immigrant)간의 디지털 문해력 차이가 나타날 수 있으며 (Bayne & Ross, 2007), 실제로 Kiosk처럼 새로운 디지털 기술을 받아드리는 정도의 차이를 가져올 수 있음 (Aziz et al., 2020)

○ 더욱이 디지털 기술이 빠르게 발전하면서 디지털 격차를 더 벌릴 수 있기 때문에 낮은 디지털 문해력은 사회적 수용성에 상당히 부정적인 영향을 줄 수 있음

제3절 | 디지털 전환 중소기업 영향[3]

1. 디지털 전환의 산업별 영향요인

▌디지털 전환은 디지털 기술의 경향성과 활용성에 따라 기존 산업에 다양한 영향

- ○ 산업 특성에 따라 그 영향 정도와 요인도 상이하며, 이러한 산업적 영향요인은 해당 산업을 영위하는 중소기업에 산업 속성 측면의 영향요인과 함께 영향요인으로 작용
- ○ 디지털 전환은 기본적으로 제조업자-중개업자(유통)-서비스 공급자 간 구조의 변화를 초래
- ○ 전면적인 디지털전환 이전에도 디지털 기술의 산업적 적용이 증대하면서 이러한 변화는 이미 진행 중이었으며, 디지털 전환의 본격화는 산업 지형의 구조적 변화로 진전될 것으로 예상
- ○ 제조업자-중개업자(유통) 간 변화는 제조업 분야에서도 최종 소비자와의 의견이 전면적으로 반영될 가능성이 크다는 점이며, 최종 소비자의 접촉이 어려운 제조업은 존립 여지 발생 및 축소

▌제조업의 변화는 기존 하도급 생산체제의 부품 공급업체에 적지 않게 영향을 미침

- ○ 중개업자(유통)-서비스 공급자 간 변화는 디지털 기술과 수단을 통해 서비스 공급자가 유통을 매개하지 않은 채 최종 소비자(이용자)와 접촉하는 거래 형태를 추구할 가능성이 크다는 점
- ○ 단순한 중개 기능을 수행하는 유통업의 존립 여지와 공간이 축소될 수 있으며, 이러한 변화는 일반 도소매 기능의 독립적 역할이 약화될 소지를 내포
- ○ 전통적 유통구조 속에서 도소매는 가치사슬상 최종 고객의 탐색 및 대기시간, 보관 및 기타 비용을 줄이는 기능을 수행
- ○ 대부분의 도소매 형태는 제조와 판매의 분업으로 정형화되었으며, 소비자는 생산, 가격 설정, 소통에서 수동적 역할자 위치에 놓여 전통적 도소매업자가 상품 공급을 지배하고 이러한 지배적 지위가 전체 상품 공급과정에서 부가가치를 창출
- ○ 디지털 전환을 포함한 다양한 기술적 진화 속에서 이러한 전통적 유통구조는 약화·붕괴

▌제조업자, 소비자, 제3의 주체들이 유통구조에 참여하는 경향이 증대

- ○ 제조업자의 경우 자사 제품의 유통망에 대한 통제 및 관리 경향이 현저히 증대하였으며, 이러한 경향은 효과적인 브랜드 관리, 소비자에 대한 충실한 제품정보 제공, 유통을 통한학습, 소비자 선호에 대한 학습, 더 높은 수익 등이 배경적 요인으로 작용

---
[3] 중소기업의 디지털 전환전략과 정책과제, 산업연구원, 2021

- 이런 변화로 인해 유통구조에서 소비자 접촉 공간에서의경쟁구도가 변하고 제조업자-도소매업자-소비자로 이어진 기존의 구조가 모든 주체가 소비자와 직접 접촉할 수 있는 형태로 변화
- 상품 생산 및 서비스 과정에서 소비자와의상호 작용에 영향을 미치는 것으로 귀결
- 기술적 진화에 따른 연결성 제고(초연결성)는 물리적 경로와 디지털 경로 간 경계뿐만 아니라 제조업자와 도소매업자 간 경계도 허물고 있으며, IoT나 개방적 네트워크를 통한 고객-기업 간 상호 작용을 가능하게 함으로써 고객 가치를 창출
- 디지털 전환에 의해 가능해진 가치창출 기회를 찾아내는 것이 비즈니스모델의 관건적 요소로 부각

┃ 도소매업 영위 비중이 높은 중소기업에 새로운 가치창출의 기회와 기존의 존립 기반이 협소해질 위험성 동시에 내포

- 서비스 공급자의 역할 및 위상 변화는 디지털 전환에 따른 새로운 산업 지형 변화의 핵심 중 하나인데, 바로 플랫폼 경제의 비중 증대
  - 이를 통해 기존 서비스업이 분야별·상품별로 독립적이고 분절적인 유통 서비스에 기반하던 것으로부터 플랫폼 기능을 수행할 수 있는 소수의 거대 플랫폼 기업(또는 네트워크)을 중심으로 한 통합적 유통망에 기반하는 형태로 진화
  - 이를 통해 독립적·전문화된 서비스망의 존립 여지 및 공간이 축소될 수 있으며, 플랫폼을 중심으로 한 새로운 형태의 수직적 유통 질서 출현 및 시장 지배력 남용 문제가 대두
- 기술적 특성 및 활용성에 따라 디지털 전환의 산업별 영향요인의 정도와 내용이 상이할 수 있음
  - 수송산업은 전통적인 모빌리티에서 새로운 개념과 내용의 모빌리티로 전환하기 위한 투자가 활발히 진행되고 있음에 따라 운송수단과 인프라 시스템에 디지털 기술을 적용하려는 움직임이 가속화
  - 자율주행차의 경우 AI, IoT, 센서, 실시간 정보 등 핵심적인 디지털 도구들이 활용되고 있으며, 생산공정 및 물류에서 로봇, 드론 등이 활용
- 전통적인 중소 공급업체들의 생산체제 변화 요구가 크며, 디지털 혁신의 필요성이 크게 강조되는 만큼 디지털 혁신기업의 스타트업 및 산업 진입 여지도 증대

2. 온라인 플랫폼 경제의 부상과 중소기업에 대한 영향

┃ 온라인 플랫폼은 인터넷 서비스를 통해 상호 작용하는 디지털 서비스를 의미

- 온라인 플랫폼은 혁신과 생산성, 국제무역, 후발국의 경제개발 등 다양한 측면에서 거시경제적 영향을 미치고 있으며, 기업들이 영위하는 사업 측면에서도 다양한 영향을 미치고 있음

제2장. 디지털 전환의 개념 및 제조업 디지털 혁신

- 비즈니스 측면에서는 요소시장과 산출물시장의 접근성 제고 및 새로운 접근 기회 확대, 물류 및 결제 과정·비용의 간소화·절감, 공급자와 수요자 간 소통 증진, 규모 장벽 완화 등의 긍정적 영향이 있음
- 치열한 경쟁과 빠른 속도로 인해 많은 기업들이 도태될 개연성의 부정적 영향도 내포
- OECD에 따르면 온라인 플랫폼 시장은 글로벌 차원에서 엄청난 속도로 성장하고 있으며, 2016년 기준 10억 달러 이상의 기업 가치를 가진 176개 플랫폼 기업이 존재[4]
  - 온라인 플랫폼 시장은 팬데믹을 계기로 경제적·사회적 디지털 전환 기제로서의 역할이 더욱 부각되고 있으며, 중소기업에도 디지털 전환의 핵심 통로로 자리매김
- 최근 중소기업 플랫폼은 네트워크효과를 통해 기업규모의 증대를 수반하지 않고 수많은 이용자를 보유한 글로벌 플레이어가 될 수 있다는 특징으로 인해 주목
  - 이러한 현상을 '질량 없는 규모 증대(Scale without mass)'라 하는데, 이는 초기의 하드웨어 및 소프트웨어 고정비용으로 추가적인 이용자에 대한 과정, 저장, 정보 복제 및 전달을 위한 한계비용을 최소화할 수 있다는 점에 기인
- 플랫폼의 또다른 특징으로 네트워크효과가 승자독식 시장을 만들어 내는 경향성을 들 수 있는데, 이러한 승자독식 구조는 시장의 확장성에 의해 부분적으로 상쇄
  - 플랫폼이 이용자가 자유롭게 옮겨다닐 수 있는 개방성이 있다면 새로운 경쟁자의 시장 진입 가능성이 열려 있음
  - 공정한 경쟁과 낮은 시장 대체비용이 시장의 경쟁성을 담보할 필수 요소
- 온라인 플랫폼을 통해 중소기업이 누릴 수 있는 편익으로는 네트워크 효과가 있음
  - 네트워크효과는 직접적 효과와 간접적 효과가 있으며 플랫폼 유형에 따라 성격과 크기가 다를 수 있으나, 온라인 플랫폼을 통해 중소기업이 낮은 가격으로 디지털 서비스에 접근할 수 있는 여지가 확대
  - 고객 및 공간적 기반을 확장함으로써 수요 기반 확충 및 상품·서비스 제공 기회를 확대할 수 있다. 온라인 플랫폼은 중소기업이 비즈니스모델과 제품을 좀 더 디지털 집약적으로 혁신하도록 자극함으로써 혁신 기회 및 혁신 자산 접근성을 제고하며 생산성 제고 효과를 구현
- 디지털 플랫폼은 중소기업에 도전적 요인으로 작용하는 측면도 적지 않은데, 우선 중소기업들의 기술력 및 적절한 비즈니스모델이 미흡하다는 점을 들 수 있음
  - 디지털 플랫폼에서 소외되지 않고 플랫폼을 적절히 활용하기 위해서는 기술개발에 대한 투자와 가치 창출·비즈니스모델의 변화가 필요

---

[4] OECD(2021), The Digital Transformation of SMEs, p. 116.

모빌리티 디지털전환 이해

- 많은 중소기업들이 디지털 플랫폼에 부합하는 기술적 요소와 빠른 비즈니스모델 변화에 대한 대응이 미흡
- 중소기업이 제공하는 민감한 사업정보 관련 데이터의 이용 투명성 이슈와 연관된 데이터 보호 및 보안 위험에 직면

3. 중소기업 디지털 전환의 주요 이슈

▌중소기업의 새로운 디지털 도구, 서비스 실행은 종래의 혁신, 글로벌화, 성장에서 장벽으로 작용했던 기업규모 이슈의 극복 가능성 등 많은 잠재적 편익을 내포

- 예를 들어 IoT, 데이터 분석, 클라우드 컴퓨팅의 결합은 기업의 동조성, 시제품 설계, 의사결정, 자동화 역량을 증대
- 새로운 디지털 기술들은 내부 가치사슬의 운용비용절감, 생산성 향상에 도움이 되며, 상품 차별화 및 시장 분할 역량을 증대
- 네트워크효과를 통해 고객 기반, 기업의 공간적 범위를 확대해 주며, 정보 비대칭성에 따른 비용을 감소

▌기업 간 디지털 격차

- 디지털 전환은 다양한 기술, 다양한 목적, 다양한 전략적 자산의 재구성 등 다면적 양상을 내포
- 작은 기업일수록 새로운 디지털 기술과 도구를 적용하지 못하며, 기본적인 서비스에 국한한 수용에 머무는 경향
- 이는 디지털 전환을 통해 기업이나 영위산업 내에서 가치를 창출하는 방법 및 여지와 관련된 것으로 보임
- 디지털화 추이에서 중소기업은 거의 모든 디지털 기술 영역에서 기술적 적용이 지체되고 있으며, 대기업보다는 중기업이, 중기업보다는 소기업이 더 지체되고 있는 것으로 나타나 디지털 전환의 기업 간 격차 이슈가 대두
- 중소기업은 일반적인 경영관리나 마케팅 기능을 우선적으로 디지털화하는 경향을 보임
  - OECD의 ICT 이용 조사에 따르면, 정부와의 온라인 상호 작용, 전자주문, 온라인 판매 등에서는 대기업과의 격차가 크지 않은 것으로 나타났으며, 중소기업의 소셜 미디어와 SCM 적용률도 상대적으로 높은 것으로 나타남
  - 반면에, 데이터 분석 등 좀 더 정교한 기술이 필요한 영역이나 과정 통합을 위한 ERP 등 대대적 실행사안에서는 그 격차가 커지는 경향을 보임

- ERP 시스템 이용률이 대기업에 비해 크게 낮으며, 특히 소기업의 이용률이 매우 낮은 것으로 나타남
   - ERP 시스템 이용률이나 빅데이터 분석의 경우 중기업과 소기업 간보다 대기업과 중기업 간 격차가 더 큰 것으로 나타남
○ 대기업의 경우 사업 과정의 통합과 전략적 계획(ERP, CRM, SCM), 생산 및 물류 관리(RFID)에서 더욱 디지털 집약적 투자를 실행하며, 외부의 클라우드 컴퓨팅 서비스를 통해 IT 시스템을 강화하는 경향이 강함
○ 코로나19는 중소기업의 디지털화를 가속화하는 요인으로 작용
   - 2020년 실시된 각종 조사결과를 종합하면, 국가 간 차이가 있지만 팬데믹 이후 많은 중소기업들이 디지털 기술의 추가적 활용을 실행하는 것으로 나타남
   - 팬데믹은 중소기업의 디지털 전환 중요성을 부각시키고 있으며, 록다운과 공급망 붕괴 등에 대응하여 온라인상의 기능 강화 및 스마트 근로 방식에 대한 기업들의 관심이 증대

▍산업 간 차이

○ 디지털 전환의 산업 간 차이도 중소기업의 디지털 전환의 중요한 부분[5]
   - 산업별 디지털 전환 추이에서 지식집약적 부문은 적용 기술과 영역 모두에서 높은 수준의 추진 상황을 보인 반면, 다른 산업은 그렇지 못한 것으로 나타남
   - 부문별로는 정보통신서비스 같은 디지털 집약 서비스 부문은 93.6%로 거의 모든 종사자가 디지털 관련 업무를 수행하는 것으로 나타났는데, 이는 전문 과학·기술 서비스업(88.6%)보다도 높은 수준
   - 반면에 숙박·음식점업(31.8%)과 행정·지원서비스업(36.2%)은 가장 낮은 수준이 지속되는 것으로 나타남
   - 도소매업이 70% 이상 수준으로 기업 평균값보다 높으며, 수송, 건설, 제조 등은 기업 평균값을 하회하는 추이를 지속한 가운데 수송이 상대적으로 빠른 속도로 증가

○ 산업별로 핵심 적용기술도 상이
   - 숙박, 음식 서비스는 고속 브로드밴드 연결성, 스토어 파일링을 위한 웹사이트, 클라우드 컴퓨팅 등이 핵심 기술이며, 그 격차가 부가가치 차이를 유발
   - 도소매의 경우 전자상거래, 고객 관계 DB를 위한 클라우드 컴퓨팅, ICT 전문인력이 핵심 요소인 것으로 나타남
   - 체적으로는 디지털 적용기술의 산업 간 차이도 기업 간 격차와 비슷한 양상을 보이는 가운데, 산업 간 차이가 기업 간격차보다 더 다양하고 큰 것으로 나타남

---

5) ECD(2021), The Digital Transformation of SMEs, p. 21.

모빌리티 디지털전환 이해

- IT 서비스업이 모든 디지털 기술 영역에서 좀 더 집약적 활용도를 보이는데, 클라우드 컴퓨팅, 소셜미디어, CRM에서 더 두드러짐
- 클라우드 컴퓨팅은 전문 과학·기술서비스업, 건설, 행정·지원 서비스업에서 상대적으로 더 보편화된 것으로 나타났으며, 제조업과 도매업의 ERP 시스템 이용률이 상대적으로 더 높고 도매업의 CRM 소프트웨어 이용률이 상대적으로 높은 것으로 나타남

▎중소기업에 대한 디지털 전환의 도전적 요인

○ 기업규모 및 산업별 디지털 전환 추이를 통해 중소기업은 디지털 전환을 수행하는 역량이 부족하고 추진 속도가 지체되고 있는 것으로 나타남

○ 적용성에서도 대부분 기본적 서비스에 머물고 있으며, 정교한 기술일수록 대기업과의 격차가 큰 경향을 보이는데, 예를 들어 데이터 분석을 수행하는 중소기업이 매우 적은 것으로 나타남

○ 디지털 전환 격차는 궁극적으로 중소기업 성장 패러다임에 대한 부작용 및 위험성을 초래

○ 디지털 전환의 선도기업은 많은 편익을 누릴 수 있는 반면, 디지털 전환이 지체될수록 기대편익은 줄어듬

○ 특히 네트워크효과가 중요한 부분과 혁신 선도자가 산업 표준을 장악하고 이용자 비용을 증가시킬 수 있는 부문에서 그러함

○ 제조업의 경우 최종 소비자와의 접촉이 어려운 제조업은 존립 여지에 영향을 미칠 수 있다는 점이 중소 제조업의 디지털 전환 투자 유인과 수용성에 부정적 영향을 미칠 수 있음

○ 최근 디지털 전환이 가속화되는 과정에서 준비와 역량이 부족한 중소기업을 대상으로 한 해커 공격이 증대하고 있으며, 이는 중대한 위협요인으로 작용

○ 중소기업의 디지털 보안에 대한 투자는 필요성과 인식, 여력 등 모든 측면의 요인에 의해 전반적으로 미흡한 수준
   - 중소기업만 국한해서 보면 낮은 디지털 집약도로 인해 디지털 위험은 그다지 높지 않다고 볼 수 있으나 기대 수익에 비해 투자비용 부담이 큰 상황
   - 문제는 해커 공격이 해당 중소기업 수준을 뛰어넘어 공급망 속에서 대기업으로 통하는 뒷문으로 중소기업을 활용한다는 데 있음
   - 네트워크화된 공급망 속에서 중소기업의 디지털 보안 취약성은 대기업에도 위험요소로 작용
   - 중소기업의 현실 여건 및 의도와 관계없이 중소기업도 사이버 보안에 대한 투자 부담 가중

○ 중소기업은 인프라 접근성의 상대적 열위, 시스템의 낮은 상호 운용성, 데이터 문화 및 인식 미흡, 내부적 숙련 격차, 전환에 필요한 높은 매몰비용을 감당할 재정적 여력 부족, 새로운 디지털 활동에 대한 책임성미흡 등 다양한 애로에 직면

제2장. 디지털 전환의 개념 및 제조업 디지털 혁신

- 중소기업의 디지털 격차는 정보 및 인식 부족, 기술 격차, 자본 및 관련자산 여력 부족 등에 기인하며, 기업규모가 작을수록 디지털 보안, 프라이버시 이슈, 디지털 인프라 접근성 등에서 어려움이 가중
- 이처럼 중소기업은 디지털 전환을 추진함에 있어 다양한 애로와 도전적 요인에 직면하고 있으며, 이는 기업 간·산업 간 격차로 귀결되어 중소기업이 디지털 전환 흐름에서 소외되는 결과를 초래할 수 있으므로 정책의 역할 필요성이 매우 큰 것으로 파악

4. 국내 제조업 위기와 디지털 전환

■ 우리나라 경제 성장의 근간이었던 제조업은 다양한 이유로 어려움을 겪고 있음

- 노동 인구 감소, 인건비 증가, 원자재 가격 상승, 경기 둔화에 따른 내수 부진 등으로 침체
- 러시아의 우크라이나 침공, 글로벌 공급망 차질, 중국의 일부 지역 봉쇄 등 대외 불안 요인이 증가하면서 제조업의 위기가 장기화할 수 있다는 우려가 나오고 있음
- 코로나19 팬데믹에서 벗어나 단계적 일상 회복의 기대감이 커지는 상황에서도 국내외 비우호적인 여건으로 제조업 위기가 여전히 심화하고 있음

■ 우리나라 제조업의 약 70%를 차지하는 중소기업 대부분은 부가가치가 낮은 하청 구조

- 제조업은 저임금의 노동력을 기반으로 사업을 이어 가고 있어 경기가 회복되더라도 위기는 지속될 가능성이 높음
  - 불확실한 대외 여건은 차치하더라도 대내적으로 노동 비용 상승과 대비해 제조 생산성은 더디게 향상되고, 생산인력 고령화는 날로 심화하고 있기 때문
  - 한국의 제조업 근로자 평균 연령은 2011년 39.2세에서 2020년 42.5세로 연평균 0.90% 올라 연평균 0.08% 오른 미국이나 연평균 0.32% 오른 일본에 비해 훨씬 빠르게 고령화되고 있으며, 향후 10년 안에 노동인구 감소로 말미암은 노동자에 의한 생산성이 50% 이상 자연 감소될 것으로 예상
  -

■ 제조업 위기를 극복하기 위한 디지털 전환을 도입할 필요성 증대

- 제조업의 디지털 전환이란 설계, 생산, 물류, 유통 등 제조 가치 사슬의 모든 영역에 걸쳐 디지털화된 데이터를 기반으로 생산성을 향상시키고 고객 가치를 높이는 것을 의미
- 그동안 제조기업이 안주해 왔던 하청 구조의 전통 비즈니스 모델 변화까지 포함해서 조직문화, 업무 프로세스, 비즈니스 모델 등 경영전략 전반에 걸친 혁신적 변화가 필요

모빌리티 디지털전환 이해

- 과거 제조업은 공장이라는 물리적 공간 내에서 생산 업무를 진행하는 것이 당연한 원칙이었지만 제조 빅데이터 처리와 최적화, 인공지능(AI) 기반의 품질 관리, 가상물리시스템(CPS)을 통한 디지털 트윈 등 정보통신기술(ICT) 기반 기술이 빠른 속도로 개발
- 디지털 기술 적용은 공장 내 모든 관리 영역으로 빠르게 확대될 것
- 특히 코로나19 이후 많은 기업이 일하는 방식을 바꾸고 있는 가운데 영상회의를 통한 비대면 회의, 원격근무 확산 등으로 온라인 협업툴 활용을 통한 업무방식으로 전환
- 제조업도 예외가 아니어서 제품 설계, 부품 구매, 생산품질관리, 시스템 운영 등 주로 사무직과 IT 관련 업무에서 디지털 전환을 통해 일하는 방식의 변화를 추구
- 영업 측면에서도 단순한 대기업 하청 구조에서 탈피해 해외 고객 확대, 애프터마켓 진입 등 거래처를 다변화하는 상황이다.
- 제조업 활성화는 단순 공장 단위를 넘어 산업 전체에 대한 공급망 관리, 고객 경험, 기업 협업 등 의미 있는 데이터가 가치를 만들 수 있어야 하고 이를 위한 종합적이고 체계적인 지원이 필요

OECD 평균보다 낮은 국내 제조업 디지털 전환 현황

- 국내 제조업은 우수한 경쟁력에 비해 클라우드를 비롯한 디지털 기술의 확산과 대-중소기업 간 활용 격차에 있어서는 비교적 미진한 상황
- 우리나라의 제조업 경쟁력은 유엔산업개발기구(UNIDO)가 발표하는 제조업 경쟁력 지수(CIP Index)에서 152개국 중 3위를 기록(2018년 기준)했을 정도로 뛰어나지만 클라우드와 빅데이터 분석 등 디지털 기술의 국내 제조업 활용도는 OECD 평균에서 많이 뒤처져 있음
- 국내 제조 기업의 클라우드 활용률은 22.1%로, OECD 평균(30.9%) 대비 저조하며, 특히 CRM, 데이터베이스, 컴퓨팅 파워 활용에서는 최하위 수준을 기록 중
- 빅데이터 분석(2.5%)과 공급-수요 기업 간 공급망 관리(SCM) 정보 공유(3.1%) 기술의 활용에서도 OECD 주요국 가운데 가장 낮은 활용률을 나타내고 있음
- 주요 디지털 기술에서 대기업과 중소기업 간 활용률 격차도 클라우드를 제외하고는 OECD 평균보다 크게 벌어진 것으로 나타남

제2장. 디지털 전환의 개념 및 제조업 디지털 혁신

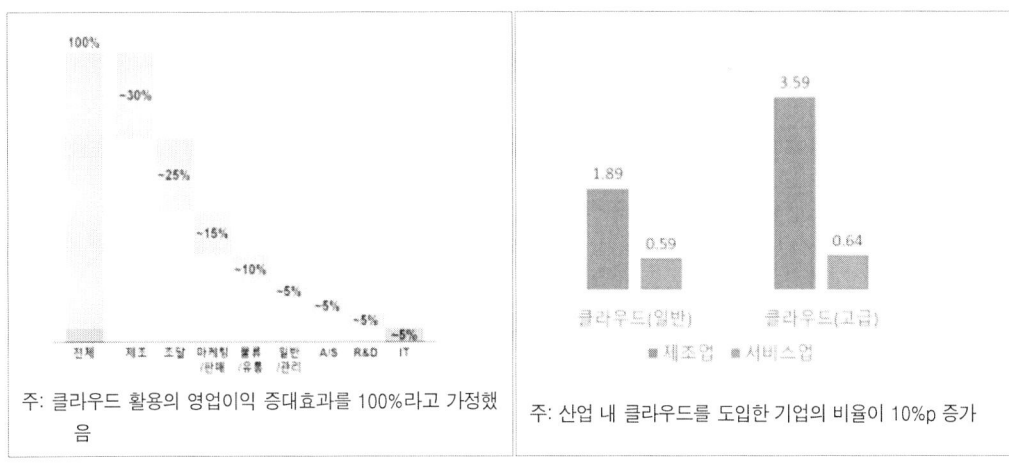

자료 : 국제무역통상연구원 보고서)

○ 디지털 전환에 대한 국내 기업의 인식과 노력이 저조한 편이라고 지적하면서 현재 디지털 전환을 추진 중인 제조 기업도 추진 분야가 한정적인 것으로 나타남

○ 디지털 전환은 생산성 향상뿐만 아니라 조직 문화의 변화와 고객 관계 관리의 혁신, 고객 가치의 증대를 동반하는 비즈니스 모델의 총체적인 혁신 과정으로 정부는 클라우드의 확산과 기업 활용을 지원하는 한편, 이를 가로막는 인식의 전환을 유도함으로써 제조업의 디지털 전환을 촉진해야 함

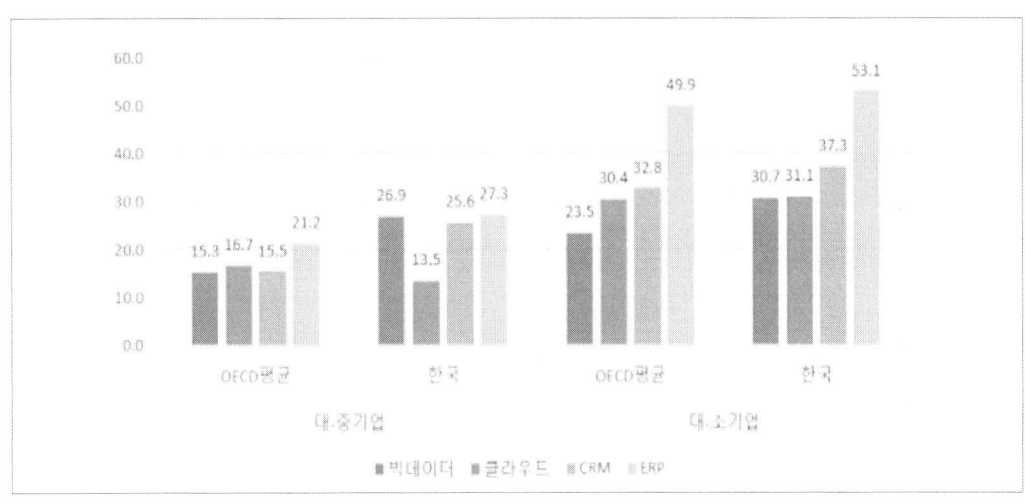

주: 소기업(10인 이상~50인 미만), 중기업(50인 이상~250인 미만), 대기업(250인 이상)
출처: K글로벌타임스(http://www.kglobaltimes.com)

에듀컨텐츠·휴피아
CH Educontents Huepia

제3장
디지털 전환 정책 현황

에듀컨텐츠·휴피아

제3장. 디지털 전환 정책 현황

 **제3장 디지털 전환 정책 현황**

제1절 | **윤석열 정부의 디지털 제조 혁신 방향**

▌ "도약과 빠른 성장은 오로지 과학과 기술, 그리고 혁신에 의해서만 이뤄낼 수 있습니다. 과학과 기술, 그리고 혁신은 우리의 자유민주주의를 지키고 우리의 자유를 확대하며 우리의 존엄한 삶을 지속 가능하게 할 것입니다." (2022.5.10. 윤석열 대통령 취임사 중)

1. 이전 정부와의 차이점

○ 지난 문재인 정부에서는 2020년 8월 20일 관계부처 합동으로 '디지털 기반 산업 혁신성장 전략'을 발표하고 디지털 기반의 산업 혁신을 통해 세계 4대 산업 강국으로 도약할 목표를 내세운 바 있음

○ 이와 달리 새 정부에서는 디지털을 산업발전의 수단으로만 인식하지 않는다는 차이점을 내세움

2. 새 정부의 정책방향

○ 새 정부는 국가 과학기술 시스템 전면 재설계를 과학기술 분야 핵심 국정과제로 내세움

○ 민간 중심의 정책 대전환을 통해 글로벌 과학기술 5대 강국으로 도약하고, 경제대국·강한 안보·행복 국가를 달성하기 위해 세계 최고 수준의 네트워크 인프라 구축과 함께 낡은 규제 개선으로 글로벌 미디어 강국을 실현할 계획이라고 밝힘

○ 또한, 우주 산업 육성을 위해 항공우주청 신설도 추진할 것으로 보임

○ 새 정부는 '국익, 실용, 공정, 상식'이라는 4대 국정운영 원칙에 따라 국익을 위해 디지털 전략을 추진하고, 실용적으로 디지털 기술을 활용하며, 공정한 디지털 생태계를 구축하며, 상식적인 디지털 문화를 형성하고자 하는 의지와 노력이 엿보임

[윤석열 정부의 국정운영 원칙과 향후 디지털 정책 방향]

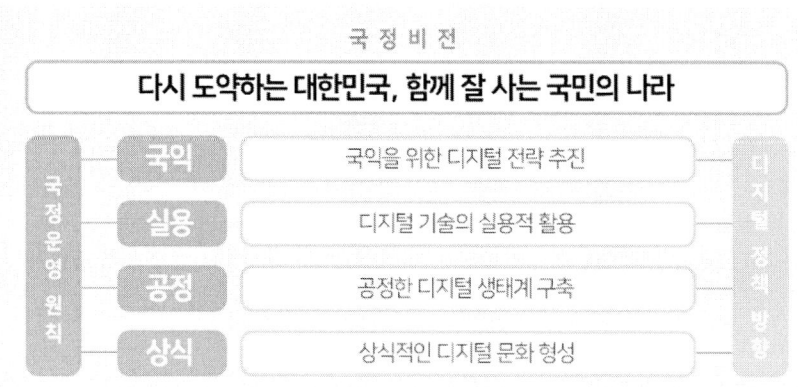

3. 국익을 위한 디지털 전략 추진

o 새 정부의 디지털 전략은 '민간이 끌고 정부가 미는 역동적 경제'와 '자율과 창의로 만드는 담대한 미래'라는 국정 목표를 달성하기 위해 수립한 45개 국정과제 중 15개 국정과제에 잘 녹여져 있음

o 이들 국정과제를 디지털 전략 측면에서 재정리하면 크게 혁신성장의 디딤돌 구축, 핵심전략산업의 육성, 과학기술이 선도하는 도약 발판 마련, 미래 인재 육성으로 요약할 수 있음

o 물론, 상기의 디지털 전략이 완전히 새로운 것은 아니며, 이전의 디지털 정책 기조를 어느 정도 승계하고 있는 것으로 보임

o 그럼에도 불구하고 새 정부의 디지털 전략은 민간 주도, 자율과 창의가 더욱 강조된다는 점에서 이전의 정책 기조와 차별된다고 볼 수 있음

o 인위적인 정부 주도의 경제성장 모델이 디지털 시대에는 더 이상 적합하지 않다는 판단이 적극적으로 반영된 것으로 보임

제3장. 디지털 전환 정책 현황

[디지털 전략 추진관련 국정과제 목록]

'국익을 위한 디지털 전략 추진' 관련 국정과제

구분	관련 국정과제
혁신성장의 디딤돌 구축	• 성장지향형 산업전략 추진 • 역동적 혁신성장을 위한 금융·세제 지원 강화 • 산업경쟁력과 공급망을 강화하는 신산업통상전략 • 수요자 지향 산업기술 R&D 혁신 및 지식재산 보호 강화
핵심전략산업의 육성	• 제조업 등 주력산업 고도화로 일자리 창출 기반 마련 • 반도체, AI, 배터리 등 미래전략산업 초격차 확보 • 바이오·디지털헬스 글로벌 중심국가 도약 • 글로벌 미디어 강국 실현
과학기술이 선도하는 도약 발판 마련	• 국가혁신을 위한 과학기술 시스템 재설계 • 초격차 전략기술 육성으로 과학기술 G5 도약 • 민관 협력을 통한 디지털경제 패권국가 실현 • 세계 최고의 네트워크 구축 및 디지털 혁신 가속화
미래 인재 육성	• 100만 디지털 인재 양성 • 모두를 인재로 양성하는 학습 혁명 • 국가교육 책임제 강화로 교육 격차 해소

자료 : 제20대 대통령직인수위원회

4. 디지털 기술의 실용적 활용

○ 새 정부에서는 디지털 전략을 수립하는 데 그치지 않고 다방면의 국정과제를 효과적으로 추진하기위해 디지털 기술을 실용적으로 활용하려는 계획도 제시하고 있음

○ 예를 들어, 인공지능과 데이터를 기반으로 하는 디지털 플랫폼 위에서 국민, 기업, 정부가 함께 사회문제를 해결하고, 새로운 가치를 창출하는 디지털 플랫폼 정부를 구현하겠다는 계획을 제시한 것이 대표적임

[디지털 기술의 실용적 활용 관련 국정과제]

'디지털 기술의 실용적 활용' 관련 국정과제

구분	관련 국정과제
상식과 공정 확립	• 코로나19 피해 소상공인·자영업자의 완전한 회복과 새로운 도약
소통하는 국정 운영	• 모든 데이터가 연결되는 세계 최고의 디지털 플랫폼 정부 구현
하늘·땅·바다를 잇는 성장인프라 구축	• 국토 공간의 효율적 성장전략 지원 • 세계를 선도하는 해상교통물류 체계 구축 • 농산촌 지원 강화 및 성장환경 구축 • 농업의 미래 성장산업화
필요한 국민지원 강화	• 장애인 맞춤형 통합지원을 통한 차별 없는 사회 실현 • 누구 하나 소외되지 않는 가족, 모두가 함께하는 사회 구현
문화공영 대한민국	• K컬처의 초격차 산업화 • 전통 문화유산을 미래 문화자산으로 보존 및 가치 제고
국민의 안전과 건강 최우선	• 선진화된 재난안전 관리체계 구축 • 예방적 건강관리 강화 • 안심 먹거리, 건강한 생활환경
지속가능 미래 설계	• 기후위기에 강한 물 환경 자연 생태계 조성
글로벌 중추 국가	• 남북관계 정상화, 국민과 함께하는 통일 준비 • 함께 번영하는 지역별 협력 네트워크 구축 • 능동적 경제안보 외교 추진 • 지구촌 한민족 공동체 구축 • 국가 사이버안보 대응역량 강화 • 제2창군 수준의 '국방혁신 4.0' 추진으로 AI 과학기술 강군 육성

자료 : 제20대 대통령직인수위원회

5. 공정한 디지털 생태계 구축

○ 새 정부에서는 사회·경제 전반의 디지털화로 발생할 수 있는 여러 부작용도 사전에 방지하기 위한 대책도 마련함

○ 특히, 중소·벤처기업이 경제의 중심이 되는 나라와 노동가치가 존중받는 사회를 만들겠다는 국민과의 약속 아래 공정한 디지털 생태계 구축에 필요한 국정과제를 제시

○ 예를 들어, 빅테크 금융그룹에 대한 규율 체계를 합리적으로 재정비하고 디지털 혁신금융 생태계를 조성

○ 또한, 디지털 플랫폼 분야의 공정한 거래질서 확립을 위해 자율규제 방안과 최소한의 제도적 장

치를 마련할 계획
- ㅇ 중소기업 지원사업을 혁신성과 성장성에 초점을 맞춰 재편하기로 했으며, 스마트 제조 혁신과 함께 노동가치가 제대로 존중 받을 수 있는 사회가 되도록 인공지능에 기반한 디지털 고용 시스템을 구축하기로 함
- ㅇ 이에 더해 플랫폼 종사자와 자영업자 지원도 강화할 계획임

6. 상식적인 디지털 문화 형성

- ㅇ 새 정부에서는 상식적인 디지털 문화를 형성하는 데도 정책적 노력을 기울이겠다고 약속
- ㅇ 디지털 문화는 이제 디지털 미디어나 콘텐츠를 소비하는 수준을 뛰어넘음
- ㅇ 사회와 경제 전반에서 디지털화가 빠르게 진행되면서 사실상 디지털을 빼면 국민이 정상적으로 일상생활을 누리거나 사회 활동을 하기가 어려울 정도가 되었다고 바라보고 있음
- ㅇ 그 만큼 건전하고 상식적인 디지털 문화를 형성하는 것은 국정운영의 중요 과제가 아닐 수 없음
- ㅇ 예를 들어 가상자산, NTF 등 디지털 자산은 이미 그 본질과 무관하게 많은 국민이 거래에 참여하며 하나의 사회, 문화적 현상을 만들고 있음
- ㅇ 이에 선의의 투자자가 피해를 보지 않도록 건전한 투자 문화를 형성하고 투명한 거래 질서 확립이 요구됨
- ㅇ 또한, 빠르게 일상생활의 디지털화가 이루어지면서 디지털 소외와 범죄도 일상화되고 있어 국민의 생활 편의와 안전이 보장될 필요가 있음
- ㅇ 이에 새 정부에서는 비정상적인 디지털 자산에 대한 투자 문화의 정상화를 도모하기 위해 디지털 자산 인프라와 규율 체계를 구축하기로 했고,
- ㅇ 디지털 세상에서 미디어 소외가 사라지도록 디지털 미디어 접근성을 개선해 미디어 플랫폼의 신뢰성과 투명성을 제공하기로 했으며,
- ㅇ 디지털 플랫폼을 비롯해 메타버스, 모빌리티 이용자 보호 기반을 마련할 뿐만 아니라 디지털 범죄 피해를 예방할 수 있는 제도적 장치도 마련하기로 함

[상식적인 디지털 문화 형성 관련 국정과제]

'상식적인 디지털 문화 형성' 관련 국정과제

구분	관련 국정과제
디지털 변환기의 혁신금융 시스템 마련	• 디지털 자산 인프라 및 규율 체계 구축
문화공영 대한민국	• 일상이 풍요로워지는 보편적 문화복지 실현 • 국민과 동행하는 디지털·미디어 세상 • 여행으로 행복한 국민, 관광으로 발전하는 대한민국
국민의 안전과 건강 최우선	• 범죄피해자 보호지원 시스템 확립

자료 : 제20대 대통령직인수위원회

7. 메타버스, AI 지원

○ 윤석열 대통령은 후보 시절 인공지능과 메타버스, 소프트웨어 등 4차 산업혁명시대 핵심 기술과 산업을 집중 육성하겠다고 강조

○ 대통령직인수위원회가 발표한 110대 국정과제에서는 AI 융합 산업 집중 육성에 더해 메타버스 산업 지원 특별법을 제정하고, 산업 생태계에 대한 정부 예산 지원 근거를 마련할 방침을 담음

○ 메타버스 공간에서 창출되는 가상화폐와 블록체인 등 혁신기술에 대해서도 거래소 상장 등을 허용하고 금융 체계 전반을 개편할 전망

○ 공공분야에서도 민간 클라우드와 상용 소프트웨어를 우선적으로 이용하면서 서비스형 소프트웨어(SaaS) 중심의 생태계 조성, 소프트웨어 원천기술 확보 등을 추진하고 메타버스 분야에서는 특별법 제정, 일상과 경제활동에 연관된 메타버스 서비스 발굴 등을 추진

○ 네이버와 카카오 등 빅테크 기업들 역시 메타버스와 인공지능(AI), 클라우드 등의 관련 사업을 확장 중

○ 국정과제 중 "민관 역량을 결집해 인공지능과 데이터, 클라우드 등 핵심 기반을 강화하고 메타버스와 디지털 플랫폼 등 신산업을 육성해 디지털 경제 패권국가로 도약하겠다"는 목표 명시

○ 정부 지원에 대한 기대가 큰 상황에서 이를 바탕으로 글로벌 메타버스 시장에서 우리나라 기업의 합산 시장점유율을 현재 12위에서 5위권까지 끌어올리고, 인공지능 연구개발(R&D)을 대규모로 추진할 예정

제3장. 디지털 전환 정책 현황

○ 또한 2021년 기준 글로벌 6위권인 인공지능 시장 순위를 2027년 3위권으로 끌어올리겠다는 목표도 세워진 상황임

[윤석열 정부의 디지털 플랫폼 요약]

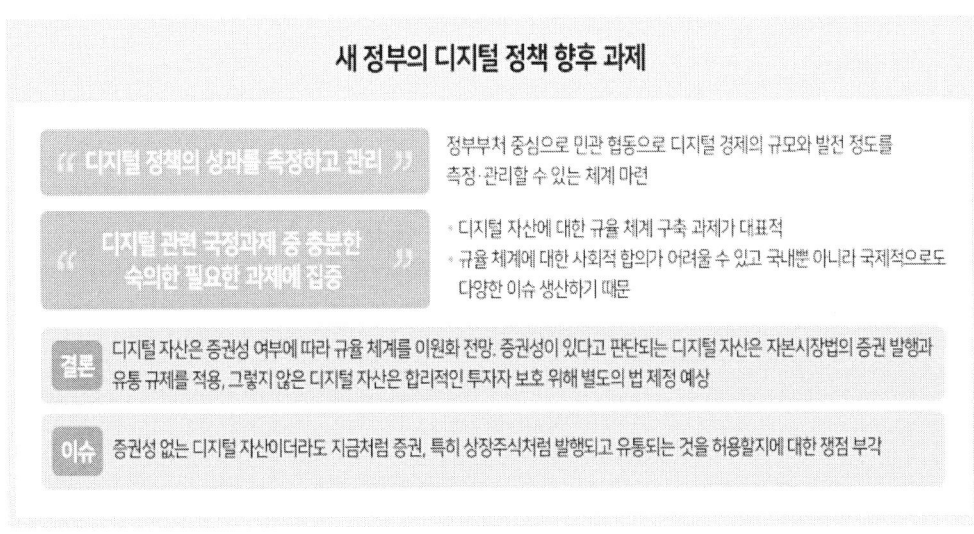

[윤석열 정부의 디지털 정책 향후 과제와 결론]

모빌리티 디지털전환 이해

[윤석열 정부의 디지털 경제/정책 공약도]

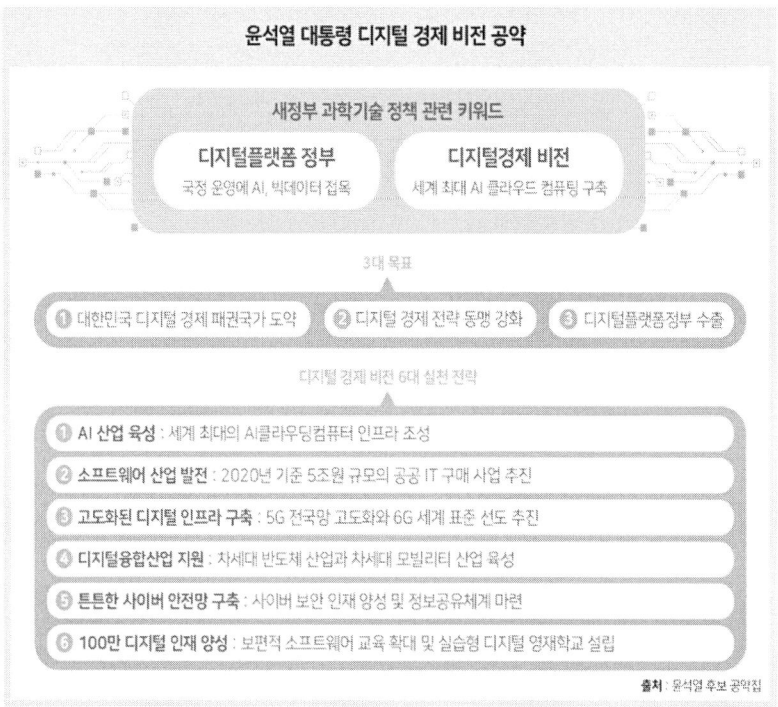

8. 윤석열 정부 국정 과제 中, 디지털 혁신 관련 현황

8.1. 국정목표 2: 민간이 끌고 정부가 미는 역동적 경제

○ 경제의 중심을 '기업'과 '국민'으로 전환하여 민간의 창의, 역동성과활력 속에서 성장과 복지가 공정하게 선순환 하는 경제시스템을 지향
  - 민간이 주도하는 자유로운 시장과 정부의 전방위 지원 하에, 기업의 혁신역량이 마음껏 발휘되는 대한민국 성장엔진복원
  - 공정한 경쟁 속에서 중소·벤처기업의 역동성이 좋은 일자리와 경제 활력을 더해주는 행복경제시대를 약속

제3장. 디지털 전환 정책 현황

[윤석열 정부의 국정목표 2, 산업경제부문]

국정목표 2 | **민간이 끌고 정부가 미는 역동적 경제**

국민께 드리는 약속	4. 경제체질을 선진화하여 혁신성장의 디딤돌을 놓겠습니다	5. 핵심전략산업 육성으로 경제 재도약을 견인하겠습니다	6. 중소벤처기업이 경제의 중심에 서는 나라를 만들겠습니다	7. 디지털 변환기의 혁신금융 시스템을 마련하겠습니다	8. 하늘·땅·바다를 잇는 성장인프라를 구축하겠습니다
국정과제 (26개)	• 규제시스템 혁신을 통한 경제활력 제고 • 성장지향형 산업전략 추진 • 역동적 혁신성장을 위한 금융·세제 지원 강화 • 거시경제 안정과 대외 리스크 관리 강화 • 산업경쟁력과 공급망을 강화하는 新산업통상전략 • 에너지안보 확립 및 에너지 新산업·新시장 창출 • 수요자 지향 산업기술 R&D 혁신 및 지식재산 보호 강화	• 제조업 등 주력산업 고도화로 일자리 창출 기반 마련 • 반도체·AI·배터리 등 미래전략산업 초격차 확보 • 바이오·디지털 헬스 글로벌 중심국가 도약 • 신성장동력 확보를 위한 서비스 경제 전환 촉진 • 글로벌 미디어 강국 실현 • 모빌리티 시대 본격 개막 및 국토교통산업의 미래 전략산업화	• 공정한 경쟁을 통한 시장경제 활성화 • 공정거래 법집행 개선을 통한 피해구제 강화 • 중소기업 정책을 민간주도 혁신성장 관점에서 재설계 • 예비 창업부터 글로벌 유니콘까지 완결형 벤처생태계 구현 • 불공정거래 기술탈취 근절 및 대·중소기업 동반성장 확산	• 미래 금융을 위한 디지털 금융혁신 • 디지털 자산 인프라 및 규율체계 구축 • 자본시장 혁신과 투자자 신뢰 제고로 모험자본 활성화 • 금융소비자 보호 및 권익향상	• 국토공간의 효율적 성장전략 지원 • 빠르고 편리한 교통 혁신 • 세계를 선도하는 해상교통물류 체계 구축 • 해양영토 수호 및 지속가능한 해양 관리

○ 주요 국정 목표

> ✓ 제조업 등 주력산업 고도화로 일자리 창출 기반 마련 (산업부)
> ✓ 반도체·AI·배터리 등 미래전략산업 초격차 확보 (산업부)
> ✓ 글로벌 미디어 강국 실현 (방통위·과기정통부)
> ✓ 모빌리티 시대 본격 개막 및 국토교통산업의 미래 전략산업화 (국토부)

제조업 등 주력산업 고도화로 일자리 창출 기반 마련 (산업부)

과제 목표	• 디지털·그린 전환 등 산업경쟁력 원천 변화에 대응하여 제조업 등 주력업을 혁신하고, 일자리 창출기반을 강화
주요 내용	• (디지털 혁신) 디지털 기술의 접목으로 주력산업의 생산성·부가가치혁신 - 가상 협업공장 구축('27년까지 50개), 제조현장의 로봇 개발·보급 등을 통해 생산 공정의 최적화 - 산업 데이터 플랫폼 구축과 업종별 디지털연대의 확산으로 새로운 비즈니스 모델 창출 등 산업의 부가가치를 향상

모빌리티 디지털전환 이해

- **(그린 전환)** 저탄소 시대를 선도하는 제조업의 그린전환을 가속화
  - 주력산업의 탄소중립 한계기술 돌파를 위한 전용 R&D사업신설, R&D·시설투자 세액공제 대상 확대 등 지원 강화
  - 중소·중견기업 대상 클린팩토리 구축('25년 1,800개) 및 탄소 다배출산업집적 지역의 기업·근로자 대상 정의로운 저탄소 전환 지원사업추진
- **(모빌리티 혁명)** 친환경·지능형 모빌리티 전환 촉진을 위한 기업생태계조성
  - 친환경차 구매목표 상향, 전기차 충전시설 설치의무 강화(신축시설), 하이브리드의 활용, 저탄소·무탄소선박 개발 등을 통한 친환경 전환가속화
  - 지능형 모빌리티 및 UAM 제조산업 육성, 모빌리티 제조·서비스 융합을위한기술·부품·SW 개발 등 기업 주도의 모빌리티 혁신기반 강화
- 기대효과
  - 산업 현장에 제조·안전 로봇 1만대 보급, 수소환원제철 실증로 구축 등 디지털·친환경 전환 선도로 주력산업 고부가가치화
  - 친환경 모빌리티의 세계시장 점유율 확대(車 8%, 船 70%)

▎반도체·AI·배터리 등 미래전략산업 초격차 확보 (산업부)

과제 목표	• 경제안보, 국가 경쟁력과 직결되는 첨단산업을 미래전략산업으로 육성 • 반도체, AI, 배터리 등 미래전략산업의 超격차 확보 및 新격차창출

주요 내용	• **(경제안보 확보)** 반도체, 배터리 등 국가첨단전략산업 성장기반 마련
	  - 반도체 설비투자 시 과감한 인센티브 제공 및 인허가 신속처리
	  - △투자지원 확대, △인프라구축 지원, △인허가 일원화 검토 등
	  - 「국가첨단전략산업법」 지원체계 본격 가동 및 지원내용 강화
	• **(인재양성 강화)** 미래전략산업을 이끌어갈 인재 양성 생태계구축
	  - 반도체 특성화대학을 지정하고 관련학과 정원 확대 검토
	  - 계약학과, 산학연계 프로그램 등 산업 현장수요에 맞는 인재양성
	• **(4차 산업혁명)** 로봇, 반도체 등 디지털 실현산업* 수요연계·R&D 강화
	  * 로봇, AI반도체, 전력반도체, 센서, IoT가전 등
	• **(사회문제 해결)** 팬데믹·인구구조·기후위기 등 문제해결형 신산업육성
	  - 백신·레드바이오·융합바이오 등 신산업 관련 규제완화, 제도·인프라구축
	  - △바이오 제조혁신센터 구축 △평가·인증 등 바이오플라스틱 육성방안 마련 △유전체 규제완화 등
	  - 수소, CCUS 등 탄소중립·미세먼지 대응 에너지신산업 조기상용화
	• 기대효과
	  - '27년 반도체 수출액 30% 이상 확대('21년 1,280억불 → '27년 1,700억불)
	  - 배터리 세계시장 점유율 1위 수성(守城), 로봇 세계 3대 강국도약

▎글로벌 미디어 강국 실현 (방통위·과기정통부)

과제 목표	• 미디어에 대한 낡은 규제개선 및 OTT 등 디지털미디어·콘텐츠산업의혁신성장을 통한 글로벌 미디어 강국 실현
주요 내용	• **(미디어 미래전략 및 추진체계)** 관계부처*와 함께 미디어 전략 컨트롤타워역할을 하는 전담기구 설치 추진, 新·舊 미디어가 함께 성장할 수 있는 미디어 미래전략 및 법제 마련

제3장. 디지털 전환 정책 현황

        * 방통위, 과기정통부, 문체부 등
- **(미디어 산업 규제혁신)** 방송사업 허가·승인·등록제도, 소유·겸영 및 광고·편성 규제 등 미디어 산업 전반에 대한 낡은 규제개선
- **(OTT 글로벌 경쟁력 강화)** OTT 제도적 기반 마련(세액공제·자체등급제등) 및 글로벌 전진기지 구축, 특화 콘텐츠 제작 등 국내 OTT·제작사의동반 해외진출 종합 지원
  - OTT 등 미디어와 콘텐츠 산업의 선순환 발전을 위한 혁신전략마련
- **(ICT기반 콘텐츠 제작혁신)** 민관 투자확대 및 기술융합을 통해 콘텐츠 경쟁력강화
  - 초실감 가상제작 스튜디오 구축 및 콘텐츠 제작·유통과정(촬영-편집유통-현지화 재제작)에 ICT 적용 등 제작생태계 혁신
- **(미디어 인력양성 및 기술개발)** 미디어 분야 수요맞춤형 인재 양성, 디지털미디어 스타트업 육성 및 혁신기술 융합을 통한 신시장 창출
  - 1인 창작자 성장단계별 지원 및 미디어 분야 전주기 인력 육성(예비인력·재직자)
  - 메타버스등실감미디어 구현을 위한 기술개발 및 장비·디바이스등전·후방산업육성
- **(중소·지역방송 활성화)** 방송산업의 지역균형발전과 상생·지속성장이가능하도록 중소·지역방송의 규제완화 및 콘텐츠 제작 재원·인프라마련
- 기대효과
  - 디지털 미디어 산업 시장규모 19.5조원('20년) → 30조원('27년) 확대

▌모빌리티 시대 본격 개막 및 국토교통산업의 미래 전략산업화 (국토부)

과제 목표	• 국토교통 산업의 혁신을 통해 4차 산업혁명 시대의 미래먹거리로육성하고, 역동적 경제성장을 지원

주요 내용	• **(미래 모빌리티 육성)** 완전자율주행('27), UAM('25) 상용화를 위한인프라, 법·제도, 실증기반 마련*, 전기·수소차 클러스터, 인증·검사정비체계구축
	    * △(인프라) C-ITS, 정밀도로지도, 버티포트, 맞춤형 기상정보 등
	    * △(제도) 안전·보험·보안 △(실증) 임시운행허가, 시범운행지구 등
	  - 민간이 모빌리티를 비즈니스 모델로 혁신할 수 있도록, 규제특례등법·제도를 마련하고, ICT 기반 국토교통 빅데이터 공개 확대
	• **(물류·건설산업 혁신)** AI 기반 화물처리 등 스마트 물류시설을확대하고, 드론 등을 활용한 무인배송 법제화를 통해 물류산업의 첨단화지원
	  - 스마트 건설기술(BIM, OSC 등) 확산으로 산업의 고부가 가치화, 페이퍼컴퍼니 근절 노력 등 비합리적 관행이 없는 공정한 건설 환경조성
	• **(R&D 확대와 강소기업 스케일업)** 하이퍼튜브 등 혁신·도전적인과제와안전·미세먼지·주거환경 등 생활체감도가 높은 분야에 R&D 투자확대
	  - 건축·주택 등 공공데이터 개방, 금융·판로 지원 등을 통해 강소기업스케일업
	• **(항공강국 도약)** 코로나19로 인해 위축된 항공산업의 조속정상화를지원하고, 정비산업 육성·해외 공항 수주 등을 통해 글로벌 항공 위상제고
	• 기대효과
	  - 임기 내 사실상 완전 자율차('27년) 및 도심항공교통 최초 상용화('25년) 추진
	  - 산업 육성과 혁신을 통해 민간 주도의 일자리 창출과 강소기업 성장을 지원

모빌리티 디지털전환 이해

8.2. 국정목표 4: 자율과 창의로 만드는 담대한 미래

○ 4차 산업혁명이라는 세계사적 대전환의 시대에서, 가능성에 도전하고 미래를 개척하는 글로벌 선도국가로의 도약을 목표
  - 자율과 창의의 탄탄한 밑거름을 자양분 삼아, 도전과 혁신의과학기술혁명, 창의적 인재를 키우는 미래 교육을 준비해나가면서,
  - 기후환경위기가 미래의 기회로 바뀌고, 청년들의 꿈과 도전이 대한민국의 새로운 원동력이 되는 역동적이고 희망찬 미래를 약속

[윤석열 정부의 국정목표 4, 창의·과학·교육부문]

국정목표 4	자율과 창의로 만드는 담대한 미래			
국민께 드리는 약속	14. 과학기술이 선도하는 도약의 발판을 놓겠습니다	15. 창의적 교육으로 미래 인재를 키워내겠습니다	16. 탄소중립 실현으로 지속가능한 미래를 만들겠습니다	17. 청년의 꿈을 응원하는 희망의 다리를 놓겠습니다.
국정과제 (19개)	■ 국가혁신을 위한 과학기술 시스템 재설계 ■ 초격차 전략기술 육성으로 과학기술 G5 도약 ■ 자율과 창의 중심의 기초연구 지원 및 인재양성 ■ 민관 협력을 통한 디지털 경제 패권국가 실현 ■ 세계 최고의 네트워크 구축 및 디지털 혁신 가속화 ■ 우주강국 도약 및 대한민국 우주시대 개막 ■ 지방 과학기술주권 확보로 지역 주도 혁신성장 실현	■ 100만 디지털인재 양성 ■ 모두를 인재로 양성하는 학습혁명 ■ 더 큰 대학 자율로 역동적 혁신 허브 구축 ■ 국가교육책임제 강화로 교육격차 해소 ■ 이제는 지방대학 시대	■ 과학적인 탄소중립 이행방안 마련으로 녹색경제 전환 ■ 기후위기에 강한 물 환경과 자연 생태계 조성 ■ 미세먼지 걱정 없는 푸른 하늘 ■ 재활용을 통한 순환경제 완성	■ 청년에게 주거·일자리·교육 등 맞춤형 지원 ■ 청년에게 공정한 도약의 기회 보장 ■ 청년에게 참여의 장을 대폭 확대

○ 주요 국정 목표
  - 국가혁신을 위한 과학기술 시스템 재설계 (과기정통부)
  - 초격차 전략기술 육성으로 과학기술 G5 도약 (과기정통부)

제3장. 디지털 전환 정책 현황

▌국가혁신을 위한 과학기술 시스템 재설계 (과기정통부)

과제 목표	• 국가 R&D 100조원 시대를 맞이하여 정부와 민간의 역량을 모아 과학기술강국으로 도약하기 위한 국가 과학기술 시스템 재설계 추진
주요 내용	• **(과학기술 역할 강화)** 과학기술 기반의 혁신으로 경제대국·강한안보·행복국가를 달성 할 수 있도록 과학기술 정책 대전환 　- 탄소중립·고령화 등 국가가 당면한 문제를 해결하기 위한 임무지향적과학기술 체계 마련, 민간·지방 주도로 전환, 산·학·연 융합·협력강화 　- 국가과학기술자문회의 개편 등을 통한 민간참여 및 부처 협업·조정강화 • **(질적 성장 R&D)** R&D 예산을 정부 총지출의 5% 수준에서 유지하고, 중장기 투자전략 수립 및 통합적·전략적 R&D 예산 배분·조정체계마련 　- 기술·환경변화에 적시대응이 가능한 신속·유연 예타 추진, R&D 예타기준 1,000억원으로 상향, 활용성 높은 성과창출을 위한 평가제도 개선 및 성과활용 지원체계 마련 • **(민간 과학기술 역량 강화)** 세제 지원 확대 등 다양한 민간 R&D지원강화, 기술영향평가 등을 통해 선제적 규제 이슈를 발굴·대응 　- 민간의 성장 활력 제고를 위해 기업의 혁신역량별 맞춤형·패키지형 R&D를 지원 • **(연구자 지원)** 연구자의 창의적·혁신적 연구성과 창출을 위해 국가연구데이터 플랫폼 구축, 대학·연구기관의 디지털 전환 등 디지털 연구환경조성 　- 연구행정시스템 고도화, 연구행정 제도개선, 연구자 권리제고를 통한 연구자 지원 강화, 국제공동연구 및 장비공동활용 등 공동·협업연구활성화 • 기대효과 　- 과학기술 시스템 재설계를 통해 과학기술 5대 강국 달성 및 경제성장·강한안보·국민행복에 기여

▌초격차 전략기술 육성으로 과학기술 G5 도약 (과기정통부)

과제 목표	• 기술패권 경쟁시대, 글로벌 시장선도와 국익·안보 확보를 위해 필수적인 전략기술 육성에 국가적 역량을 결집함으로써 과학기술 5대 강국 도약
주요 내용	• **(전략기술 투자확대)** 경제성장과 안보 차원에서 주도권 확보가 필수적인 전략기술*을 지정하여, 초격차 선도 및 대체불가 기술확보를 목표로 집중육성 　- 예시) 반도체·디스플레이, 이차전지, 차세대 원전, 수소, 5G·6G, 바이오, 우주·항공, 양자, AI·로봇, 사이버보안 등 　- 범부처 민관합동 회의체를 중심으로 전략로드맵을 수립하고 전략기술육성을 위한 R&D 투자 확대, 중장기 프로그램형 R&D 등 전략기술 발굴 기반마련 　- 바이오 대전환에 대응한 디지털 바이오 육성 및 양자기술 강국도약을 위한 양자기술·산업 기반 조성 추진 • **(특별법 제정)** 전략기술 육성 컨트롤 타워 구축, R&D 우선 투자, 인력양성, 국내·외협력 등 체계적인 제도 기반 마련을 위한 「국가전략기술 육성 특별법」 제정 • **(초격차 R&D프로젝트)** 가시적 성과창출이 가능하고 민간투자 유발효과가 높은 전략기술 임무를 발굴해 범부처 차원 임무지향형 프로젝트 기획·추진 　- 민간전문가 중심의 기획·관리와 산학연 파트너십을 통해 실질적 성과 창출에 집중 　- 출연연·대학 등을 전략기술 임무해결을 선도하는 핵심연구거점으로 지정하여 산학연과의 협동·융합연구 활성화

- **(기술 스케일업)** 대학·출연연 연구성과의 원활한 사업화를 위한 스케일업 프로그램 및 펀드 지원, 실험실창업 원스톱 지원 등 혁신창업 지원체계강화
- **(초연결 인프라)** 전략기술·산업의 신속한 융합성장 촉진을 위한 5G·6G, 양자암호통신망, 위성항법시스템(KPS), 슈퍼컴 등 초연결 과학기술 인프라 구축
- **(전략적 국제협력)** 美·EU 등 선도국과의 기술별 협력전략을 마련하여 국제공동연구, 핵심인재 유치, 글로벌 거대연구 인프라 공유 등 국가 간 협력강화
  (양자) 美·EU 등 기술공동연구센터 설치, (감염병) 아시아-태평양 감염병 쉴드(APIS) 신설 등
- 기대효과
  - 전략기술의 체계적 육성을 통해 기술패권 선도 및 과학기술 5대 강국도약

9. 윤석열 정부의 제조업 디지털 전환 (국정과제2-23, 제조업 부분 참조, p. 36~37)

▎새 정부는 '제조업 디지털 전환'에 관심을 집중하고 있는 실정

o 윤석열 대통령은 당선인 시절 제조업에 스마트공장, 로봇 등 디지털 기술 접목으로 주력 산업을 고도화한다는 비전을 세우면서 이들 분야에 대한 정부 지원의 기대감이 그 어느 때보다 큼

[국민의힘 윤석열 후보 축사 (사진=한국산업연합포럼 제공)]

자료: 뉴시스

o 윤정부는 이에 앞서 지난 2월 한국산업연합포럼(KIAF)이 개최한 '300만 제조인 초청 제조업 위기 진단과 도약을 위한 대통령 후보 정책토론회'에서 "경각심을 가지고 제조업 체질 개선을 위해 제조업 정책 전반을 점검하고 전환해야 할 시점"이라며 "제조업 전반의 디지털 전환을 적극 지원해 대한민국 산업 전반의 새로운 도약을 준비하겠다"고 밝힌 바 있음

제3장. 디지털 전환 정책 현황

- ○ 윤 대통령은 지난 3일 110대 국정과제 발표를 통해 '제조업 등 주력산업 고도화로 일자리 창출 기반 마련'하겠다는 비전을 내세움
- ○ 자체적으로 디지털 전환이 어려웠던 중소업체들 중심으로 스마트공장 구축이 속도를 낼 것으로 전망 됨

`27년까지 가상 협업공장 50개, 로봇 1만개 보급 지원 목표

- ○ 윤석열 정부는 제조업에 디지털 기술을 접목하기 위한 구체적인 안을 다음과 같이 내놓고 있음
  - `27년까지 가상 협업 공장 50개 구축
  - 제조현장의 로봇 보급을 통해 생산 공정을 최적화할 계획이며, 이를 위해 산업 현장에 제조·안전 로봇 10,000대 보급을 지원할 방침
  - 산업 데이터 플랫폼 구축과 업종별 디지털연대의 확산으로 새로운 비즈니스 모델을 창출해 산업의 부가가치를 향상시킬 계획임
- ○ 또한 수소환원제철 실증로 구축 등 디지털·친환경 전환 선도로 주력산업 고부가가치를 높일 것으로 기대되고 있음
- ○ 특히, 윤 정부는 디지털 기술로 제조업의 그린전환도 가속화시킬 예정임
- ○ 주력산업의 탄소중립 한계기술 돌파를 위해서
  - 전용 R&D사업 신설
  - R&D·시설투자 세액공제 대상 확대 등 지원을 강화할 것으로 밝힘
- ○ 또한, 중소·중견기업 대상 클린 팩토리* 를 2025년까지 1,800개를 만들고, 탄소 다배출산업 집적지역의 기업·근로자를 대상으로 정의로운 저탄소 전환 지원사업을 추진할 계획이라고 밝힘
  * 클린팩토리는 제조공정에서 환경오염 물질을 제거하는 청정생산을 통해 오염 배출을 낮춘 사업장을 의미한다. 유형별로 친환경 생산공정 개선, 현장 재활용, 친환경 제품 생산, 친환경 연료대체 등으로 나눔

모빌리티 디지털전환 이해

[제조업의 디지털 전환 예시]

출처: Autodesk_Redshift

▍지역 산업단지 고도화 추진을 통한 지역균형발전 계획

○ 윤 정부는 제조업 디지털 전환을 통해 지역 산업단지 고도화도 함께 추진 중임

○ 대통령직인수위원회(인수위)는 '지역균형발전 비전 및 국정과제'를 발표를 통해서 지역이 육성하고자 하는 산업을 기반으로 신규 국가산업단지를 조성하고, 노후화된 산업단지를 리뉴얼한다는 계획임

[지역균형발전 비전 및 국정과제 (출처: 국가균형발전위원회)]

제3장. 디지털 전환 정책 현황

- 이를 위해 국가균형발전특별회계(균특회계) 투자 규모(2022년 10조9천억원)를 지속 확대하고, 지역자율사업의 비중을 탄력적으로 늘려 나가겠다고 밝힘
- 지역균형발전특별법 개정을 정비하고, 관련 법 개편·정비 등을 효율적으로 수행하기 위한 '민관합동 TF'를 운영할 예정
- 또 테크노파크(TP)·창조경제혁신센터 등 창업·지역산업(기업) 지원전문화를 통한 '원스톱-밀착형 기업 서비스' 추진체계를 개편하겠다고 밝힘

[원tm톱-밀착형 기업 서비스 예시]

(출처: 한국산업기술진흥협회, Koita)

- '17개 시·도 7대 공약'에서 대전광역시는 대전산업단지 리모델링 통해 스마트 그린 혁신산업단지를 조성할 계획
- 대전산업단지에는 3년간 스마트공장 구축 고도화 279억원 등을 포함해 총 3천억원 국비가 투입
- 또, 제2 대덕연구단지 조성을 통해 충청권 4차 산업 기술사업화 거점으로 육성
- 충청남도와 경상남도에서는 첨단 국가 산업단지와 국방산업클러스터를 조성하고, 디지털 기반으로 주력산업 구조 고도화를 추진하겠다고 공약을 내세움
- 산업계는 새 정부의 제조업 디지털화 추진에 일제히 환영한다는 목소리다. 국내 스마트공장 구축은 역대 정부의 지원 아래 지속적으로 추진되고 있지만, 새 정부의 지원으로 더 확대될 수 있다는 기대감이 높아지고 있음

에듀컨텐츠·휴피아
CH Educontents·Huepia

제4장
모빌리티 산업 및 정책 현황

에듀컨텐츠·휴피아
CH Educontents Huepia

제4장. 모빌리티 산업 및 정책 현황

제1절 | 모빌리티 정책방향

1. 추진 배경

┃수송(Transport)에서 모빌리티(Mobility)* 시대로 전환

- 획일적 노선·시간의 공급자 관점이 아닌 수요자 관점에서 맞춤형으로 이루어지는 이동성 극대화를 강조

- 자율차, UAM 등 미래 서비스 등장과 더불어 기존 서비스가 혁신 기술을 만나 자동·플랫폼화되면서 이동 서비스 질도 개선

- 주요 외국은 자율주행차·드론·UAM에 대한 기술 개발과 실증사업 추진과 함께 관련 산업의 육성, 기술·운송 서비스·보험 등 사회적 인프라 부문 등에 대한 규제개선 및 새로운 제도 도입, 사회적 갈등 해소 방안 등을 추진 중임

- 이와 달리 현재 우리나라는 모빌리티 혁신에 대비하는 대응 속도가 더딘 것으로 평가됨

- 모빌리티 혁신의 진행과 함께 업역에 근거한 전통적 규제정책의 경계가 허물어짐에 따라 규제체계의 정합성이 상실되어가고 있는 실정

> ※ 모빌리티(Mobility) :
> 일반적으로 이동의 용이성, 즉 이동성 그 자체를 의미하며 첨단기술 결합 및 이동 수단간 연계성 강화 등을 통한 이동성 증진을 통칭

모빌리티 디지털전환 이해

[윤석열 정부의 모빌리티 혁신 로드맵]

2. 추진 목표

o 미래를 향한 멈추지 않는 혁신

o 모빌리티 혁명의 일상 구현과 글로벌 선도

o 노동시장에서의 고용 불안감 해소

[윤석열 정부의 모빌리티 혁신 목표]

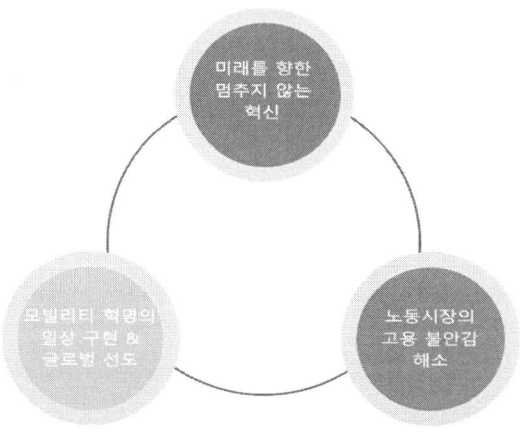

제4장. 모빌리티 산업 및 정책 현황

3. 추진 방향

- ○ 미래 모빌리티 산업을 핵심 성장 동력으로 육성하기 위한 중장기 목표 및 계획을 마련하고 국정과제로 추진
- ○ 과감한 규제 개선 및 실증지원을 통한 혁신 성과 창출
- ○ 모빌리티 시대에 부합하는 법·제도 기반 강화
- ○ 인프라 확충 및 기술 개발을 위한 선제적 투자 확대

3.1. 주요 추진 현황

▎모빌리티 혁신 및 활성화 지원 관련 법안

- ○ 관련 법률안 연내 공청회 의안 제출
  - 모빌리티 활성화 및 지원에 관한 법률안(박상혁의원 등 24인) (2020.09)
  - 모빌리티 혁신 및 활성화 지원에 관한 법률안(박정하의원 등 11인) (2022.10)
  - 자율주행자동차 상용화 촉진 및 지원에 관한 법률/시행령/시행규칙 (2020.05)
  - 자율주행차 임시운행 허가규정 개정안 행정예고(첨단자동차과)

▎친환경 자동차

- ○ 한국판 뉴딜 종합계획 - '그린 뉴딜', '친환경 미래 모빌리티' (기획재정부)
- ○ 친환경자동차 기본계획('21~'25) (산업통상자원부)
- ○ 수소차 전기차 분야 선제적 규제혁파 로드맵 (산업통상자원부)

▎지능형교통체계(ITS) (국토교통부)

- ○ 지능형교통체계 기본계획 2030('21~'30)

▎자율주행 (국토교통부)

- ○ 자율주행분야 선제적 규제혁파 로드맵 (2018.11)
- ○ 2030 미래자동차산업발전전략(2030 국가로드맵) (2019.10)
- ○ 수소차 전기차 분야 선제적 규제혁파 로드맵 (2020.04)

- 미래자동차 확산 및 시장 선점 전략 (2020.10)
- 자율주행 레벨4 제작·안전가이드라인 (2020.12)
- 자율주행자동차 사이버보안 가이드라인 (2020.12)
- 자율주행자동차 윤리 가이드라인 (2020.12)

여객운송사업자 사업법 개정

- 플랫폼 모빌리티 혁신 비전 2030
- 여객자운송사업법 개정안 시행령 (2020. 11. 14)

도시항공모빌리티(UAM) (관계부처협동)

- 선제적 규제 혁파 로드맵-드론 분야 (2019.10)
- 제3차 항공정책기본계획 2020~2024 (2019.12)
- 드론산업 육성정책 2.0 (2020.01)
- 한국형 도심항공교통(K-UAM) 로드맵 (2020.06)
- 한국형 도심항공교통(K-UAM) 기술로드맵 (2021.03)

4. 이전 정책 성과 및 한계

성과

- 그간 자율주행·UAM 등 각 분야별 로드맵을 수립하고, 법·제도 정비에 노력을 기울이는 등 모빌리티 시대 준비
- 범정부 합동으로 미래차, UAM, 디지털 물류 핵심 분야를 체계적으로 육성하기 위한 중장기 로드맵 수립
- 자율차법·생활물류법 제정, 운송 플랫폼 사업제도화 등 일부분야는 법·제도 기반 마련

한계

- 정부 주도로 이루어진 모빌리티 정책은 민간의 빠른 혁신 속도에 대응하는 성과를 창출하기에 역부족

제4장. 모빌리티 산업 및 정책 현황

- ㅇ 기존 산업과 신산업, 모빌리티 각 분야 간 경계가 모호해지는 상황에서 융·복합을 통한 혁신적인 서비스의 일상구현 필요
  예) 자동차 vs 비행기체
- ㅇ 산발적 정책추진으로 인해 분야별 탈경계화 등에 대응하기 위한 종합적·체계적인 준비 노력 미흡
- ㅇ 모빌리티 활성화 및 지원을 위한 법·제도 기반, 관련조직, 지원 예산 등 미흡
- ㅇ 모빌리티가 도시 계획, 건축 용도, 도로 설계 등 우리 공간 구조 전반에 미칠 영향도 함께 감안할 필요
  예) 무인배송으로 인한 상업시설 감소, 연계 모빌리티로 인한 복합개발 확대

5. 자율주행 추진 정책

5.1. 대중교통 등 자율주행 서비스 일상 안착

│ 자율주행 기반으로 대중교통 체계 대전환

- ㅇ 완전자율주행 노선형(버스,셔틀) 서비스 및 구역형 서비스 상용화 등을 통해 자율주행 기반의 여객 운송 시스템 구축
  - 이를 위해 자율주행 기반의 여객운송 제도 개편 방안 마련
  - 제도 개편 이전에도 규제 특례와 행·재정적 지원을 통해 자율주행 기반의 여객 운송 서비스를 속도감 있게 도입

│ 기존 여객운송 사업과 공생을 위해 단계적인 전환 추진

- ㅇ 교통 취약지역부터 서비스 개시, 이후 도심 등 전국 단위로 단계적 확대
- ㅇ GTX 역세권, 복합환승센터 등 주요 교통거점 개발 계획에 자율주행 대중교통 서비스 운영 계획 반영

[자율주행 대중교통 체계 전환 방향성]

	초기	성숙기
공간·시간적 범위	신도시 등 교통취약지역	도심·전국
	대중교통취약시간	24시간
사업형태· 범위 등	노선형	구역형
	시내교통	시내·광역·시외
	공영·준공영	공영·준공영·민영

5.2. 자율주행 신규 서비스 개발 지원

▎교통약자 이동지원, 긴급차량 우선 통행 라스트마일 무인 배송 등 신규 서비스 개발·도입

○ 도입 성과를 보아가며 신규 서비스의 대중화 방안도 마련

[자율주행기반의 서비스 수단의 대중화 방안 예시]

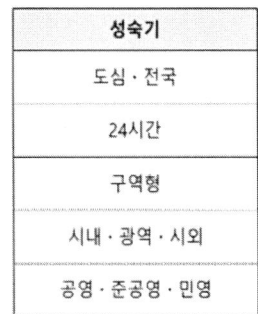

○ 민간의 자율주행 서비스 개발·도입을 지원하는 자율주행 서비스 사업 확대

○ 우수 사업이 다른 지역으로 확산 될 수 있도록 국토교통 혁신펀드 등을 활용하여 투자·금융 지원 확대

[민간 자율주행 서비스 사업 예시도]

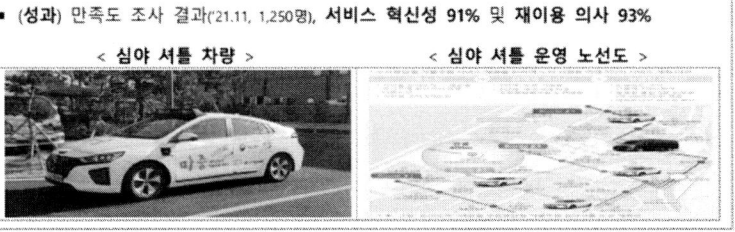

5.3. 자율주행 본격화를 위한 과감한 규제 혁신

▌Lv4 제도 선제적 완비로 불확실성 해소

- ○ (현행) 부분자율주행(Lv3) 제도 완비에 따라 Lv3 제작 및 판매·운행이 이미 가능
- ○ (개선) 완전자율주행(Lv4)에 부합하는 제도를 선제적으로 마련
  - 자동차 안전기준: Lv4 차량시스템 및 주행 등에 대한 기준 마련
  - 보험제도: 운행자 중심의 현행 보험제도에서 벗어나 운행자·제작자·사업자·인프라 운영자 등 관계에서 사고 책임 명확화
  - 운행제도: 운전대 조작이 필요 없는 상황에 따라 운전자 개념을 재정립하고, 면허·교통법규와 사이버 보안 등도 제도화

▌자유로운 실증을 위한 규제 특례 대폭 확대

- ○ (시범운행지구) 유상 운송 및 안전 기준 특례 등을 통해 자유로운 실증이 가능한 시범운행지구 전국 확대
- ○ (네거티브 규제) 시범운행지구 운영 성과를 보아가며 특정 구역 모든 지역에서 규제 특례가 적용되는 네거티브 방식 도입

▌자율주행 임시운행허가 등 규제혁파

- ○ (임시운행허가) 신속하고 편리한 임시운행 허가 취득 지원

모빌리티 디지털전환 이해

6. 향후 추진계획

기본방향

- ○ (단기과제), 관련 법령 제·개정 등 제도 기반 마련, 실증·시범사업, 중·장기 과제 구체화를 위한 연구용역 등 즉시 착수
- ○ (중기과제), 자율차·UAM 등 미래 모빌리티의 가시적 성과 선제적 창출, 관련 법·제도·인프라 기반도 지속 강화
- ○ (장기과제), 기술·서비스 개발 성과 등을 토대로 모빌리티 혁신 본격화

세부 조치계획

추진 과제	조치사항	담당부서
1. 운전자가 필요없는 완전자율주행 시대 개막		
① 대중교통 등 자율주행 서비스의 국민 일상 안착		
• Lv4 버스·셔틀 및 택시 상용화 지원	여객 운송제도 개편방안 마련('24)	교통정책총괄과 버스정책과 모빌리티정책과 첨단자동차과
• 자율주행 신규 서비스 도입	국가 R&D(~'27)	첨단자동차과
• 자율주행 모빌리티 서비스 확대	시범사업(~'23) → 본사업('24~)	첨단자동차과
② 자율주행 본격화를 위한 과감한 규제 혁신		
• Lv4 안전기준, 보험·운행 제도 완비	민관 TF('22.9~) → 제도 완비('24)	첨단자동차과
• 자율차 시범운행지구 확대	자율차법 개정('23) → 지정(~'25)	첨단자동차과
• 임시운행허가 제도 개선	가이드라인 마련 등('22.12)	첨단자동차과
• 차종 분류 유연화	자동차관리법 개정('24)	자동차정책과

제4장. 모빌리티 산업 및 정책 현황

③ 親 자율주행 모빌리티 인프라의 전국 구축

• C-ITS 전국 구축	전국 도로 단계적 구축(~'30)	첨단자동차과
• 정밀도로지도 전국 구축	전국 도로 단계적 구축(~'30)	첨단자동차과
• 모빌리티 혁신 고속도로 선정	선도사업 선정('23.上)	도로정책과

④ 자율주행 선도국가 도약을 위한 산업 생태계 조성

• K-City 혁신성장지원센터 입주 지원	센터 준공('22.9)	첨단자동차과
• 지역 기업 대학 테스트베드 구축	충북대 개방('22.12)	첨단자동차과
• 자율주행 기술개발 및 서비스 고도화	국가 R&D(~'27)	첨단자동차과

2. 교통 체증 걱정없는 항공 모빌리티 구현

① 도심항공교통 등 미래 항공 모빌리티 서비스 본격화

• UAM 서비스 출시	실증('23~) → 서비스 출시('25)	도심항공정책팀
• UAM 서비스 유형 다각화	방안 마련('25)	도심항공정책팀
• 드론 서비스 확산 및 드론 공원 조성	실증사업, 드론법 개정('22.12 발의)	첨단항공과

② 미래를 준비하는 선제적 규제 개혁

• UAM 법·제도 기반 마련	UAM법 제정('23.上) 등	도심항공정책팀
• 드론 특별자유화구역 확대	특구 공모('22.9)	첨단항공과
• 드론 비행·안전·보험 규제 완화	고시 개정('22.12), 보험 표준 약관 마련('23.上)	첨단항공과 항공기술과

③ 서비스 확산을 위한 맞춤형 인프라 투자

• UAM 버티포트 및 통신 인프라 구축	연구 용역(~'23) → 구축('25)	도심항공정책팀
• 드론 시험 인증 인프라 구축	인프라 확충(~'25)	첨단항공과
• 공역 체계 구축	국가 R&D(~'24)	도심항공정책팀
• 공항 비행관리 플랫폼	방안 마련('24)	항행시설과

④ 미래 항공 모빌리티의 글로벌 경쟁력 강화

• UAM 핵심 기술 연구·개발	국가 R&D('23.1분기 예타 신청)	도심항공정책팀
• UAM 팀코리아 운영 확대	참여기관 확대 등('23~)	도심항공정책팀
• 드론 인력 양성	프로그램 운영('22~, 항공대)	첨단항공과

모빌리티 디지털전환 이해

3. 스마트 물류 모빌리티로 맞춤형 배송체계 구축

① 전국 어디서나 당일 운송 서비스 실현

• 무인 배송 제도화	생활물류법 개정('23.上) 등	상황총괄대응과
• 무인배송 실증·시범사업	실증사업(~'25), 시범사업('23~)	첨단물류과 상황총괄대응과
• 자율주행 화물 운송 상용화 대응	화물 운송 개편방안 마련('24)	물류산업과
• 도시철도 물류 서비스 도입	국가 R&D(~'23) 도시철도법 시행령 개정('22.12)	첨단물류과 철도투자개발과
• 하이퍼 튜브 기술 개발	국가 R&D('22.9 예타 신청) 등	철도안전정책과 첨단물류과

② 기존 물류 인프라의 디지털 대전환

• 도시첨단물류단지 조성	양재·양천 시범단지 조성('22~) 등	첨단물류과
• 스마트 공동물류센터 확대	시범사업(~'25)	첨단물류과
• 스마트 물류센터 인증 인센티브 확대	방안 마련('23.上)	첨단물류과
• 도심 내 첨단 물류센터 확충	물류시설법 개정('22.12) 등	첨단물류과
• 디지털 물류정보 통합 플랫폼 구축	국가 R&D(~'27)	첨단물류과

③ 물류산업을 국가 전략산업으로 육성

• 물류 스타트업, 중소기업 지원	국토부-물류협회-투자기관 협업	물류정책과
• 물류 인력 양성	프로그램 운영('22~, 인천대)	물류정책과
• 물류산업발전기본법 제정	법 제정('23.下)	물류정책과
• 미래 물류기술 연구·개발	국가 R&D(~'27)	첨단물류과
• 디지털 물류실증 사업 확대	선정·지원(지속)	물류정책과

4. 모빌리티 시대에 맞는 다양한 이동 서비스 확산

① 이동시간의 획기적 단축을 위한 서비스 다각화

• 수요응답형 서비스 확대	여객자동차법 개정('23.上) 가이드라인 마련('23.下) 등	버스정책과 광역교통경제과
• 기존 대중교통 서비스 탄력 운영	여객자동차법 개정('24)	버스정책과
• 민간 주도 MaaS 활성화	TAGO-공유PM 통합 정보 관리('22.12)	모빌리티정책과
• 공공 MaaS 선도 사업	대도시권 MaaS 방안 마련('23.下) 철도 중심 MaaS 구현('24)	광역교통경제과 철도운영과
• 개인형 이동수단 활성화	PM법 제정('22.12) 인센티브 방안 마련('22.11) 등	모빌리티정책과 광역교통경제과

제4장. 모빌리티 산업 및 정책 현황

▪ 카셰어링 규제 완화(주차구획, 프리플로팅)	주차장법 개정('23.上) 여객자동차법 시행규칙('22.12) 등	모빌리티정책과 생활교통복지과
▪ 환승센터 활성화 방안 마련	방안 마련('22.12)	광역환승과
▪ MaaS Station 추진	지자체 공모('22.12) → 지원('23)	광역환승과

② 편리하고 안전한 대중교통 서비스 제공

▪ 버스-지하철 통합 정기권 도입	방안 마련('23.上)	광역교통경제과
▪ 모빌리티 구독제 도입	방안 마련('23.下)	광역교통경제과
▪ S-BRT 도입	실증(~'22.11) → 시범사업(~'26)	광역교통도로과
▪ 모듈형 버스 도입	국가 R&D 추진('25~)	광역버스과
▪ 자율주행 BRT 상용화	상용 서비스 개시('22.12, 세종)	광역교통도로과
▪ 친환경 트램 상용화	수소트램 상용화 기획연구(~'23.2)	광역시설정책과

③ 민간의 혁신적인 서비스 발굴·확산 지원

▪ 모빌리티 특화형 규제 샌드박스 도입	모빌리티법 제정('22.12)	교통정책총괄과
▪ 모빌리티 빅데이터 플랫폼 구축	방안 마련('23.上) 등	생활교통복지과

5. 모빌리티와 도시 융합을 통한 미래도시 구현

① 미래 모빌리티 확산을 위한 핵심 거점 조성

▪ 모빌리티 특화도시 조성	지자체 공모('23.上)	교통정책총괄과
▪ 기존 인프라 복합 개발	시범사업('23, 하남 휴게소) 추가 사업 검토('24~) 등	도로정책과 철도투자개발과 생활교통복지과 모빌리티정책과
▪ 스마트 주차장	고시 개정('22.11) 실증사업('20.10~) 등	생활교통복지과
▪ 사업용 차량 충전 시설 조성	지자체 공모('22.12)	교통정책총괄과

② 모빌리티 시대에 맞는 공간구조 재설계

▪ 모빌리티 현황 조사	모빌리티법 제정('22.12) → 조사 실시('23~)	교통정책총괄과
▪ 공간 구조 정합성 검토	민·관 합동 TF 운영('23)	교통정책총괄과

제2절 | 모빌리티 산업 분류

1. 모빌리티 주요 분야

1.1. 자율주행

운전자가 필요 없는 완전자율주행 시대

- '27년 세계 최고 수준의 완전자율주행 상용화를 통해 자율주행 모빌리티를 국민 일상에서 구현
- 자율주행과 첨단 인프라를 통해 차량 내 휴식·업무·문화가 일상이 되고 교통사고 예방, 혼잡 해소 등 사회·경제 문제를 해결

자율주행 모빌리티 미래상

- '25년 운전자 없는 완전자율주행(Lv4)버스가 최초 상용화되어 심야시간과 도시 외곽지역에서도 편리하고 안전하게 이동가능
- '27년 운전자 없는 완전자율주행(Lv4)승용차가 상용화되어 운전 부담으로부터 자유로운 이동구현
- '35년 완전자율주행(Lv4)이 대중화 되면서 교통안전 및 혼잡해소 실현
  - 현황 : 임시운행 허가, 시범운행지구 운영, C-ITS 구축사업 등을 통해 운행지원부분 자율주행(Lv3)은 관련 제도를 완비하여 제작·판매·운행 가능
  - 금년말 세계 세 번째로 Lv3 출시 전망
  - 평가 : 20년 기준 세계 7위권의 경쟁력을 보유, 향후 완전자율주행(Lv4) 시장선점을 위한 글로벌 경쟁 대응 노력 필요
    - (Lv3) : 고속도로 등에서 자율주행이 가능하나, 자율주행이 어려운 상화에서는 운전자에 운전 권한 전환
    - (Lv4) : 지정된 조건에서 운전자 개입없이 운전가능 (대부분 상황에서 운전자에게 운전 권한 전환 X)

1.2. UAM, 도심항공모빌리티

교통체증 걱정 없는 항공 모빌리티 구현

- 25년 도심항공교통 서비스를 본격 도입하여 이동시간을 획기적으로 단축

○ 드론 택배, 시설물 점검 등 생활밀착형 드론 서비스를 활성화 하여 고부가가치 신산업으로 육성

▮ 항공 모빌리티 미래상

○ '25년 수도권 특정 노선에 UAM 상용 서비스 최초 출시

○ '30년 주요 권역별로 다양한 UAM 서비스가 활성화되어 도심내 버티포트·공항·철도역사·터미널간 막힘없이 이동가능

○ '35년 UAM과 자율차·PM·대중교통 등을 종합 연계하여 최종목적지까지 단절없는 이동
  - 현황 : 기체 및 교통관리 기술개발, 실증 인프라 조성 등을 통해 미실현 시장에 대한 대응 기반 마련, '25년 최초 상용화를 목표로 K-UAM 로드맵 수립·추진
  - 평가 : 주요국에 비해 상용화를 위한 출발이 다소 늦은 상황
    배터리·ICT 등 유관 산업 경쟁력을 토대로 정부의 전폭 지원 필요

1.3. 디지털 물류

▮ 스마트 물류 모빌리티로 맞춤형 배송체계 구축

○ 스마트 물류 모빌리티를 통해 원하는 물품을 전국 어디서나, 원하는 시간에 받아볼 수 있는 맞춤형 서비스 제공

○ 국가 기간 산업인 물류 산업의 스마트화를 통해 전·후방 산업까지 생산성을 높이고, 글로벌 경쟁력을 확보

▮ 스마트 물류 모빌리티 미래상

○ '23년 무인배송 제도화 및 상용 기술 개발 등을 통해 로봇을 통한 무인 배송 서비스를 일상에서 구현

○ '37년 자율주행 화물 운송 상용화, 도시철도망을 활용한 지하 물류 서비스 도입 등을 통해 다양한 화물 운송 서비스 제공

○ '40년 하이퍼튜브, 도심 지하튜브 등을 통해 전국 반나절 운송의 초고속 서비스 실현
  - 현황 : 스마트 물류센터 인증, 미래물류 기술 개발 등을 통해 디지털 물류 전환에 착수. 자율주행 화물운송, 드론 배송 등 물류와 타 산업간 융·복합도 준비
  - 평가 : 코로나19 이후 생활물류를 필두로 물류산업의 급격한 성장이 전망되나, 아직까지 전반적인 산업 경쟁력은 높지 않음

1.4. 이동 서비스

▍모빌리티 시대에 맞는 다양한 이동서비스 확산

- 기존 교통 서비스에 ICT와 플랫폼, 첨단 기술을 융·복합하여 다양한 모빌리티 니즈를 획기적으로 충족
- 창의적이고 다양한 모빌리티 서비스의 출현을 가로막는 기존의 제도와 인프라는 수요자 입장에서 과감하게 개선

▍이동서비스 모빌리티 미래상

- '23년 실시간 수요를 반영하여 운행하는 수요 응답형 서비스가 심야 시간대 와 신도시 등에서 본격 시행
- '25년 지하철 수준의 신속·정시성을 확보한 Super-BRT 운영을 확대하여 이동시간을 크게 단축
- '35년 대중교통, 철도, PM, 렌터카, 택시 등 모든 모빌리티를 연계하여 전국단위 MaS 구현을 통해 전국 2시간대 이동 실현

1.5. 미래도시

▍모빌리티와 도시융합을 통한 미래도시 구현

- 도시공간을 미래 모빌리티 서비스가 구현되고, 모빌리티기업이 성장 할 수 있는 혁신 거점으로 조성
- 기존 공간구조는 모빌리티 시대에 예상되는 국민삶의 변화에 맞추어 미래 지향적으로 재설계

▍미래도시 모빌리티 미래상

- '25년 운전자가 입고 구역에 차량을 두면 로봇이 발렛주차 서비스를 제공하는 자율주행 주차로봇 서비스 확산
- '38년 자율주행, UAM, 디지털물류, 수요 응답형 서비스 등 모빌리티가 전면 적용 될 수 있는 '모빌리티특화도시(신도시형)' 본격입주
- '40년 모든 신규 개발지구에서 자율주행, UAM, 스마트물류 등 미래 모빌리티를 구현

제4장. 모빌리티 산업 및 정책 현황

1.6. 미래도시 마이크로 모빌리티의 정의 및 종류

▍마이크로 모빌리티 Micromobility : 친환경 동력을 활용하는 소형 이동수단

- 마이크로 모빌리티는 다음과 같은 4가지 주요 기준을 충족하는 동력 차량으로 정의
  - 차량 중량 최대 227kg (500IB)
  - 차량 폭 최대 1.5M (5ft)
  - 최고 48km/h (30mph)의 속도
  - 전기 모터 또는 내연엔진에 의한 전원

[미국, SAE에서 정의한 전동식 마이크로 모빌리티 차량의 유형]

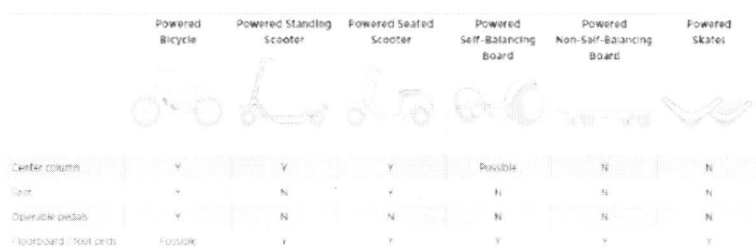

* OECD, International Transport Forum(ITF), Safe Micromobility(2020), P.18

- 이러한 기준을 바탕으로 마이크로 모빌리티는 세부적으로 6가지 하위종류로 분류하고, 일반 자전거와 같은 순수인력으로 움직이는 이동장치를 제외

▍마이크로 모빌리티(Micromobility)의 현재와 미래

- 마이크로 모빌리티는 도시교통난 해소를 위한 친환경적 교통수단으로서 주목받고 있으며, 가파른 성장세를 보이고 있음
- 반면, 급격한 보급에 따라, 규제 공백, 안전의식 결여 등 안전문제가 대두되고 있으며, 규제 강화 필요성도 증가하는 현실

▍논의배경

- 최근 빠르게 진화하는 도시 교통 환경에서 개인 소유 또는 공유 스쿠터와 같은 마이크로 모빌리티는 사람들이 일상적으로 이동하는 방식을 크게 변화시키고 있음
- 특히, 최근의 도시의 밀집화, 기후변화, 기술의 발전과 같은 글로벌 메가 트랜드는 향후 마이크로 모빌리티의 발전을 가속화 시킬 것으로 전망

○ 마이크로 모빌리티 및 공유 서비스의 이용이 크게 증가함에 따라, 안전 문제가 이슈화되고 있으며, 많은 국가와 도시에서 관련 안전 규정에 대한 조정과 재정비가 진행 중

주요 규제 사항 및 이용 현황

○ 규제 사항
  - 정부는 2021년 5월 13일부터 전동 킥보드 등 개인형 이동 장치 운전자의 안전을 강화한 도로교통법 개정안이 시행
  - 주요 규제 사항을 살펴보면 아래와 같음
    ① 운전 자격을 강화로 원동기 면허 이상 소지한 운전자에 대해서만 전동 킥보드를 운전할 수 있도록 하였으며, 면허 없이 운전하다가 적발되면 10만 원의 범칙금을 부과함.
    ② 인명 보호 장구를 착용하지 않으면 범칙금 2만 원
    ③ 2인 이상 탑승 때는 4만 원
    ④ 13세 미만 어린이가 운전하다가 걸리면 보호자가 과태료 10만 원

○ 정부 지자체들의 강화된 견인 시행
  - 서울시는 2021년 7월부터 성동구, 도봉구, 마포구 등 15개 자치구에서 불법 주정차 전동 킥보드 견인 조치를 시행하였고 이후 2021년 10월 이후부터는 중구, 동대문구, 서초구 등까지 확대
  - 이를 통해 불법주차와 보행 불편 감소 효과를 통해 시민들부터 긍정적인 반응
  - 아래 그림에서 견인 조치 이후 감소된 신고 건수 추이를 확인 가능

[서울시 견인료/부과료 신고건수 추이 현황]

구분	7.15~7.21	7.22~7.28	7.29~8.4	8.5~8.11	8.12~8.18	8.19~8.25	8.26~9.1	9.2~9.8	9.8~9.15	총 합(%)
신고건수	1,242	1,035	1,054	1,043	838	833	715	854	812	8,426(100.0%)
자체처리	650	470	455	377	332	272	244	180	229	3,209(38.1%)
견인완료	590	563	596	655	504	561	471	674	583	5,197(61.7%)
미조치	2	2	3	11	2	0	0	0	0	20(0.2%)

  - 견인으로 인해 업체가 부담해야 할 금액은 1대당 4만 원의 견인료와 30분당 700원의 보관료로 적지 않은 피해를 받고 있을 것으로 추정
  - 언론 기사에 확인된 단속 상황으로는 21년 9월까지 총 견인 건수 8,360건으로 이 중 즉시 견인은 8,307건으로 집계되었고 이로 인한 견인료와 보관료 3억 1918만 원에 달함

제4장. 모빌리티 산업 및 정책 현황

[서울시 전동킥보드 견인료/보관료 부과 현황]

서울시 전동킥보드 견인료·보관료 부과 현황
*7월 15일~9월 30일 기준

견인료	보관료	합계
2억 3772만원	8146만원	3억 1918만원

업체별 견인료·보관료 부담 현황

업체	라임	빔	킥고잉	씽씽	스윙	지쿠터
부과금액	1억 603만원	1억 366만원	4146만원	3459만원	1874만원	1107만원

업체	쏭	버드	다트	디어	윈드
부과금액	223만원	50만원	49만원	33만원	5만원

*자료: 서울시
그래픽: 김지영 디자인기자

▌마이크로 모빌리티 이용 현황

- ○ 정부의 규제 정책이 시작된 지 2주 만에 전동 킥보드 이용률이 절반으로 줄어듬
- ○ 고객 입장에서 전동 킥보드를 이용함에 헬맷은 전동 킥보드 이용의 허들로 작용
- ○ 뿐만 아니라 강화된 단속 또한 고객이 전동 킥보드를 이용함에 또 다른 벽을 만들고 있음
- ○ 이전까지 이용이 용이하기 때문에 많은 고객들이 사용하였지만, 현재는 여러 규제와 부정적인 사회인식이 서비스 이용을 꺼리게 만들고 있음
- ○ 실제 숫치로 이 내용을 살펴보면 22년 1월 기준 주요 마이크로 모빌리티 업체의 월간 활성 이용자 수(MAU)는 MAU는 총 91만 1807명, 자세한 업체별 이용자 수는 다음과 같음

  - 지쿠터 → 32만 8832명
  - 빔(Beam) → 16만 4610명
  - 씽씽 → 15만 6137명
  - 디어 → 13만 4093명
  - 알파카 → 12만 8135명

- ○ 해당 수치는 지난해 11월과 비교하면 약 20% 줄어든 수치로, 11월 상위 5개 업체의 총 MAU는 113만 1353명으로 22년 1월과 비교하면 22만 명가량이 감소

▌규제에 따른 마이크로 모빌리티 기업들의 전략

- ○ 시장의 최근 변화의 움직임
  - 2022년 1월 서울시는 무분별한 즉시 견인 정책에 대해 보완 방안을 마련하고 시행을 준비
  - 주요 사항은 즉시 견인과 일반 견인을 구분하고 즉시 견인에 대한 구체적은 경우를 지정하며, 일반 견인에서는 신고 후 킥보드를 옮길 3시간이 부여
  - 즉시 견인에 대한 구제적 사항

모빌리티 디지털전환 이해

- 지하철역 진출입구 통행 시 직, 좌우 이동에 방해되는 구역
  (예) 지하철역 진출입구 전면 5m 이내)
- 버스 정류소 및 택시 승강장 5m 이내 구역
- 횡단보도 진입을 방해 할 수 있는 구역 (예) 횡단보도 끝을 기준으로 후방 3m 이내 등으로 개정안을 마련할 계획
- 규제 대응과 관련하여 일부 공유 킥보드 업체는 "즉시 견인 시 마지막 이용자에게 과태료 청구" 하는 방식으로 위험관리를 하고 있음
- 즉 약관을 수정하여 서울시의 즉시 견인 조치에 대응하는 모습이며, 약관을 변경한 주요 공유 전동 킥보드 업체는 △스윙 △씽씽 △지쿠터 등으로 이러한 상항은 모든 업체로 표준화될 것으로 전망됨

○ 기업의 규제 회피 전략
- 2021년 도로교통법 개정으로 시행된 안정 강화 조치는 마이크로 모빌리티 기업들로 하여간 다양한 전략을 구사하도록 하고 있음
- 이에 간략하게나마 업체별로 안전 정책을 살펴보고 이 중 일부 기업에 대해 기술적 방향에 대해 살펴보고자 함

[모빌리티 기업별 규제 회피 전략 현황]

주요 업체	안전 대책
디어 (한국) 디어코퍼레이션	• 앱 내 안전퀴즈 상시 진행 • 안전모 착용 권유 • 2인 이상 탑승 금지 • 미성년자 가입자 감지 알고리즘 실행
라임 (미국) (라임 코리아)	• 안전한 전동 킥보드 탐승 콘텐츠 제작 • 안전 교육 프로그램 4천명 이상 교육 이수 • 앱 내 헬멧쓰기 등 안전수직 지속 안내
빔 (싱가포르) (빔모빌코리아)	• 빔 안전 주행 아카데미 진행 • 안전 주행 퀴즈 • 안전 주행안내 태그 부착 • 심야 시간 최대 주행속도 자동 하양 조정
씽씽 (한국) (피유엠피)	• 앱, SNS 통한 안전 캠페인 진행 • 지자체와 합동 안전 캠페인 6회 진행 • 앱 내 안전 공지 사항 지속업데이트
지쿠터, 지바이크(한국) (지빌리티)	• 안전모 착용 수시 권유, 안전 캠페인 수시 진행 • 앱 팝업 통한 안전 수칙 및 주정차 가이드 라인 안내 • 이용자 과실까지 보장하는 업계 최대 보장 보험
킥고잉 (한국) (올룰로)	• 앱 내 안전 수칙 안내 공지 • 지자체, 경찰서, 국토부등과 안전 캠페인 진행 • 자체 안전 캠페인 및 안전 이벤트 장기 진행
고고씽(+알파카) (매스아시아)	• 앱 내 안전 수칙 안내 공지

마이크로 모빌리티 투자 현황

- '22년 들어 마이크로 모빌리티 회사의 투자유치가 활발하게 이루어졌음
- 디어는 22년 1월 현대해상으로부터 투자유치를 했으며, 킥고잉은 삼천리자전거로부터 40억 투자를 유치 받음
- 또한 알파카(고고씽)의 경우에도 롯데 벤처스, 대덕벤처파트너스, 메인스트리트 인베스트먼트로부터 투자 유치를 받음
- 22년 2월에는 스윙이 300억 투자를 유치함. 300억의 투자 규모는 최근 마이크로 모빌리티 업체가 받은 규모와 비교하면 꽤 큰 투자를 유치한 것으로 볼 수 있음
- 22년에 연달아 마이크로 모빌리티 회사가 투자에 성공한 것은 규모의 경제가 이루어지면서 많은 기업들이 흑자전환을 기록한 것이 큰 영향을 준 것으로 보임
- 초기 마이크로 모빌리티 업체는 이용자 확보와 서비스 운영으로 Lesson & Learn을 단계를 거치면서 운영의 효율화를 이루었고, 킥보드 기기의 내구성 강화로 고정비용은 낮아졌고 또한 기기의 대수가 폭발적으로 증가하면서 규모의 경제를 이루며 흑자 전환을 이룬 것으로 추정
- 다만 규제의 강화로 인한 이용 건수의 저하가 있기는 하였으나, 기술을 활용한 규제 안에서의 비즈니스의 돌파구를 찾은 것으로 사료됨
- 이러한 일련의 노력은 투자 유치와 더불어 업체 간의 치열한 자리 싸움이 시작된 것으로 보임

[국내 마이크로 모빌리티 경쟁 업체]

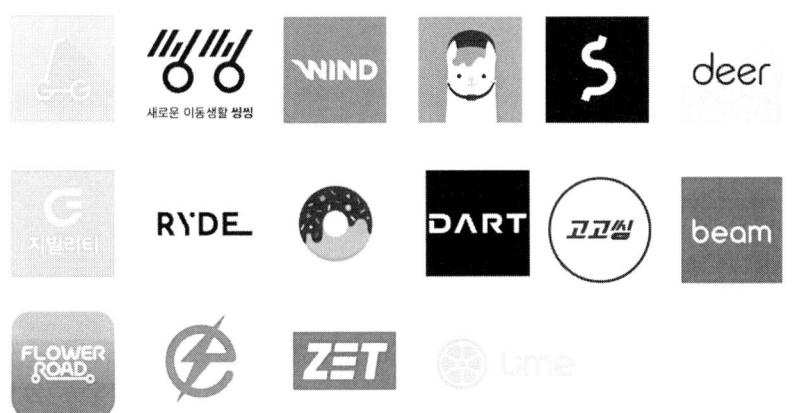

- 현재 국내 마이크로 모빌리티 업체는 대략 20여 개로 경쟁이 치열한 상황
- 이에 올해에는 업체들 간의 M&A가 이루어지면서 6~8개 정도로 정리될 것으로 보이며, 규모를 키우지 못한 업체는 도태되고 이에 따른 인수, 합병이 이루어질 것으로 사료됨

모빌리티 디지털전환 이해

○ 즉, 규제로 인해 촉발된 마이크로 모빌리티 시장은 기술과 자본 및 이용자를 확보한 경쟁력이 갖춘 기업만이 살아남는 방향으로 진행되고 있음

마이크로 모빌리티의 미래 모습

○ 마이크로 모빌리티 시장의 최근 3~4년 동안 급격한 시장의 성장과 많은 업체들의 참여를 통해 성장세를 보이고 있으며,

○ 향후 시장이 방향을 다음 4가지 아젠다로 살펴보고자 함

[마이크로 모빌리티 미래지향 개략도]

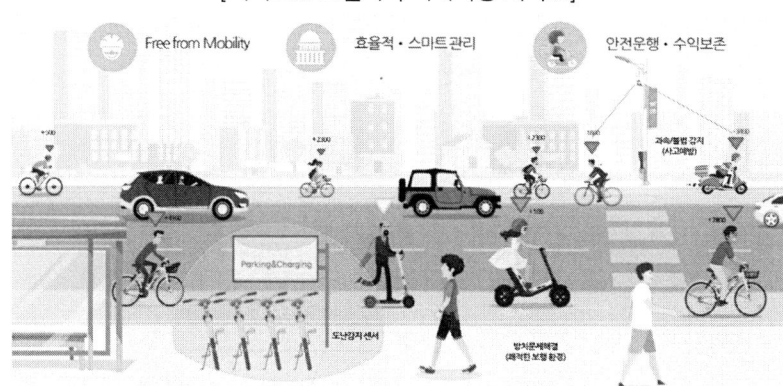

○ 디바이스 확장(전기자전거, 킥 보드, 전동휠 등)
  - 킥 보드를 시작으로 최근 전기자전거로 확대되는 디바이스의 확대는 이후 더 증가할 것으로 보임
  - 간단하게 전동 휠이 될 수 있으며, 조금 더 나간다면 전기 스쿠터도 확대될 수 있는 영역으로 보여 짐
  - 이러한 다양한 변화는 마이크로 모빌리티는 이동의 목적에서 여가의 목적 즉 즐기는 수단으로 활용할 수 있는 가능성이 크기 때문

○ 사업 모델의 확장(렌트 모델의 변화 일주일, 한달 및 판매 등)
  - 마이크로 모빌리티 사업 모델은 단기 대여 즉 기본이용료(+보험료)기반하여 추가 이용요금이 과금되는 방식이었음
  - 하지만 이러한 이용형태는 다양한 구독 상품이 나오면서 다양화 될 것으로 보임
  - 월간 멤버십 형태는 더 다양화 될 것이며, 단순 대여에서 벗어나 여가를 즐기는 목적을 충족시키기 위한 판매까지 이루어 질 것으로 보임
  - 다양한 상품의 개발은 매출을 증대 시키고, 이를 통한 수익 실현은 더욱 커질 것으로 보임

제4장. 모빌리티 산업 및 정책 현황

○ 기술의 확장 (고도화된 위치 기술, 카메라 영상 분석, 빅데이터 기술, 자율 주행 기술 등)
  - 마이크로 모빌리티 기술 개발과 기술 영역 확장은 더욱 고도화 되고, 다양해 질 것으로 예상
  - 규제및 안전에 대한 해결하는 방식을 기술에 기반 방식을 적용되면서, 업체간의 기술 격차는 주요한 경쟁 요소로 진행될 것으로 보임
  - 특히 자율주행이 접목된 분야, 정교화된 위치 기반 기술로 규제에 적극 대응하고, 이용자로 안전과 다양한 이동의 경로위에 부가 서비스를 확대를 가능하게 하는 다양한 빅데이터 기술로 발전 할 것으로 보임
  - 또한 킥 보드의 상태 데이터를 기반으로 수리 예측 및 이용 고객의 운전 패턴이 분석도 활발 해 지고 고도화 될 것으로 보여 짐

○ 비즈니스 영역의 확대 (다양한 판매 상품 확대, 배터리 및 거점을 활용한 다양한 사업 및 제휴 확대)
  - 킥보드 등 마이크로 디바이스 기반 한 사업이 확대 되면서, 이를 효과적으로 이용 확인 개인화 할 수 있는 다양한 부가상품을 판매 할 수 있는 비즈니스 영역이 확대 될 것으로 예상됨
  - 또한 배터리를 기반하여 움직이는 비즈니시 인 만큼 배터리 및 충전을 시키는 거점을 활용한 다양한 사업 확대가 될 것으로 보여짐
  - 또한 더 많은 기업들 특히 편의점과의 제휴 확대는 필히 이루어 질 것으로 보여짐. 마이크로 모빌리티는 킥 보드를 공유하는 비즈니스를 넘어선 다양한 영역확대로 발전할 것으로 예상

▌정책 개선 고려 사항

○ 마이크로 모빌리티를 위한 보호 공간 할당 및 보행자 안전 유지
  - 교통사고 위험으로부터 보행자를 보호하고, 도심 보행을 활성화하기 위해 보행자가 다니는 보도에서 마이크로 모빌리티의 운행은 금지 되거나 강제적이고 낮은 속도 제한이 적용될 필요
  - 마이크로 모빌리티 활성화를 위해 물리적으로 구분된 차선으로 공간을 재분배하고, 연결된 전용 네트워크를 구축하는 것이 필요
  - 자전거 전용 네트워크 인프라에 대한 설계 지침을 개발해야 하며, 마이크로 모발리티를 위한 전용로 개발, 도심으로서의 전용 신호의 분리, 교통 필터링의 기술적 효과는 이미 입증
  - 마이크로 모빌리티 이용자가 자동차와 같은 도로를 공유하는 경우 모든 자동차의 속도 제한 (30km/h)을 설정하여 보호 필요

○ 마이크로 모빌리티 안전 강화를 위한 자동차 규제 강화
  - 자동차는 자전거 또는 전기 스쿠터의 사망으로 이어지는 충돌 사고의 약 80%와 연관된다는 사실을 고려, 마이크로 모빌리티 안전강화를 위한 자동차 운행 방식의 규제 필요
  - 정부는 과속 부주의 및 음주 운전 등 마이크로 모빌리티 이용자를 포함한 모든 운전자의 위험한 행동을 방지하고 안전속도 제한 필요

- 자전거 및 마이크로 모빌리티 이용자 보호를 위해 자동차 설계시 능동 및 수동 안전 솔루션을 포함하는 설계가 필요
○ 마이크로 모빌리티 특성에 맞는 맞춤형 규제
  - 마이크로 모빌리티의 지속가능성, 효율성, 포용성 등 장점을 살리기 위해 일률적인 규제가 아닌 특성에 맞는 규제가 필요
  - 저속 전기 스쿠터 및 전기자전거를 자전거로, 고속이동수단의 경우 오토바이로 규제하는 등 차별화된 규제 필요

1.7. 전기자동차

○ 전기자동차는 배터리와 전기모터를 사용하여 구동하는 차량을 통칭하며, 배터리 및 모터의 역할이나, 전기를 이용하는 방식에 따라 몇 가지로 구분됨

○ 순수 전기자동차(Electric Vehicle: EV)는 배터리와 전기모터의 동력만으로 구동하기 때문에 대기오염을 발생시키지 않고 소음도 거의 없음

○ 플러그인 하이브리드자동차(Plug-in Hybrid Electric Vehicle: PHEV)는 배터리와 모터를 주 동력원으로 사용하고, 배터리가 방전되었을 경우 보조동력원인 내연기관 엔진이 작동함

○ 하이브리드자동차(Hybrid Electric Vehicle: HEV)는 내연기관 엔진과 모터를 동시에 사용하는데, 전기는 주로 엔진 구동력을 통해 생산하며 일부는 '회생제동 브레이크 시스템'으로부터 획득함

전기자동차 정책 동향

○ 원자력의 역할을 일정 수준으로 유지하고 신재생에너지의 이용을 확대하는 전원계획의 기조가 지속된다면, 전기자동차 보급은 우리나라의 온실가스 배출을 줄일 것으로 예상됨
  - 반면, 원자력에 대한 안전성 및 국민 수용성 문제로 '전원계획'의 기조가 화석에너지 중심으로 바뀔 경우, 전기자동차(EV·PHEV)는 온실가스 배출을 위한 유력한 대안이 아닐 수도 있음

○ 전기자동차 보급 확대는 석유의존도를 낮추는 대신 최대 전력수요를 증가시키므로 전력수급 안정은 중장기적으로도 중요한 정책과제가 될 전망임
  - 우리나라에서는 전력수요 급증과 발전설비 증설의 한계로 전력수급 안정이 중요한 이슈가 되고 있음

○ 전기자동차 보급 확대에 대비, 자동차 충전수요를 분산하기 위한 '배터리 교환' 사업모델 개발 및 EV·PHEV 배터리 성능의 지속적인 향상이 필요함
  - 전력 수요가 낮은 시간대에 배터리를 충전해 놓고, 피크 및 중간부하 시간

제4장. 모빌리티 산업 및 정책 현황

- ○ 하이브리드 자동차(HEV)의 배터리 성능 향상
  - EV, PHEV는 여러 제약요인(충전인프라 부재, 배터리 성능의 한계, 긴 충전시간과 짧은 주행거리, 높은 차량가격 등)으로 가까운 미래에 대량 보급이 어려운 상황임
- ○ 스마트그리드 기술개발 및 제도 개선을 통해 최대 전력수요 감축
  - 전기자동차를 이용해 전력 최대부하를 줄이는 기술(Vehicle to Grid: V2G)의 개발 및 적용이 필요함

1.8. 수소연료 전기차

- ○ 수소 연료 전지차(Fuel Cell Electric Vehicle)는 가솔린 내연기관 대신 수소와 공기 중의 산소 결합으로 전기를 자체 생산하는 연료전지를 동력원으로 하는 자동차로 엔진이 없기 때문에 배기가스 및 오염물질을 배출하지 않음
- ○ 최근 들어 지구온난화가 심화되고 에너지 소비가 급증하자, 2009년 EU 및 G8 정상들이 2050년까지 온실가스 배출을 80% 감축하기로 합의하였고, 육상분야에서 95%의 온실가스 배출 저감이 요구됨
- ○ 앞으로 석유가격 등의 문제를 해결하기 위해 기존 연료를 대신하고 배기가스 발생을 최소화시킬 새로운 자동차 개발이 필요함, 수소연료전지차는 CO_2, HC, NO_x 등 오염물질을 전혀 배출하지 않아 이러한 환경규제에 대응하기 위한 대책으로 매우 적합함
- ○ 수소연료전지 자동차(Fuel cell electric vehicle, FCEV)인 수소차를 세계 최초로 개발한 회사는 다임러 크라이슬러로 1994년 수소저장방식의 연료전지를 이용한 NECAR1(New Electric Car)을 선보인바 있음. 현재 다임러 크라이슬러를 비롯한 여러 자동차 회사들이 수소차 개발에 투자하고 있으며, 수소차 시장 선점을 위한 각축전이 오가고 있는 상황

▎수소연료 전기차 정책 동향

- ○ 정부는 지난 2019년에 '수소 경제 활성화 로드맵'을 통해 '40년까지 수소경제 활성화를 위한 수소 생산·저장·운송·활용 전 분야를 아우르는 추진전략을 발표
- ○ 수소차와 연료전지를 양대 축으로 하는 이 로드맵에 따라 다양한 정책이 추진되었음

모빌리티 디지털전환 이해

['18 수소 경제 활성 로드맵]

구 분		2018년			2022년			2040년
활용	모빌리티	수소차	1.8천대 (0.9천대)		8.1만대 (6.7만대)	<2030> 초 자동 생산라인 구축		620만대 (290만대)
		승용차	1.8천대 (0.9천대)	<~2022> 핵심부품 100% 국산화 (年 생산량 3.5만대)	7.9만대 (6.5만대)	<2023> 전기차 가격수준	<2025> 상업적 양산 (年 10만대 생산) 내연차 가격수준	590만대 (275만대)
		버스	2대		2천대		80만km 이상 내구성 확보	6만대 (4만대)
		택시	-	<2019> 10대 시범사업 / <2021> 주요 대도시 적용		전국 확대	50만km 이상 내구성 확보	12만대 (8만대)
		트럭	-	5톤 트럭 출시	10톤 트럭		핵심부품 100% 국산화	12만대 (3만대)
	수소충전소		14개소 (1,000만원/kg)	R&D 및 실증	310개소		300만원/kg 핵심부품 100% 국산화	1,200개소
	선박, 열차, 드론, 기계 등					'30년까지 상용화 및 수출		
	에너지	연료전지 발전용	307MW	<2019> 전용 LNG 요금제 신설	<2022> 설치비 380만원/kW	1.5GW (1GW)	<2025> 중소형 가스터빈 발전단가 수준	<~2040> 설치비 35% 발전단가 50%	15GW (8GW)
		가정·건물용	7MW	R&D	설치비 1,700만원/kW	50MW	실증	설치비 600만원/kW	2.1GW
	수소가스터빈							'30년 이후 상용화 추진	
수소공급	수소공급량		13만톤/年		47만톤/年			526만톤/年
	생산방식		화석연료 기반 부생수소 추출수소	수요처 인근 대규모 생산	수전해 활용	수전해 수소의 대용량 장기 저장 기술개발	해외수소 도입 대규모 수전해 플랜트 상용화	그린 수소 활용 (수전해+해외생산)
	수소가격		-		6,000원/kg (現 휘발유의 50%)		4,000원/kg	3,000원/kg

○ 수소차 보급 확대 또한 주요 정책 중 하나이죠. 보조금 지원 정책 등 적극적인 정부 지원에 힘입어 우리나라의 수소차 보급률은 세계1위, 한국자동차산업협회(KAMA)에 따르면 '21년 3월, 전 세계 수소차 3만 7,400대 중 1/3에 해당하는 1만 2,439대가 우리나라에서 운행 중

○ 지난해 '22년 무공해차 신규 보급 대수는 총 10.9만대로 전년 대비 2배 이상 증가하여 전체 신규차량 175만 대 중 6% 수준을 차지했으며, 누적 보급 대수는 25.7만 대(전체 차량 2,491만 대 중 1%)를 달성했다.

○ 전기 승용차는 다양한 신차종 출시와 인기로 지난해 대비 신규 보급 대수가 2.3배 증가하고, 전체 신규 등록 차량(148만 대) 중 비율 역시 지난해 1.9%에서 4.8% 수준으로 크게 늘었다.

○ 수소차는 지난해 8,532대를 신규 보급하여 2020년도 5,843대 대비 신규 보급 대수가 약 46% 증가했으며, 수소차 보급대수 기준으로 2년 연속 전세계 1위*를 달성
  ※ ('21.1월~9월 판매기준) 한국: 6,420대, 미국: 2,743대, 일본: 2,168대

○ 한편, 빠르게 보급되는 수소차량에 비해 수소차 충전 인프라는 부족한 실정

○ GS칼텍스는 수소차 충전 인프라 구축*에 발 빠르게 대응 중임
  ※ 수도권 최초의 'H강동 수소충전소 | GS칼텍스' 융복합 에너지 스테이션

제4장. 모빌리티 산업 및 정책 현황

- GS칼텍스는 지난 2020년 5월, 현대자동차와 함께 'H강동 수소충전소'를 오픈
- 수도권 최초로 휘발유와 경유, LPG, 전기 뿐만 아니라 수소까지 공급 가능한 복합 에너지 스테이션을 운영하여 고객들의 경험을 확장하고 있다.
- H강동 수소충전소는 수소를 외부로부터 공급받는 방식을 이용하여 충전소에서 수소를 직접 생산하는 방식보다 더 안전한 것으로 평가받고 있음

[GS칼텍스는 수소차 충전 인프라 구축 예시도]

- 약 1천 평 규모의 충전소는 하루에 약 70대의 수소 전기차 완충이 가능
- 운전자들의 편의를 위한 세차기 2대와 차량 내부 청소를 위한 셀프서비스 코너도 다수 설치되어 있어 다양한 이용 가능
○ GS칼텍스는 수소 충전 인프라뿐만 아니라, 수소 경제 활성화를 위한 밸류 체인 구축에도 박차를 가하고 있음
○ 한국가스공사와의 업무 협약에 이어 한국동서발전-여수시와 함께 수소 연료전지 발전소 구축과 CCU(Carbon Capture &Utilization, 탄소 포집·활용) 기술 실증 및 상용화에 대한 협업을 추진 중

1.9. 모빌리티 세부과제

운전자가 필요 없는 완전자율주행 시대 개막	• 대중교통 등 자율주행 서비스의 일상 안착 • 자율주행 본격화를 위한 과감한 규제 혁신 • 친 자율주행 모빌리티 인프라 전국 구축 • 선도국가 도약을 위한 산업 생태계 조성
교통체증 걱정 없는 항공 모빌리티 구현	• UAM 등 미래 항공 모빌리티 서비스 본격화 • 미래를 준비하는 선제적인 규제 개혁 • 서비스 확산을 위한 맞춤형 인프라 투자 • 미래 항공 모빌리티의 글로벌 경쟁력 강화
스마트 물류 모빌리티로 맞춤형 배송체계 구축	• 전국 어디서나 당일 운송 서비스 실현 • 기존 물류 인프라의 디지털 대전환 • 물류산업을 국가 전략산업으로 육성
모빌리티 시대에 맞는 다양한 이동 서비스 확산	• 이동시간의 획기적 단축을 위한 서비스 다각화 • 편리하고 안전한 대중교통 서비스 제공 • 민간의 혁신적인 서비스 발굴·확산 지원
모빌리티와 도시 융합을 통한 미래 도시 구현	• 미래 모빌리티 확산을 위한 핵심 거점 조성 • 모빌리티 시대에 맞는 공간구조 재설계

제4장. 모빌리티 산업 및 정책 현황

제3절 | 중소 제조기업 스마트제조혁신 지원 정책

■ 초기에는 중소 제조기업 위주의 스마트공장 양적 보급·확산 정책이 중점 추진되었으나, 최근에는 수요 맞춤형 스마트공장 보급, 스마트제조 기술 고도화를 위한 R&D 지원, 사후관리 강화 등 질적 고도화를 위한 정책으로 전환 중

- ○ 국내 스마트공장 정책은 2014년부터 정부 주도의 스마트공장 보급·확산, 스마트공장 기반산업 및 전문인력 육성 중심으로 적극 추진

- ○ 주로 양적 보급을 통한 스마트제조 저변확대에 초점86)- 2022년까지 약 3만 개의 스마트공장 보급이라는 정책 목표를 수립하고, 정부 주도의 스마트공장 보급·확산 정책을 적극 추진하여 조기 성과 달성이 가시화

- ○ 정부의 스마트공장 보급·확산 사업 추진을 통해 관련 SW, 컨트롤러, 센서, 로봇 등의 시장창출도 이룩하는 등 국내 스마트공장 기반산업 성장의 토대를 마련

- ○ 2018년 발표된 「중소기업 스마트 제조혁신 전략」에서도 '공장혁신', '산단혁신', '일터혁신'을 통한 제조업 전반의 스마트 혁신 계획을 발표하며 정량 목표*를 제시
  * 목표 : ① 스마트 공장 3만개 보급, ② 선도 스마트산단 10개 조성, ③ 스마트공장 전문인력 10만명 양성

- ○ 2020년 7월에는 한국판 디지털 뉴딜의 일환으로 인공지능·데이터 기반의 「제조혁신 고도화 전략」이 마련되며, 스마트제조 질적 고도화를 위한 정책으로 정책방향이 전환되는 추세

- ○ 스마트공장 보급사업 체계 개편부터 구축 후 사후관리까지 정책 전반에 걸친 스마트공장의 질적 고도화를 추진방향으로 설정하고, 관련 추진과제 도출

- ○ 기업 현황과 스마트화 수준 등을 고려한 업종별·수준별 스마트공장 구축지원, 스마트공장 '에이에스(AS)지원단' 구성하여 문제 진단부터 AS코칭 및 고장 수리 등 지원

- ○ 인공지능 중심의 제조데이터 활용 확산을 위해 '인공지능 제조플랫폼(KAMP)'을 기반으로 하는 마이제조데이터 체계'를 조기에 활성화하기 위한 정책도 최근 적극적으로 추진 중

- ○ 데이터 호환 표준모델 및 기업 간 데이터 공유규범 마련, 마이제조데이터 실증 지원, KAMP를 기반으로 한 클라우드형 스마트공장 솔루션 보급 활성화 등

- ○ 정부의 여러 적극적인 정책 추진에도 불구하고, 대부분의 국내 스마트제조혁신을 위한 개별 주체 간 협력은 주로 산업계와 정부 혹은 대·중소 산업계간 협력이 대부분이며 보급사업 위주라는 한계

- ○ 대표적인 정책으로는 대기업·중소기업 협업에 정부가 지원하는 상생형 모델* 확산 및 대기업 퇴

직 우수 전문가를 중소기업에 파견하여 스마트공장 구축 컨설팅·기술지원·사후관리 등을 돕는 스마트 마이스터 컨설팅 사업 등이 추진 중

* 상생형 스마트공장 보급사업: 협력 중소기업의 스마트공장 보급·확산을 목적으로 대기업이 재원 출연과 집행, 중소·중견기업 대상 노하우 공유 등의 협력을 하면 정부가 일부를 지원

○ 최근에는 '디지털 클러스터 구축 사업'을 통하여 디지털 제조혁신 생태계 조성을 위해 협업수요가 있는 기업들을 데이터·네트워크로 연결하는 일종의 클러스터형 스마트공장 보급의 지원을 추진 중이나 아직 초기 단계인 상황

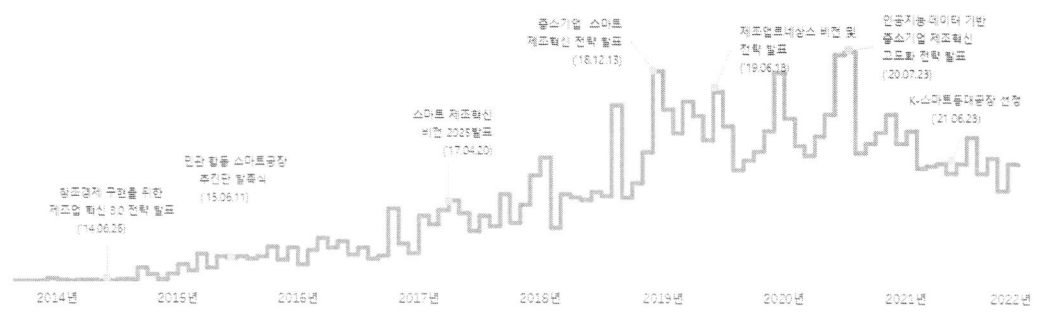

연도별 정책 흐름

○ 2014년 6월: 주요국들의 제조업 혁신 흐름에 발맞춰 '제조업 혁신 3.0' 정책을 수립하고, 제조업 내 IT와 소프트웨어 융합으로 신산업을 창출하여 성장 패러다임을 전환 하고자 함.

○ 제조업 혁신 3.0 추진배경

---

1. 양적투입 위주의 제조업 성장방식은 더 이상 유효하지 않은 상황
   - 산업인력의 고령화와 생산가능인구 감소, 현장 생산성 정체 등으로 성장잠재력과 경쟁력 약화가 우려
   - 중국의 급속한 추격, 엔저 장기화, 선진국의 제조업 르네상스 등 대외적 위협요인 존재
2. 제조업에 창조경제를 구현하여 대·내외 어려움을 극복하고, 추격자에서 시장선도자로 도약할 필요
3. 우리 제조업의 창조경제 구현은 제조업과 IT·서비스를 융합한 스마트 산업혁명에서 출발
   - 생산 현장의 스마트화를 통해 획기적인 생산성·경쟁력 제고
   - 제조업과 다른 산업의 융합을 통해 창조경제 대표 신산업창출
   - 사업재편 촉진을 통해 기업의 혁신과 산업체질 강화를 뒷받침
4. 제조업 혁신 3.0 전략의 기본방향
   - IT·SW 융합으로 융합 신산업을 창출하여 새로운 부가가치를 만들고, 선진국 추격형 전략에서 선도형 전략으로 전환하여 우리 제조업만의 경쟁우위를 확보해 나갈 계획임. 기업이 제조업 혁신을 주도할 수 있도록 정부는 환경 조성에 주력하고 융합형 신제조업 창출, 주력산업 핵심역량 강화, 제조혁신기반 고도화 등 3대 전략(6대 과제)을 중심으로 추진함.

제4장. 모빌리티 산업 및 정책 현황

○ 2015년

- 7월: 스마트팩토리의 개발, 보급 및 확산을 가속화하기 위해 민관합동 '스마트공장 추진단' 신설
- 스마트 공장 추진단의 사업수행 내용
  - 스마트공장 기반조성을 위한 자금, 인력, 장비 등 지원
  - 스마트공장 지원사업의 수요 발굴 및 조사·분석
  - 스마트공장 지원사업 평가 및 관리
  - 스마트공장 지원사업 성과확산 등
  - 스마트공장 수준확인제도의 개발·보급·확산 등 지원
  - 스마트공장 표준의 연구개발·보급사업 및 국제표준화 활동
  - 스마트공장 R&D사업 기획, 평가 및 관리, 운영
  - 스마트공장 인력양성 및 교육훈련
  - 스마트공장 관련 국제교류·협력 및 해외진출의 지원
  - 정보화역량강화사업 기획, 평가 및 관리
  - 정보화 수준평가
  - 그밖에 추진단의 목적달성을 위하여 필요한 사업
  - 스마트공장 구축을 위한 정책연구 및 중장기 기획

○ 2016년

- 스마트비즈엑스포는 16년 첫 개최를 시작으로 6년간 민간주도 상생형 지능형공장
- (스마트팩토리)사업의 성과확산을 견인, 현재 지능형공장(스마트팩토리) 분야 주요행사로 자리 잡음.

○ 2017년

- '스마트 제조혁신 비전 2025'를 선포하고 2025년까지 스마트팩토리 3만개 구축 목표제시.
- 또한 대통령 직속 4차산업혁명위원회 출범과 함께 핵심 선도사업으로 스마트 팩토리 구축과 공장 기반기술 R&D 활성화 추진

< 스마트 제조혁신 비전 2025 내용 >

  - 25년까지 스마트공장 3만개(누적) 보급·확산
  - 스마트공장 고도화 촉진
  - 스마트공장 기반기술 역량 확보
  - 스마트공장 보급·확산을 통한 시장창출
  - 해외시장 진출을 위한 Alliance 구축
  - 스마트공장 창의 융합형 인재 양성

모빌리티 디지털전환 이해

○ 2018년

- '스마트공장 확산 및 고도화 전략', '중소기업 스마트 제조혁신 전략'을 수립하여 중소기업 중심의 민간주도-정부보조 스마트팩토리 생태계 조성을 목표로 삼음.
- 7월: 문재인 대통령이 인도와 싱가포르를 방문하여 4차산업혁명을 '신남방정책'의 새로운 협력 분야로 포함하겠다고 밝히면서, 아세안 국가들과의 스마트제조 상생협력 발판 마련

○ 2019년

- 3월: 산업통상자원부는 '스마트제조 R&D 로드맵'을 발표하고 스마트 제조기술 역량강화를 통해 기술수준을 높이고 제조업의 세계시장 점유율 제고 목표 수립.
- 5월: 중소벤처기업부는 5.2.(목) 대한상공회의소에서 스마트제조혁신센터장 간담회를 개최하여 현장의 애로를 청취하고 스마트공장 보급 성과를 높이기 위한 방안을 발표함.
- 스마트제조혁신센터는 19개 TP에 설치된 조직으로'22년까지 스마트공장 3만개를 보급하기 위한 핵심기관으로 기업과 지역사정을 가장 잘 아는 센터에서 직접 스마트공장 도입 기업을 선정하고, 컨설팅·기술개발·사후 관리까지 원스탑으로 지원하고 있음.
- 7월: '스마트제조혁신추진단'이 출범하여 스마트팩토리 보급, 제조혁신 R&D, 표준화등의 스마트팩토리 관련 사업도 총괄하고 있음.

○ 2020년

- '스마트제조 2.0 전략'과 '스마트 제조 혁신 실행 전략'을 마련해 내실을 다지고 '케이(K)-스마트등대공장' 사업을 통해 업종을 대표하는 기업을 선정하는 등 체계적인 스마트팩토리 지원 전략확산 주력

< 스마트제조 2.0 전략 >

- 중소벤처기업부는 제11차 인공지능(AI)·제조데이터 전략위원회를 개최하고, 정부가 발표한 「인공지능(AI)·데이터 기반 중소기업 제조혁신 고도화 전략」의 구체적인 실행방안에 대해 논의함
- 전략의 핵심기반이 되는 인공지능(AI) 중소벤처 제조 플랫폼(KAMP)의 구축방안을 시작으로 논의가 진행됨.
- 인공지능(AI) 중소벤처 제조 플랫폼(KAMP)은 ①제조공정의 데이터를 수집·분석·활용하고 인공지능(AI)솔루션 개발을 지원하는 데이터 인프라와 ②인공지능(AI)전문가, 대학, 연구기관의 네트워크를 통합해 일컫는 것으로 중소기업의 인공지능(AI) 활용을 지원하는 플랫폼 역할을 하게 됨.
- 중기부는 인공지능(AI) 중소벤처 제조 플랫폼(KAMP) 구축의 첫 단계로 민간 클라우드 사업자를 선정하고 뿌리산업 분야의 중소기업들이 많이 사용하는 컴퓨터 수치제어(CNC) 머신, 프레스 등 핵심설비의 데이터셋 구축과 인공지능(AI) 솔루션 도입을 위한 전문가 컨설팅과 솔루션 실증을 지원함
- 국내외 제조 플랫폼의 활용 영역, 데이터 수집·저장·활용 방법, 특징에 대해 포스코 ICT측에서 발표하고 중기부에서 추진하고 있는 '인공지능(AI) 중소벤처 제조 플랫폼(KAMP)'에 적용할 수 있는 방안에 대해 중점 논의함.
- 전략위원회는 마이제조데이터, 5G+인공지능(AI)스마트공장, 디지털 클러스터 등 고도화 전략의 중점 사업들에 대해 구체적인 실행방안을 계획함
- 중소벤처기업부는 독일의 LNI 4.0과 디지털 비즈니스 모델 개발, 스마트 제조분야 국제표준 개발 및 실증, 인공지능, 5G 등의 영역에서 협력을 추진

제4장. 모빌리티 산업 및 정책 현황

> < AI·데이터 기반 중소기업제조혁신 고도화 전략 >
> - 제조혁신 고도화를 안정적으로 뒷받침하기 위해 기술경쟁력 제고 및 기업 생태계 조성 등을 통한 스마트 제조 공급기업 육성에 초점 맞춤
> - (AI 중소벤처 제조 플랫폼 구축 및 선도사례 확산) ▲마이제조데이터 인프라를 구축함 ▲5G+AI 스마트 공장 등 선도사례 창출 및 확산을 추진함.
> - (AI·데이터 중심 스마트제조 공급기업 육성) ▲스마트제조 R&D를 통한 기술경쟁력을 강화함 ▲AI 기반 스마트제조 인력양성을 고도화 함 ▲스마트제조 창업기업 발굴·육성과 투자를 추진함 ▲공급기업 해외진출 촉진 및 수요를 촉진함.
> - (AI·데이터 기반 중소기업 제조혁신 거버넌스 확립) ▲제조혁신 관련 법적기반을 마련함 ▲제조혁신 고도화 추진체계를 마련함.

○ 2021년

- 제품설계·생산공정 개선 등을 위한 IoT 등 첨단기술이 적용된 스마트공장 솔루션 연동 자동화장비·제어기 센서등 구입 지원 및 ICT를 접목한 생산현장 맞춤형 생산정보시스템 구축 지원
- 중소벤처기업부는 국내 스마트공장 공급기업의 기술경쟁력을 제고하고 스마트 제조분야 기술 선도를 위해 '22년 1월 7일(금)부터 2월 7일(월)까지 '2022년 스마트 제조혁신 기술개발 사업' 지원대상기업을 모집함.
  - 중기부는 우선 2022년에 첨단제조 분야와 유연생산 분야에 각각 25개 과제와 24개 과제를 선정하여 2025년까지 과제당 최대 36억원을 지원하고, 현장적용 분야는 2024년부터 195개 과제를 선정하여 2026년까지 과제당 최대 4.5억원을 지원할 예정임.
  - 내기업의 데이터 주권과 자결권 확보를 위해 EU의 GAIA-X 협회(AISBL)와 협력체계를 구축하여 비 EU국가로는 최초로 제조데이터 특화 GAIA-X 허브 유치 및 제조데이터 기술 분야 협력
  - 아마존, 구글 등 미국기업 주도의 데이터 생태계 대응을 위한 유럽주도 프로젝트로, 데이터 공유 활용을 위해 필요한 규칙과 범위를 정의하는 국제규범 수립

○ 2022년

- 2022년부터 중소벤처기업부, 과학기술정보통신부가 공동으로 기획한 국가연구개발사업인 스마트제조혁신 기술개발사업을 실시하는 등 기술력 확보 노력 추진 중
  - 3대 핵심 기술 분야로 ① 첨단제조기술, ② 유연생산기술, ③ 현장적용기술 부문을 선정하고, 기술 경쟁력 확보와 스마트 제조혁신 고도화 및 스마트공장 공급기업 경쟁력 제고를 목표로 제시하고 2026년까지 국가연구개발사업을 추진
  - R&D 지원을 통한 기술력 확보 노력 이외에도 독일 등 다양한 글로벌 협력 추진
  - 세계경제포럼(WEF), 산업디지털전환협회(IDTA) 등 글로벌 협력 확대 중
  - 또한 대기업에 비해 혁신역량이 부족한 중소기업의 기술혁신역량을 강화하기 위해 신성장 아이템 및 미래 기술개발 가이드라인 등을 제시하는 중소기업 기술로드맵 제시
  - 2022년 현재 4차 산업혁명, 소재·부품·장비, 중소기업성장기반과 관련된 42개 기술과 이를 활용한 중소기업 전략제품들을 선정

모빌리티 디지털전환 이해

▍시사점

○ 제조혁신은 곧 사회혁신으로 이어질 수 있으며, 제조혁신으로 인한 편익을 모든 사회 전 구성원들이 체감할 수 있는 방향의 정책을 제시할 필요
   - 단순히 제조현장의 문제를 개선하고 기업들만 제조혁신의 편익을 누리는 것이 아니라 혁신적인 제품으로 인한 일반 사람들의 삶의 질을 개선하는 것이 필요
   - 제조현장의 개선을 통해 양질의 일자리를 창출하여서 사회 전체에 도움이 되는 방향의 혁신이 요구되며, 그 과정에서 사회 구성원들에 미치는 영향에 대한 면밀한 검토도 중요- 대표적으로, 국내 노사관계 상황에서는 스마트공장 도입이 초래할 근로환경 변화가 오히려 관계의 악화로 이어질 수 있으며, 이는 현재도 기업들의 스마트공장 도입을 저해하는 요소로 작용할 우려도 제기

제5장
제조업 분류 및 현황

제5장 제조업 분류 및 현황

제1절 | 주요통계현황

■ 2017년 기준 경상북도 10인 이상 제조업의 사업체수, 종사자수, 출하액, 부가가치는 2008년 대비 모두 증가함

○ 사업체수는 2017년 5,070개로 2008년 대비 1,097개(27.6%) 증가하였으며, 전국 평균증감률 18.8%보다 8.8%p 높았음

[2008년 대비 2017년 사업체 증감내역]

증가	자동차, 기계장비, 금속가공 등
감소	전자제품, 섬유제품, 인쇄 및 기록매체 등

○ 종사자수는 2017년 25만951명으로 2008년 대비 3만8,265명(18.0%) 증가하였으며, 전국 평균증감률 20.4%보다 2.4%p 낮았음

[2008년 대비 2017년 종사자수 증감내역]

증가	자동차, 전기장비, 기계장비 등
감소	전자제품, 섬유제품, 비금속 광물 등

○ 출하액은 2017년 142조7,400억원으로 2008년 대비 14조2,249억원(11.1%) 증가하였으며, 전국 평균증감률 35.8%보다 24.7%p 낮았음

< 2008년 대비 2017년 출하액 증감내역 >

증가	자동차, 금속가공, 기계장비 등
감소	전자제품, 1차 금속, 비금속 광물 등

○ 부가가치는 2017년 46조9,811억원으로 2008년 대비 1조8,690억원(4.1%) 증가하였으며, 전국 평균증감률 47.8%보다 43.7%p 낮았음

[2008년 대비 2017년 부가가치 증감내역]

증가	자동차, 금속가공, 전기장비 등
감소	1차 금속, 전자제품, 섬유제품 등

모빌리티 디지털전환 이해

1. 사업체수

| 사업체수는 2017년 5,070개로 2008년 대비 1,097개(27.6%) 증가

- ○ (사업체수) 경북 10인 이상 제조업 사업체수는 2017년 5,070개로 2008년 대비 27.6% 증가하였으며, 전국 평균 증감률 18.8%보다 높았음
  - 업종별로 살펴보면 자동차(92.7%), 기계장비(59.0%), 금속가공(25.8%) 등은 증가한 반면, 전자제품(-16.1%), 섬유제품(-2.7%), 인쇄 및 기록매체(-35.7%) 등은 감소

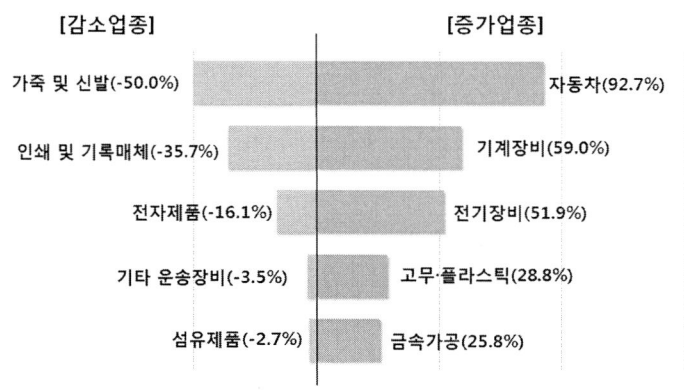

[업종별 사업체수 증감률]

[업종별 사업체수 증감] (단위: 개, %)

업종		사업체수				전국 증감률
		2008년 (A)	2017년 (B)	08년 대비 증감 (B-A)	08년 대비 증감률 (B-A)/A	
사업체수		3,973	5,070	1,097	27.6	18.8
증가 업종	자동차	328	632	304	92.7	44.9
	기계장비	395	628	233	59.0	22.1
	금속가공	511	643	132	25.8	19.1
	고무·플라스틱	378	487	109	28.8	27.8
	전기장비	154	234	80	51.9	23.5
감소 업종	전자제품	299	251	-48	-16.1	-5.2
	섬유제품	451	439	-12	-2.7	-2.6
	인쇄 및 기록매체	14	9	-5	-35.7	-11.1
	가죽 및 신발	8	4	-4	-50.0	-2.5
	기타 운송장비	57	55	-2	-3.5	9.3

※ 증가와 감소가 높은 업종을 각각 5개씩 나타냄

제5장. 제조업 분류 및 현황

○ (업종별 구성비) 2008년 대비 자동차(4.2%p), 기계장비(2.5%p) 등이 차지하는 구성비는 증가한 반면, 섬유제품(-2.7%p), 전자제품(-2.5%p) 등은 감소

[업종별 사업체수 구성비]

(단위: %)

순위	2008년		2017년	
	업종	구성비	업종	구성비
1	금속가공	12.9	금속가공	12.7
2	섬유제품	11.4	자동차	12.5
3	기계장비	9.9	기계장비	12.4
4	고무·플라스틱	9.5	고무·플라스틱	9.6
5	자동차	8.3	섬유제품	8.7
6	전자제품	7.5	1차 금속	6.8
7	식료품	7.4	식료품	6.7
8	1차 금속	7.1	비금속 광물	6.1
9	비금속 광물	6.6	전자제품	5.0
10	화학제품	5.2	화학제품	4.8

※ 연도별로 구성비가 높은 상위 10개 업종만을 나타냄

○ (시군별) 2008년 대비 증감률은 영천시(62.5%), 성주군(50.8%), 경주시(43.3%) 등 순으로 증가
  - 2008년과 비교하면 경주시(1.9%p), 영천시(1.6%p) 구미시(0.7%p) 등이 차지하는 구성비는 증가한 반면, 칠곡군(-2.1%p), 포항시(-1.2%p) 등은 감소

[시군별 사업체수]

(단위: 개, %)

시군	2008년 (A)	구성비	2017년 (B)	구성비	08년 대비 증감 (B-A)	08년 대비 증감률 (B-A)/A
경상북도	3,973	100.0	5,070	100.0	1,097	27.6
포항시	392	9.9	443	8.7	51	13.0
경주시	586	14.7	840	16.6	254	43.3
김천시	182	4.6	228	4.5	46	25.3
구미시	760	19.1	1,003	19.8	243	32.0
영천시	224	5.6	364	7.2	140	62.5
경산시	545	13.7	687	13.6	142	26.1
고령군	180	4.5	222	4.4	42	23.3
성주군	122	3.1	184	3.6	62	50.8
칠곡군	535	13.5	577	11.4	42	7.9

※ 2017년 기준 사업체수 상위 9개 시군만을 나타냈으며, 상세내역은 통계표 참조

모빌리티 디지털전환 이해

2. 종사자수

┃ 종사자수는 2017년 25만951명으로 2008년 대비 3만8,265명(18.0%) 증가

○ (종사자수) 경북 10인 이상 제조업 종사자수는 2017년 250,951명으로 2008년 대비 18.0% 증가하였으나, 전국 증감률 20.4%보다 낮았음

- 업종별로 살펴보면 자동차(87.6%), 전기장비(87.2%), 기계장비(52.3%) 등은 증가한 반면, 전자제품(-14.8%), 섬유제품(-9.9%), 비금속 광물(-4.0%) 등은 감소

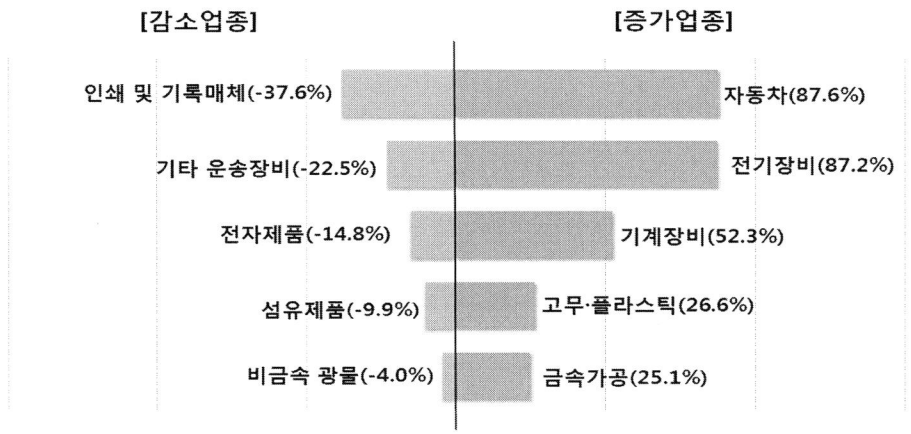

[업종별 종사자수 증감률]

[업종별 종사자수 증감]

(단위: 명, %)

업종		종사자수				전국 증감률
		2008년 (A)	2017년 (B)	08년 대비 증감 (B-A)	08년 대비 증감률 (B-A)/A	
종사자수		212,686	250,951	38,265	18.0	20.4
증가 업종	자동차	19,565	36,712	17,147	87.6	31.0
	전기장비	8,241	15,429	7,188	87.2	36.5
	기계장비	12,119	18,454	6,335	52.3	28.1
	금속가공	19,144	23,952	4,808	25.1	20.6
	고무·플라스틱	15,801	20,006	4,205	26.6	33.3
감소 업종	전자제품	53,822	45,847	-7,975	-14.8	3.5
	섬유제품	13,261	11,944	-1,317	-9.9	-6.6
	비금속 광물	11,732	11,267	-465	-4.0	14.8
	기타 운송장비	1,784	1,382	-402	-22.5	-2.6
	인쇄 및 기록매체	396	247	-149	-37.6	-6.5

※ 증가와 감소가 높은 업종을 각각 5개씩 나타냄

제5장. 제조업 분류 및 현황

○ (업종별 구성비) 2008년과 비교하면 자동차(5.4%p), 전기장비(2.2%p) 등이 차지하는 구성비는 증가한 반면, 전자제품(-7.0%p), 1차 금속(-1.8%p) 등은 감소

[업종별 종사자수 구성비]

(단위: %)

순위	2008년		2017년	
	업종	구성비	업종	구성비
1	전자제품	25.3	전자제품	18.3
2	1차 금속	12.0	자동차	14.6
3	자동차	9.2	1차 금속	10.2
4	금속가공	9.0	금속가공	9.5
5	고무·플라스틱	7.4	고무·플라스틱	8.0
6	섬유제품	6.2	기계장비	7.4
7	기계장비	5.7	전기장비	6.1
8	비금속 광물	5.5	식료품	4.8
9	식료품	5.1	섬유제품	4.8
10	화학제품	3.9	비금속 광물	4.5

※ 연도별로 구성비가 높은 상위 10개 업종만을 나타냄

○ (시군별) 2008년 대비 증감률은 성주군(83.0%), 영천시(63.8%), 김천시(49.1%) 등은 증가한 반면, 칠곡군(-0.6%)은 감소
  - 2008년과 비교하면 경산시(2.0%p), 경주시(1.5%p), 영천시(1.5%p) 등이 차지하는 구성비는 증가한 반면, 구미시(-4.5%p), 포항시(-1.6%p), 칠곡군(-1.4%p)은 감소

[시군별 종사자수]

(단위: 명, %)

시군	2008년 (A)	구성비	2017년 (B)	구성비	08년 대비 증감 (B-A)	08년 대비 증감률 (B-A)/A
경상북도	212,686	100.0	250,951	100.0	38,265	18.0
포항시	30,355	14.3	31,915	12.7	1,560	5.1
경주시	25,144	11.8	33,461	13.3	8,317	33.1
김천시	8,316	3.9	12,397	4.9	4,081	49.1
구미시	80,968	38.1	84,372	33.6	3,404	4.2
영천시	8,326	3.9	13,642	5.4	5,316	63.8
경산시	19,159	9.0	27,525	11.0	8,366	43.7
고령군	4,589	2.2	5,779	2.3	1,190	25.9
성주군	2,878	1.4	5,267	2.1	2,389	83.0
칠곡군	18,209	8.6	18,102	7.2	-107	-0.6

※ 2017년 기준 사업체수 상위 9개 시군만을 나타냈으며, 상세내역은 통계표 참조

3. 사업체당 종사자수

사업체당 종사자수는 2017년 49.5명으로 2008년 대비 4.0명(-7.5%) 감소

- (사업체당 종사자수) 경북 제조업 사업체당 종사자수는 2017년 49.5명으로 2008년 대비 7.5% 감소한 반면, 전국 평균증감률은 1.2% 증가함
  - 업종별로 살펴보면 기타 제품(94.9%), 음료(62.7%), 전기장비(23.2%) 등은 증가한 반면, 1차 금속(-17.9%), 의료정밀광학(-12.3%), 비금속 광물(-19.2%) 등은 감소

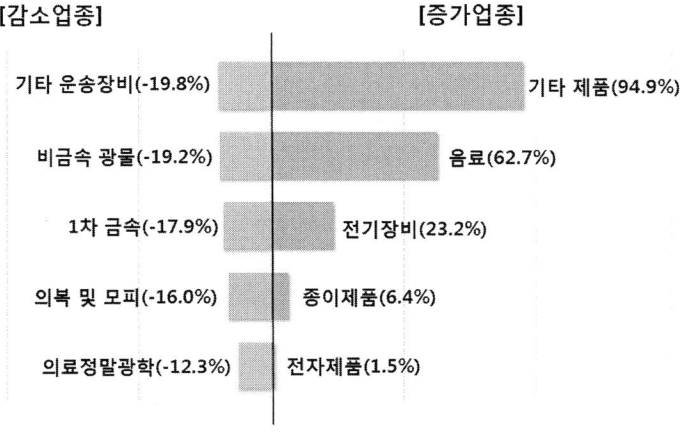

[업종별 사업체당 종사자수 증감률]

[업종별 사업체당 종사자수 증감]

(단위: 명, %)

업종		사업체당 종사자수				전국 증감률
		2008년 (A)	2017년 (B)	08년 대비 증감 (B-A)	08년 대비 증감률 (B-A)/A	
사업체당 종사자수		53.5	49.5	-4.0	-7.5	1.2
증가 업종	기타 제품	25.5	49.7	24.2	94.9	7.6
	음료	30.0	48.8	18.8	62.7	20.5
	전기장비	53.5	65.9	12.4	23.2	10.5
	전자제품	180	182.7	2.7	1.5	9.2
	종이제품	28.3	30.1	1.8	6.4	-3.6
감소 업종	1차 금속	91.2	74.9	-16.3	-17.9	-7.0
	의료정밀광학	70.0	61.4	-8.6	-12.3	11.6
	비금속 광물	44.8	36.2	-8.6	-19.2	-0.9
	기타 운송장비	31.3	25.1	-6.2	-19.8	-10.9
	의복 및 모피	37.4	31.4	-6.0	-16.0	-6.9

※ 증가와 감소가 높은 업종을 각각 5개씩 나타냄

제5장. 제조업 분류 및 현황

○ (시군별) 2017년 시군별 사업체당 종사자수는 구미시(84.1명), 포항시(72.0명), 김천시(54.4명)에서 상대적으로 규모가 큰 사업체로 구성되어 있었음
- 2008년 대비 증감률은 성주군(21.2%), 김천시(19.0%) 등은 증가한 반면, 구미시(-21.0%), 칠곡군(-7.6%) 등은 감소

[시군별 사업체당 종사자수]

(단위: 명, %)

시군	2008년 (A)	2017년 (B)	08년 대비 증감 (B-A)	08년 대비 증감률 (B-A)/A
경상북도	53.5	49.5	-4.0	-7.5
포항시	77.4	72.0	-5.4	-7.0
경주시	42.9	39.8	-3.1	-7.2
김천시	45.7	54.4	8.7	19.0
구미시	106.5	84.1	-22.4	-21.0
영천시	37.2	37.5	0.3	0.8
경산시	35.2	40.1	4.9	13.9
고령군	25.5	26.0	0.5	2.0
성주군	23.6	28.6	5.0	21.2
칠곡군	34.0	31.4	-2.6	-7.6

※ 2017년 기준 사업체수 상위 9개 시군만을 나타냈으며, 상세내역은 통계표 참조

모빌리티 디지털전환 이해

4. 출하액

▌ 출하액은 2017년 142조7,400억원으로 2008년 대비 14조2,249억원(11.1%) 증가

- ㅇ (출하액) 경북 10인 이상 제조업 출하액은 2017년 142조7,400억원으로 2008년 대비 11.1% 증가 하였으나, 전국 증감률 35.8%보다 낮았음
  - 업종별로 살펴보면 자동차(125.4%), 금속가공(78.6%), 기계장비(79.1%), 전기장비(56.0%) 등은 증가한 반면, 전자제품(-11.7%), 1차 금속(-8.5%), 비금속 광물(-4.4%) 등은 감소

[업종별 출하액 증감률]

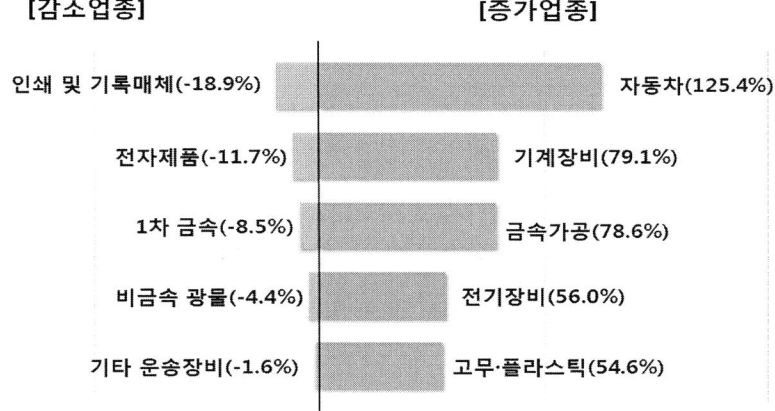

[업종별 출하액 증감]

(단위: 억원, %)

업종		출하액				전국 증감률
		2008년 (A)	2017년 (B)	08년 대비 증감 (B-A)	08년 대비 증감률 (B-A)/A	
출하액		1,285,151	1,427,400	142,249	11.1	35.8
증가 업종	자동차	58,856	132,690	73,834	125.4	59.4
	금속가공	50,754	90,671	39,917	78.6	40.2
	기계장비	31,831	56,994	25,163	79.1	52.9
	전기장비	44,404	69,251	24,848	56.0	67.6
	고무·플라스틱	41,511	64,185	22,674	54.6	59.6
감소 업종	전자제품	503,344	444,531	-58,813	-11.7	50.6
	1차 금속	360,348	329,633	-30,715	-8.5	9.0
	비금속 광물	41,442	39,637	-1,805	-4.4	36.4
	인쇄 및 기록매체	407	330	-77	-18.9	18.1
	기타 운송장비	3,347	3,292	-55	-1.6	-29.9

※ 증가와 감소가 높은 업종을 각각 5개씩 나타냄

제5장. 제조업 분류 및 현황

○ (업종별 구성비) 2008년과 비교하면 자동차(4.7%p), 금속가공(2.5%p), 기계장비(1.5%p) 등이 차지하는 구성비는 증가한 반면, 전자제품(-8.1%p), 1차 금속(-4.9%p) 등은 감소

[업종별 출하액 구성비]

(단위: %)

순위	2008년		2017년	
	업종	구성비	업종	구성비
1	전자제품	39.2	전자제품	31.1
2	1차 금속	28.0	1차 금속	23.1
3	자동차	4.6	자동차	9.3
4	화학제품	4.2	금속가공	6.4
5	금속가공	3.9	전기장비	4.9
6	전기장비	3.5	고무·플라스틱	4.5
7	고무·플라스틱	3.2	화학제품	4.3
8	비금속 광물	3.2	기계장비	4.0
9	섬유제품	2.6	식료품	2.9
10	기계장비	2.5	비금속 광물	2.8

※ 연도별로 구성비가 높은 상위 10개 업종만을 나타냄

○ (시군별) 2008년 대비 증감률은 성주군(183.4%), 영천시(106.6%) 등은 증가한 반면, 포항시(-17.9%)는 감소
 - 2008년과 비교하면 경주시(3.4%p), 경산시(2.1%p), 영천시(1.6%p) 등이 차지하는 구성비는 증가한 반면, 포항시(-7.4%p), 구미시(-4.8%p)는 감소

[시군별 출하액]

(단위: 억원, %)

시군	2008년 (A)	구성비	2017년 (B)	구성비	08년 대비 증감 (B-A)	08년 대비 증감률 (B-A)/A
경상북도	1,285,151	100.0	1,427,400	100.0	142,249	11.1
포항시	360,925	28.1	296,164	20.7	-64,761	-17.9
경주시	82,515	6.4	139,321	9.8	56,807	68.8
김천시	32,697	2.5	50,308	3.5	17,611	53.9
구미시	630,741	49.1	632,774	44.3	2,032	0.3
영천시	23,457	1.8	48,456	3.4	24,999	106.6
경산시	51,723	4.0	87,409	6.1	35,686	69.0
고령군	11,198	0.9	16,594	1.2	5,396	48.2
성주군	6,826	0.5	19,346	1.4	12,520	183.4
칠곡군	36,376	2.8	53,125	3.7	16,749	46.0

※ 2017년 기준 사업체수 상위 9개 시군만을 나타냈으며, 상세내역은 통계표 참조

모빌리티 디지털전환 이해

5. 부가가치

▍부가가치는 2017년 46조9,811억원으로 2008년 대비 1억8,690억원(4.1%) 증가

○ (부가가치) 경북 10인 이상 제조업 2017년 46조9,811억원으로 2008년 대비 4.1% 증가였으나, 전국 증감률 47.8%보다 낮았음
  - 업종별로 살펴보면 자동차(117.4%), 금속가공(70.6%), 전기장비(74.1%) 등은 증가한 반면, 1차 금속(-35.8%), 전자제품(-11.6%), 섬유제품(-1.6%) 등은 감소

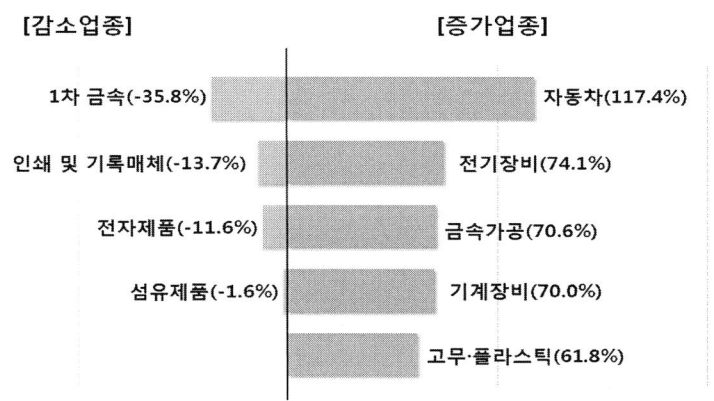

[업종별 부가가치 증감률]

[업종별 부가가치 증감]

(단위: 억원, %)

업종		부가가치				전국 증감률
		2008년 (A)	2017년 (B)	08년 대비 증감 (B-A)	08년 대비 증감률 (B-A)/A	
부가가치		451,122	469,811	18,690	4.1	47.8
증가 업종	자동차	18,235	39,650	21,415	117.4	43.5
	금속가공	18,690	31,877	13,186	70.6	49.5
	전기장비	12,612	21,964	9,351	74.1	75.3
	기계장비	12,407	21,097	8,690	70.0	56.0
	고무·플라스틱	13,308	21,534	8,227	61.8	62.4
감소 업종	1차 금속	102,908	66,032	-36,876	-35.8	-10.1
	전자제품	198,923	175,885	-23,038	-11.6	78.5
	섬유제품	11,739	11,555	-184	-1.6	18.0
	인쇄 및 기록매체	235	203	-32	-13.7	15.7

※ 증가와 감소가 높은 업종을 각각 5개씩 나타냄

제5장. 제조업 분류 및 현황

○ (업종별 구성비) 2008년과 비교하면 자동차(4.4%p), 금속가공(2.7%p), 전기장비(1.9%) 등이 차지하는 구성비는 증가한 반면, 1차 금속(-8.7%p), 전자제품(-6.7%p) 등은 감소

[업종별 부가가치 구성비]

(단위: %)

순위	2008년		2017년	
	업종	구성비	업종	구성비
1	전자제품	44.1	전자제품	37.4
2	1차 금속	22.8	1차 금속	14.1
3	화학제품	4.3	자동차	8.4
4	금속가공	4.1	금속가공	6.8
5	자동차	4.0	전기장비	4.7
6	비금속 광물	3.9	고무·플라스틱	4.6
7	고무·플라스틱	2.9	기계장비	4.5
8	전기장비	2.8	화학제품	4.1
9	기계장비	2.8	비금속 광물	3.8
10	섬유제품	2.6	식료품	3.0

※ 연도별로 구성비가 높은 상위 10개 업종만을 나타냄

○ (시군별) 2008년 대비 증감률은 성주군(166.6%), 영천시(92.0%) 등은 증가한 반면, 포항시(-33.2%), 구미시(-1.8%)는 감소
- 2008년과 비교하면 경주시(2.7%p), 경산시(2.6%p), 영천시(1.5%p)등이 차지하는 구성비는 증가한 반면, 포항시(-8.7%p), 구미시(-3.0%p)는 감소

[시군별 부가가치]

(단위: 억원, %)

시군		2008년 (A)	구성비	2017년 (B)	구성비	08년 대비 증감 (B-A)	08년 대비 증감률 (B-A)/A
경상북도		451,122	100.0	469,811	100.0	18,690	4.1
	포항시	109,476	24.3	73,158	15.6	-36,318	-33.2
	경주시	25,188	5.6	38,914	8.3	13,726	54.5
	김천시	12,039	2.7	15,469	3.3	3,430	28.5
	구미시	244,722	54.2	240,373	51.2	-4,349	-1.8
	영천시	7,859	1.7	15,089	3.2	7,230	92.0
	경산시	17,963	4.0	31,181	6.6	13,219	73.6
	고령군	3,957	0.9	6,133	1.3	2,177	55.0
	성주군	2,257	0.5	6,017	1.3	3,760	166.6
	칠곡군	12,191	2.7	17,485	3.7	5,294	43.4

※ 2017년 기준 사업체수 상위 9개 시군만을 나타냈으며, 상세내역은 통계표 참조

모빌리티 디지털전환 이해

6. 사업체당 및 종사자당 부가가치

(사업체당 부가가치) 2017년 92억6,600만원으로 2008년 대비 18.4% 감소

(종사자당 부가가치) 2017년 1억8,700만원으로 2008년 대비 11.8% 감소

○ (사업체당 부가가치) 2017년 92억6,600만원으로 2008년 대비 18.4% 감소
  - 종이제품(44.7%), 금속가공(35.5%), 고무·플라스틱(25.6%) 등은 증가한 반면, 1차 금속(-47.4%), 비금속 광물(-14.8%) 등은 감소

○ (종사자당 부가가치) 2017년 1억8,700만원으로 2008년 대비 11.8% 감소
  - 종이제품(36.5%), 금속가공(35.7%), 고무·플라스틱(28.6%) 등은 증가한 반면, 1차 금속(-36.1%), 화학제품(-13.7%) 등은 감소

[업종별 사업체당 및 종사자당 부가가치 증감]
(단위: 백만원, %)

업종	사업체당 부가가치				종사자당 부가가치			
	2008년 (A)	2017년 (B)	증감 (B-A)	증감률 (B-A)/A	2008년 (A)	2017년 (B)	증감 (B-A)	증감률 (B-A)/A
경상북도	11,355	9,266	-2,089	-18.4	212	187	-25	-11.8
식료품	3,457	4,138	681	19.7	94	116	22	23.4
섬유제품	2,603	2,632	29	1.1	89	97	8	9.0
종이제품	2,948	4,267	1,319	44.7	104	142	38	36.5
화학제품	9,309	8,047	-1,262	-13.6	234	202	-32	-13.7
고무·플라스틱	3,521	4,422	901	25.6	84	108	24	28.6
비금속 광물	6,766	5,764	-1,002	-14.8	151	159	8	5.3
1차 금속	36,622	19,251	-17,371	-47.4	402	257	-145	-36.1
금속가공	3,658	4,957	1,299	35.5	98	133	35	35.7
전자제품	66,530	70,074	3,544	5.3	370	384	14	3.8
전기장비	8,190	9,386	1,196	14.6	153	142	-11	-7.2
기계장비	3,141	3,359	218	6.9	102	114	12	11.8
자동차	5,560	6,274	714	12.8	93	108	15	16.1

※ 2017년 기준 사업체수 상위 12개 업종만을 나타냈으며, 상세내역은 통계표 참조

제5장. 제조업 분류 및 현황

제2절 | 특성분석

1. 경상북도 제조업 현황 및 변화 추이

업종별 출하액

○ 2020년 광업·제조업(10인 이상)의 출하액은 131조원, 부가가치는 45조원으로 나타남
  - (출하액) 업종별 출하액은 「26 전자업」이 34조원(26.2%)으로 가장 높고, 「24 철강업」(30조원, 23.1%), 「30 자동차업」(13조원, 10.0%), 「28 전기장비」(8조원, 6.20%), 「25 금속가공」(7.9조원, 6.10%)등의 순으로 나타남

[업종별 출하액 비율]

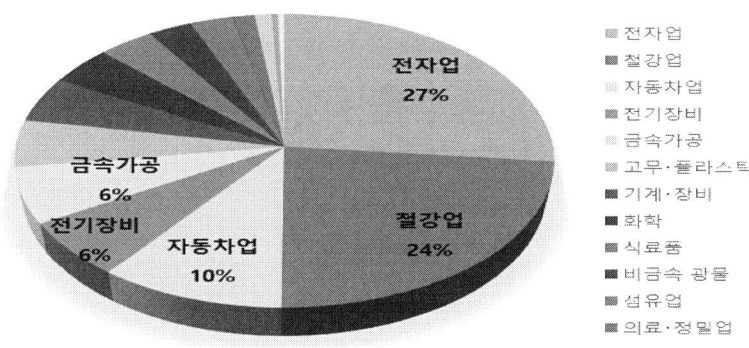

※ 2020년 기준 상위 5개 업종만 나타냄

  - (부가가치) 업종별 부가가치는 「26 전자업」이 14조원(31.3%)으로 가장 높고, 「24 철강업」(7조원, 14.9%), 「30 자동차업」(4조원, 9.1%), 「25 금속가공」(3조원, 6.2%), 「28 전기장비」(3조원, 5.90%) 등의 순으로 나타남

[업종별 부가가치 비율]

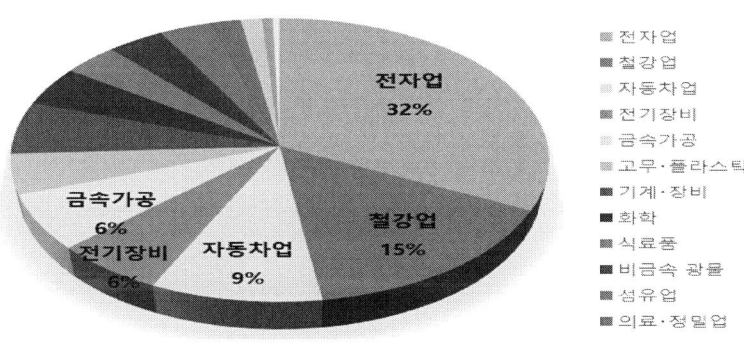

※ 2020년 기준 상위 5개 업종만 나타냄

모빌리티 디지털전환 이해

[경상북도 업종별 출하액 및 부가가치 (2020년, 출하액 상위 15개 업종)]

(단위: 개, 명, 십억원, %)

산 업 분 류	사업체 수	종사자 수	출하액*	구성비	부가가치**	구성비
광·제조업	5,345	235,164	130,916	100.0	44,602	100.0
B. 광 업	39	794	209	0.2	157	0.4
C. 제조업	5,306	234,370	130,707	99.8	44,446	99.6
26 전자업	250	36,514	34,238	26.2	13,968	31.3
24 철강업	363	25,858	30,232	23.1	6,652	14.9
30 자동차업	630	30,781	13,061	10.0	4,073	9.1
28 전기장비	249	15,197	8,110	6.2	2,632	5.9
25 금속가공	693	22,444	7,937	6.1	2,773	6.2
22 고무·플라스틱	481	17,453	6,656	5.1	1,990	4.5
29 기계·장비	649	19,660	6,377	4.9	2,581	5.8
20 화학	261	9,291	5,368	4.1	1,921	4.3
10 식료품	399	13,478	4,833	3.7	1,592	3.6
23 비금속 광물	327	11,082	3,667	2.8	1,634	3.7
13 섬유업	402	11,079	3,617	2.8	1,507	3.4
27 의료·정밀업	112	5,083	1,785	1.4	821	1.8
17 종이업	128	3,658	1,469	1.1	612	1.4
12 담배업	3	485	497	0.4	298	0.7
31 조선업	66	1,819	484	0.4	197	0.4

* 출하액 : 제품 출하액+부산물·폐품 판매액+임가공 수입액+수리 수입액
** 부가가치 : 생산액-주요 중간투입비(원재료비+연료비+전력비+용수비+외주가공비+수선비)

품목별 출하액

○ 2020년 제조업(10인 이상)의 품목별 출하액은 휴대용 전화기가 9.7조원으로 가장 높으며, 휴대폰 카메라모듈(4.6조원), FPD TV(4.3조원) 등의 순서로 나타남

[품목별 출하액 비율]

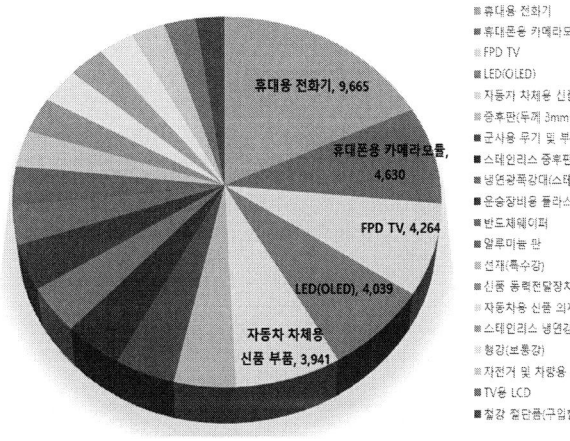

※ 2020년 기준 상위 5개 업종만 나타냄

제5장. 제조업 분류 및 현황

- 사업체당 출하액은 휴대용 전화기가 2.4조원으로 가장 높고 FPD TV(1.1조원), 중후판(0.6조원), 휴대폰용 카메라모듈(0.5조원), 등의 순으로 나타남

[사업체당 출하액 비율]

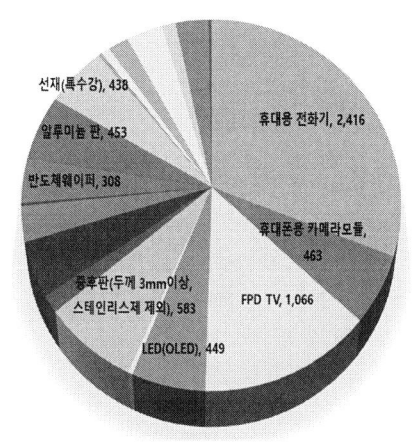

※ 2020년 기준 상위 5개 사업체만 나타냄

[품목별 출하액 (2020년, 상위 20개)]

(단위: 개, 십억원)

순위	품목명	사업체 수	출하액	사업체당 출하액
	제조업	5,896	127,264	22
1	휴대용 전화기	4	9,665	2,416
2	휴대폰용 카메라모듈	10	4,630	463
3	FPD TV	4	4,264	1,066
4	LED(OLED)	9	4,039	449
5	자동차 차체용 신품 부품	138	3,941	29
6	중후판(두께 3mm이상, 스테인리스제 제외)	4	2,333	583
7	군사용 무기 및 부품	19	2,296	121
8	스테인리스 중후판 및 열연강판	6	2,216	369
9	냉연광폭강대(스테인리스제 제외)	9	2,177	242
10	운송장비용 플라스틱제품	113	2,088	18
11	반도체웨이퍼	6	1,845	308
12	알루미늄 판	4	1,812	453
13	선재(특수강)	4	1,751	438
14	신품 동력전달장치(자동차부품)	68	1,700	25
15	자동차용 신품 의자	27	1,686	62
16	스테인리스 냉연강판	11	1,617	147
17	형강(보통강)	6	1,595	266
18	자전거 및 차량용 조명기구	15	1,513	101
19	TV용 LCD	6	1,424	237
20	철강 절단품(구입한 강재 절단)	63	1,280	20

모빌리티 디지털전환 이해

시군별 제조업 출하액

○ 2020년 제조업(10인 이상)의 출하액 131조원, 부가가치 44조원으로 나타남
   - (출하액) 구미시가 52조원(40.0%)으로 가장 높고, 포항시(27조원, 20.7%), 경주시(14조원, 10.7%), 경산시(9조원, 6.6%) 등의 순으로 나타났으며, 그 뒤를 경산과 영천과, 김천이 따름

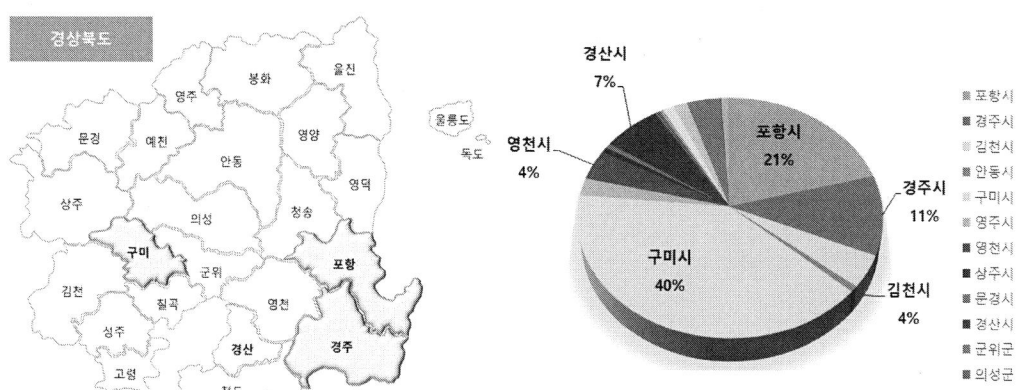

[시군별 제조업 출하액 상위 3곳 위치 및 출하액 비율]

   - (부가가치) 구미시 20조원(44.9%), 포항시(7조원, 15.5%), 경주시(4조원, 9.1%), 경산시(3조원, 7.6%) 등의 순으로 나타났으며, 그 뒤를 경산과 영천과, 김천이 따름

[시군별 제조업 부가가치 상위 4곳 위치 및 부가가치 비율]

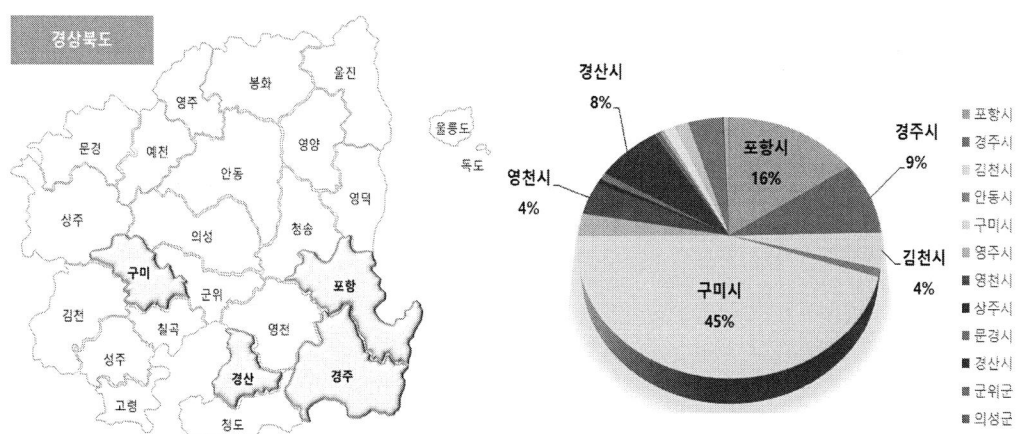

제5장. 제조업 분류 및 현황

[시군별 제조업 출하액 및 부가가치]

(단위: 개, 명, 십억원, %)

산업 분류	사업체 수	종사자 수	출하액*	구성비	부가가치**	구성비
제조업	5,306	234,370	130,707	100.0	44,446	100.0
포항시	518	33,905	27,084	20.7	6,899	15.5
경주시	812	30,209	13,995	10.7	4,032	9.1
김천시	264	12,570	5,702	4.4	1,962	4.4
안동시	84	2,931	994	0.8	450	1.0
구미시	1,060	73,091	52,220	40.0	19,951	44.9
영주시	90	4,326	3,129	2.4	1,241	2.8
영천시	353	12,364	5,365	4.1	1,872	4.2
상주시	62	2,755	862	0.7	253	0.6
문경시	69	2,505	935	0.7	398	0.9
경산시	699	25,639	8,689	6.6	3,376	7.6
군위군	39	1,250	475	0.4	166	0.4
의성군	43	929	368	0.3	140	0.3
청송군	8	125	29	0.0	14	0.0
영양군	9	146	34	0.0	22	0.0
영덕군	18	458	55	0.0	25	0.1
청도군	47	1,088	382	0.3	145	0.3
고령군	213	5,224	1,717	1.3	597	1.3
성주군	192	5,125	2,101	1.6	739	1.7
칠곡군	662	17,403	5,101	3.9	1,793	4.0
예천군	17	500	107	0.1	46	0.1
봉화군	25	1,306	1,293	1.0	289	0.7
울진군	19	459	51	0.0	26	0.1
울릉군	3	62	17	0.0	7	0.0

* 출하액 : 제품 출하액+부산물·폐품 판매액+임가공 수입액+수리 수입액
** 부가가치 : 생산액-주요 중간 투입비(원재료비+연료비+전력비+용수비+외주가공비+수선비)

2. 특화도

2017년 경상북도의 종사자와 부가가치 특화도 모두 1차 금속에서 가장 높았음

> ※ 특화도 : 경상북도 특정 업종이 전국 대비 어느 정도 밀집되어 있는지를 나타냄
> (단, 한지역의 전체 사업체 규모가 크지 않을 경우 어떤 특정 업종이
> 조금만 집중하여도 특화도가 높을 수 있음에 유의)

○ (종사자 특화도) 2017년 종사자 특화도는 1차 금속(2.13), 전자제품(1.46) 등 순임
  - 2008년 대비 증감은 자동차(0.39), 금속가공(0.06)은 증가한 반면, 1차 금속(-0.34), 전자제품(-0.28), 고무·플라스틱(-0.03)은 감소

○ (부가가치 특화도) 2017년 부가가치 특화도는 1차 금속(2.54), 전자제품(1.49) 등 순임

모빌리티 디지털전환 이해

- 2008년 대비 증감은 금속가공(0.46), 자동차(0.44), 고무·플라스틱(0.28), 1차 금속(0.03)은 증가한 반면, 전자제품(-0.63)은 감소

[주요산업별 종사자 특화도]

[주요산업별 부가가치 특화도]

[주요산업별 종사자 및 부가가치 특화도]

(단위: LQ)

업종	종사자특화도			부가가치특화도		
	2008년 (A)	2017년 (B)	증감 (B-A)	2008년 (A)	2017년 (B)	증감 (B-A)
고무·플라스틱	1.06	1.03	-0.03	0.69	0.97	0.28
1차 금속	2.47	2.13	-0.34	2.51	2.54	0.03
금속가공	0.99	1.05	0.06	0.75	1.21	0.46
전자제품	1.74	1.46	-0.28	2.12	1.49	-0.63
자동차	0.84	1.23	0.39	0.39	0.83	0.44

※ 종사자 특화도=(경북 i업종 종사자수/경북 전체 종사자수)/(전국 i업종 종사자수/전국 전체 종사자수)
※ 부가가치 특화도=(경북 i업종 부가가치/경북 전체 부가가치)/(전국 i업종 부가가치/전국 전체 부가가치)

3. 경제력 집중도

3.1. 상위 사업체 누적출하액 비중

▌경상북도 상위 사업체 누적출하액 비중은 전자제품, 구미시에서 가장 높았음

> ※ **상위 사업체 누적출하액 비중** : 출하액 기준 상위 소수사업체(5%, 10%, 20%)가 각 지역에서 차지하는 출하액 비중을 살펴봄

○ (사업체 비중) 각 상위 비중에 사업체가 차지하는 비중은 아래와 같음
  - 상위 5% : 자동차(20.9%), 1차 금속(18.2%), 전자제품(9.5%) 등
  - 상위 10% : 자동차(19.1%), 1차 금속(17.2%) 등
  - 상위 20% : 자동차(17.0%), 1차 금속(13.3%), 금속가공(11.1%) 등

제5장. 제조업 분류 및 현황

○ (누적출하액 비중) 상위 비중에 상관없이 전자제품, 1차 금속에서 누적출하액 비중이 높았음

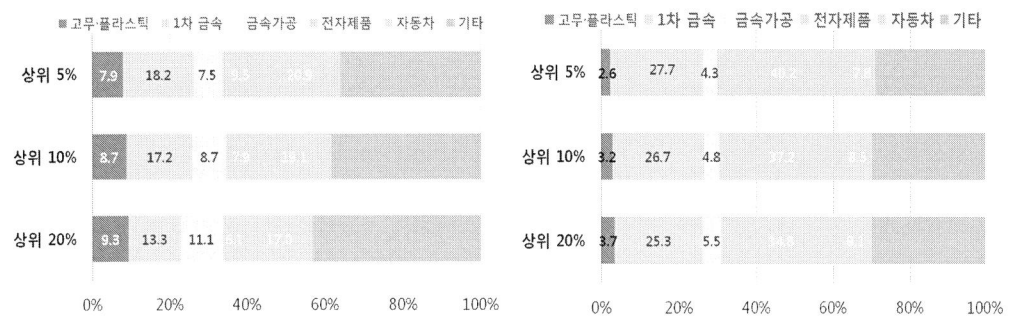

[2017년 주요산업별 상위 사업체 및 누적출하액 비중]

(단위: %)

업종	사업체 비중			누적출하액 비중		
	상위 5%	상위 10%	상위 20%	상위 5%	상위 10%	상위 20%
경상북도	100.0	100.0	100.0	100.0	100.0	100.0
고무·플라스틱	7.9	8.7	9.3	2.6	3.2	3.7
1차 금속	18.2	17.2	13.3	27.7	26.7	25.3
금속가공	7.5	8.7	11.1	4.3	4.8	5.5
전자제품	9.5	7.9	6.1	40.2	37.2	34.8
자동차	20.9	19.1	17.0	7.8	8.5	9.1

※ 주요산업을 중심으로 분석하여 전체수치와 주요산업 합계의 값이 일치하지 않을 수 있음

○ (사업체 비중) 각 상위 비중에 사업체가 차지하는 비중은 아래와 같음
- 상위 5% : 구미시(30.0%), 포항시(19.0%), 경주시(16.6%) 등
- 상위 10% : 구미시(26.2%), 경주시(17.2%), 포항시(16.4%) 등
- 상위 20% : 구미시(22.5%), 경주시(17.2%), 포항시(13.2%) 등

○ (누적출하액 비중) 상위 비중에 상관없이 구미시에서 가장 높았으며, 이어서 포항시, 경주시 등 순임

모빌리티 디지털전환 이해

[2017년 시군별 상위 사업체 및 누적출하액 비중]

(단위: %)

시군	사업체 비중			누적출하액 비중		
	상위 5%	상위 10%	상위 20%	상위 5%	상위 10%	상위 20%
경상북도	100.0	100.0	100.0	100.0	100.0	100.0
포항시	19.0	16.4	13.2	24.5	23.6	22.6
경주시	16.6	17.2	17.2	7.2	8.1	8.8
김천시	6.7	5.9	4.8	3.2	3.4	3.4
구미시	30.0	26.2	22.5	52.9	50.2	47.8
영천시	6.3	7.5	8.5	1.8	2.3	2.9
경산시	11.1	10.8	11.9	3.9	4.5	5.1
고령군	0.4	1.6	3.2	0.1	0.3	0.6
성주군	1.6	2.0	3.1	0.6	0.7	1.0
칠곡군	2.8	5.7	9.2	1.0	1.7	2.6

※ 2017년 기준 사업체수 상위 9개 시군만을 분석하였음

3.2. 상위업종 출하액 비중

| 2017년 경상북도 출하액 상위 3개 업종은 전체 출하액의 63.5%를 차지함

> ※ **상위업종 출하액 비중** : 지역별로 출하액 기준 상위 3개 업종을 선정하여
> 상위업종이 각 지역에서 차지하는 비중을 살펴봄

○ 경북 출하액 상위 3개 업종은 전자제품(31.1%), 1차 금속(23.1%), 자동차(9.3%)임

○ 주요산업별 시군별 순위
  - 고무·플라스틱 : 경주시 3위, 김천시 3위, 경산시 3위
  - 1차 금속 : 포항시 1위, 고령군 1위, 영천시 3위
  - 금속가공 : 칠곡군 1위, 포항시 2위, 경주시 2위, 영천시 2위 등
  - 전자제품 : 구미시 1위
  - 자동차 : 경주시 1위, 영천시 1위, 경산시 1위, 성주군 1위 등

제5장. 제조업 분류 및 현황

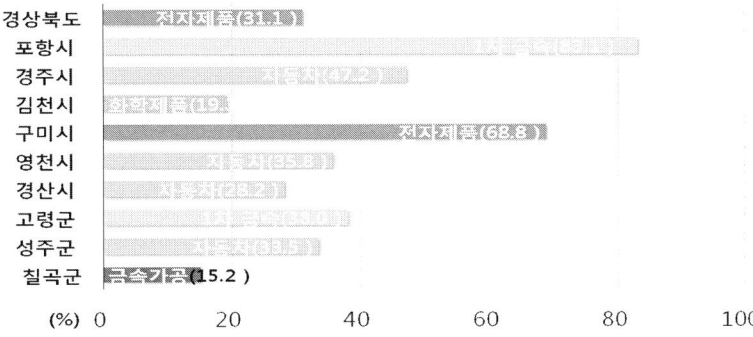

[시군별 최상위 중분류 출하액 비중]

[2017년 시군별 출하액 상위 3개 업종]

(단위: %)

시군	상위업종 비중	1순위 업종	1순위 비중	2순위 업종	2순위 비중	3순위 업종	3순위 비중
전국	40.0	전자제품	17.4	자동차	12.8	화학 물질	9.8
경상북도	63.5	전자제품	31.1	1차 금속	23.1	자동차	9.3
포항시	92.5	1차 금속	83.1	금속가공	4.8	비금속 광물	4.6
경주시	69.4	자동차	47.2	금속가공	11.7	고무·플라스틱	10.5
김천시	48.6	화학제품	19.3	전기장비	18.2	고무·플라스틱	11.1
구미시	77.9	전자제품	68.8	금속가공	4.7	화학제품	4.4
영천시	64.9	자동차	35.8	금속가공	15.4	1차 금속	13.7
경산시	53.2	자동차	28.2	전기장비	14.3	고무·플라스틱	10.7
고령군	61.9	1차 금속	38.0	섬유제품	14.4	자동차	9.5
성주군	56.8	자동차	33.5	섬유제품	12.4	금속가공	10.9
칠곡군	44.5	금속가공	15.2	자동차	14.7	기계장비	14.6

※ 2017년 기준 사업체수 상위 9개 시군만을 분석하였음

3.3. HHI지수

| 경상북도 2017년 제조업 HHI지수는 0.0353임

> ※ HHI지수 : 시장내의 경쟁 정도를 나타내는 자료로 시장내 모든 회사의 시장점유율을 제곱한 값을 합산한 값임
> (단, 한지역의 전체 사업체 규모가 크지 않을 경우 어떤 특정 업종이 조금만 집중하여도 HHI지수가 높을 수 있음에 유의)

○ (HHI지수) 2017년 기준 경상북도의 제조업 HHI지수는 0.0353임
  - 경북의 HHI지수는 전국 0.0043보다 높았으며, 전국에서는 5번째로 높았음

모빌리티 디지털전환 이해

○ (주요산업별) 주요산업별 HHI지수는 전자제품(0.2417), 1차 금속(0.2066), 금속가공(0.0408), 고무·플라스틱(0.0140), 자동차(0.0100) 순임

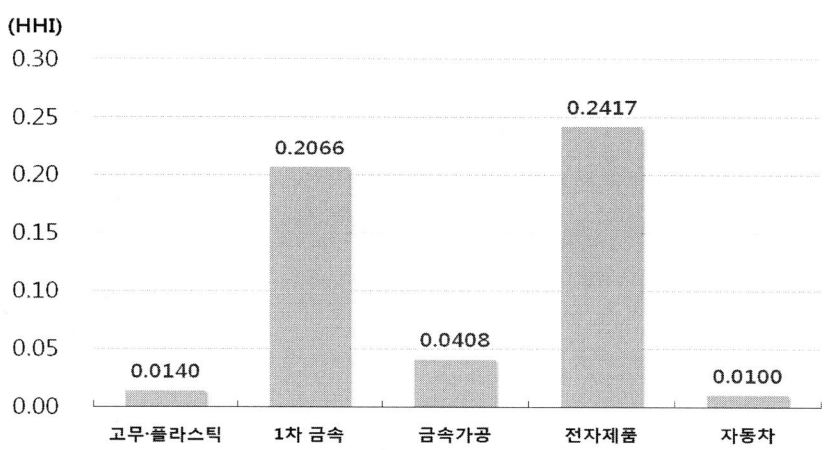

[2017년 주요산업별 HHI지수]

(단위: HHI)

구분	주요산업별 HHI지수						
	전국	경북	고무·플라스틱	1차 금속	금속가공	전자제품	자동차
표준화된 HHI	0.0043	0.0353	0.0140	0.2066	0.0408	0.2417	0.0100

제5장. 제조업 분류 및 현황

제3절 | 자동차 부품 산업 현황

○ 경북지역 광공업생산지수는 2020년 대비 생산은 자동차(5.2%)는 증가, 그중 자동차부품이 증가함. 자동차 신규등록대수는 7,018대로 2020년 대비 13.0% 상승함,

[자동차 신규등록대수]
(단위 : 대, %)

2019 연간	2020				2021		
	09	10	11	12	01	02	03
74,747	7,138	6,789	7,538	6,653	7,267	5,238	7,018
(-1.4)	(30.1)	(2.7)	(3.0)	(0.6)	(17.8)	(18.2)	(13.0)

[자동차 신규등록대수]
(단위 : 대, %)

구분	합계	승용차	승합차	화물차	특수차
2018	75,810	57,846	2,225	15,150	589
2019	74,747	56,693	2,050	15,369	635
2020.09.	7,138	5,410	116	1,554	58
2020.10.	6,789	4,988	140	1,588	73
2020.11.	7,538	5,690	131	1,656	61
2020.12.	6,653	5,093	166	1,315	79
2021.01.	7,267	5,553	116	1,513	85
2021.02.	5,238	4,026	69	1,090	53
2021.03.	7,018	5,071	125	1,754	68

1. 사업체수, 매출액, 종사자수 현황

○ 자동차부품산업은 경북지역의 주력산업으로서 지역 전체 생산 및 고용에서 차지하는 비중이 높고 1차금속, 전기전자 등 여타 산업들과의 생산연계성도 높아 지역 경제성장에 크게 기여, 대구경북지역 자동차부품업의 입지계수(1.80)는 여타 지역(0.91)에 비해 커서 지역특화도가 높으며 생산유발계수(2.58)는 지역 여타 산업(대구경북 평균 산업유발계수(1.88))에 비해 커서 산업연관효과가 높은 편임.

○ 대구경북지역 자동차 부품산업은 사업체수, 매출액, 종사자수 면에서 지역 제조업뿐만 아니라, 전국에서도 중요한 산업 비중을 보여주고 있음.

○ 하지만 2018년 하반기 '자동차 및 트레일러 제조업'의 취업자 수가 전년 동기 대비 8.8% 줄어들고 영업부진과 자금 사정의 어려움을 호소하는 중소기업이 많은 실정임.

○ 업체당 매출액(2017년 기준)은 평균 96.9억원(대구경북 총 자동차 부품사 총 매출액 19.4조원/ 총 2001개 부품사), 종사자수는 평균 28명(대구경북 총 자동차 부품사 총 종업원수 5.7만명/ 총 2001개 부품사)으로 영세한 수준임.

[경북지역 자동차부품 산업(전국대비 비중)]

(단위 : 개, 조원, 만명, %)

구분	사업체수	매출액	종사자수
경북	1,312 (13.3)	13.2 (13.5)	3.8 (14.4)
전국	9,877	97.6	26.5

○ 사업체수는 경북지역(1312개)은 국내 자동차부품 산업에서 13.3%를 차지하고, 지역 제조업에서 4.6%의 비중을 각각 차지함. 매출액은 경북지역(13.2조원)이 국내 자동차부품 산업의 13.5%를 차지하고, 지역제조업에서 4.6%의 비중을 차지함. 종사자수는 경북지역(3.8만명)이 국내자동차부품산업의 14.4%를 차지하고, 지역제조업에서 11.8%의 높은 비중을 각각 차지함.

[경북지역 자동차부품 산업(지역 제조업대비 비중)]

(단위 : 개, 조원, 만명, %)

구분		사업체수	매출액	종사자수
경북	자동차 부품	1,312 (13.3)	13.2 (13.5)	3.8 (14.4)
	제조업	28,663	142.7	32.4

2. 수출입 현황

○ 경북지역 자동차부품 수출은 대체로 부진하여 2016년 15.1억달러의 최고치 수출을 기록한 이후 감소하여 2018년 11.8억달러를 기록함.

○ 자동차부품 수출에서 경북지역의 경우, '기어박스'의 수출이 2015년 2.8%, 2017년 5.1%. 2018년 6.9%로 증가하는 추세임. 미래차 부품에 속하는 '자동차부품 기타'의 수출이 2015년 55.6%, 2017년 47%에서 2018년 43.6%로 줄어들고 있음.

○ 따라서 경북지역의 경우 수출은 내연기관차에 쓰이는 부품(기어박스 등)의 수출 비중은 증가하고 있는 반면, 미래차에 사용되는 부품 비중은 감소하고 있는 상황임.

[경북지역 자동차부품 수출(2000~2018년)]

(단위 : 백만달러, %)

연도	총수출	자동차 부품	클러치 및 부품	제동창치 및 부품	기어박스	기타
2000	15,652.5	76.1	13.7	0	0	55.4
2010	44,937.0	972.0	90.0	28.5	10.6	769.7
2015	43,458.5	1,243.5	394.7	53.1	34.7	691.1
2018	4,089.6	1,186.5	314.8	87.6	82.2	517.4

제5장. 제조업 분류 및 현황

3. 경북지역 부품업체 영향 분석

- 경북지역 자동차부품업이 직면해 있는 리스크를 차량용 반도체 수급불균형, 친환경차 전환 2가지로 구분, 2020년 하반기부터 경북지역 자동차부품 생산·수출은 완성차 판매 호조 등의 영향으로 회복세를 보이고 있으나 차량용 반도체 수급 불안, 친환경차(전기·수소차 등) 전환 등이 주요한 단기 및 장기 리스크로 작용함.

- 향후 전기차 생산확대 등으로 반도체 수요가 증가할 경우 수급불균형 문제가 재발생할 가능성이 있으므로 차량용 반도체 생산증대 및 국산화가 필요함.

- 친환경차 전환에 대한 경북지역의 자동차부품업체들의 대응 여건은 나쁘지 않은 것으로 평가되나, 전세계적으로 친환경차 전환 속도가 예상보다 빨라질 가능성이 높으므로 대구경북지역 부품업체들이 친환경차 전환에 소극적일 경우 부정적 영향도 적지 않음.

- 친환경차 전환에 따른 긍정·중립·부정적 부품군 생산업체별로 차별화된 대응이 필요하며, 정부·지자체·협회 등도 정책지원, 정보교류, 정책사업 홍보 등을 강화할 필요가 있음.

- 대구경북 전체 자동차부품업체 중 친환경차 관련 긍정적·중립적인 부품을 주로 생산하는 업체수 비중이 73.4%(긍정 9.2%, 중립 64.2%)인 점에 비추어 친환경차 전환에 대한 지역 업체들의 대응 여건은 나쁘지 않은 것으로 판단됨.

- 대구경북에서 친환경차 관련 부정적 부품군(엔진, 변속기 등)을 생산하는 업체수 및 종사자수 비중(각각 26.6% 및 27.6%)도 전국(각각 29.0% 및 33.4%) 보다는 낮은 편임.

- 대구경북지역은 범용부품 등 중립적 부품군 생산비중이 높으며, 내연기관의 핵심인 엔진 관련 부품업체들은 완성차 공장 인근 지역에 주로 위치함.

- 지역 업체들이 친환경차 생산 확대에 적극 참여하면서 신규 업체 및 일자리가 직·간접적으로 늘어날 경우 지역경제에 미치는 긍정적 효과가 크게 확대되고 부정적 영향도 완화될 것으로 기대됨.

- 친환경차 생산 보급 관련 연계성이 큰 지역의 제조업체(9,498개) 및 서비스업체(1,120개)를 모두 고려하면, 직간접적으로 긍정적 영향이 기대되는 업체수 및 종사자수 비중(각각 23.5%, 29.3%)이 부정적 영향이 예상되는 업체수 및 종사자수 비중(각각 7.6%, 10.2%)을 크게 상회함.

3.1. 차량용 반도체 수급 불균형

- 차량용 반도체는 차량용 반도체 수요가 급증하였으나 신속한 설비증설이 어려운 데다 일부 지역의 재난·재해 등으로 공급 차질이 생기면서 2020년 말부터 수급불균형이 발생함.

- 반도체 수급불균형으로 국내 및 글로벌 완성차업체 대부분에서 생산 차질이 발생하였으며 자동차부품업체들도 경영실적이 악화된 것으로 조사됨.
- 대구경북 자동차부품 생산 및 수출도 차량용 반도체 수급불균형 등의 영향으로 2021.4~5월 중 전월 대비 감소함.
- 국내 완성차업체들의 차량용 반도체 해외 의존도는 98%로 매우 높은 상황이며, 현대·기아, 한국GM, 쌍용차, 르노삼성 등이 2021.2~3월부터 특근 단축, 공장가동 중단 등을 시행함.
- 종사자수 300인 이상 또는 1차 협력업체들이 주로 영향을 받았는데, 이는 규모가 큰 업체들이 주로 차량용 반도체를 직접적 원재료로 사용하거나 전속협력업체의 완성차 생산 감소에 직접적 영향을 받는데 주로 기인함.

[차량용 반도체 수급불균형에 따른 생산 차질 영향]

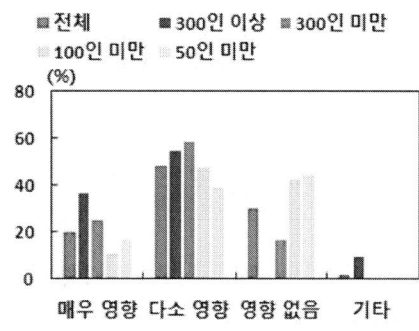
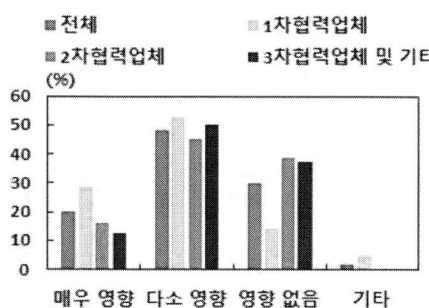

3.2. 친환경차 전환

- 향후 친환경차 전환시 긍정적 부품군(배터리, 구동모터 등) 및 중립적 부품군(조향·현가·제동 장치 등 범용제품) 업체들은 꾸준히 성장하겠으나, 부정적 부품군(내연기관 부품)은 사업 축소 및 수익성 악화 위험에 직면할 가능성이 있음.
- 대구경북 자동차부품업체 중 친환경차 관련 긍정적·중립적 부품을 주로 생산하는 업체 수 비중은 73.4%(긍정 9.2%, 중립 64.2%)로 친환경차 전환에 대한 지역 업체들의 대응 여건은 나쁘지 않은 것으로 판단되나, 부정적 부품군 업체 비중(26.6%)이 긍정적 부품군(9.2%)의 두 배 이상을 차지하고 있는 만큼 지역 업체들이 친환경차 전환에 소극적일 경우 지역 경제에 미치는 부정적 영향도 적지 않을 가능성이 있음.
- 2020년 기준 글로벌 친환경차 생산 규모는 약 526만대(전체 자동차 생산의 6.5%)로서 유형별로는 하이브리드(HEV, 43.8%), 전기차(BEV, 39.0%), 플러그인 하이브리드(PHEV, 17.0%) 등이 주로 생산됨.

제5장. 제조업 분류 및 현황

○ 국내 친환경차 생산은 2021.1~5월 기준 22.3만대로 전체 자동차 생산의 7.6%를 차지함. 2015년 이후 전체 자동차 생산·판매에서 친환경차가 차지하는 비중이 빠르게 커지고 있으며, 특히 수출에서의 비중(2015년 0.7% → 2020년 14.4%)이 내수 비중(2015년 2.0% → 2020년 10.2%)보다 더 빠른 속도로 증가함.

○ 전기·수소차 등 친환경차의 핵심 부품은 배터리, 구동모터, 통합전력 제어장치(EPCU) 등이며, 동 부품들은 향후 꾸준히 수요가 늘어날 전망임. 또한 친환경차는 온도변화에 민감하고 배터리팩의 무게가 큰 만큼 온도관리 장치(공조시스템, 전자장비·열관리 등) 및 경량화 소재(플라스틱·알루미늄 소재, 차체 부품 등) 부품 수요도 증가함. 다만 엔진, 변속기, 연료전달장치 등 기존의 주요 내연기관 부품들은 친환경차량 부품으로 대체되면서 사업규모 축소가 불가피함.

[친환경차 관련 부품군별(긍정,중립,부정) 업체 비중]

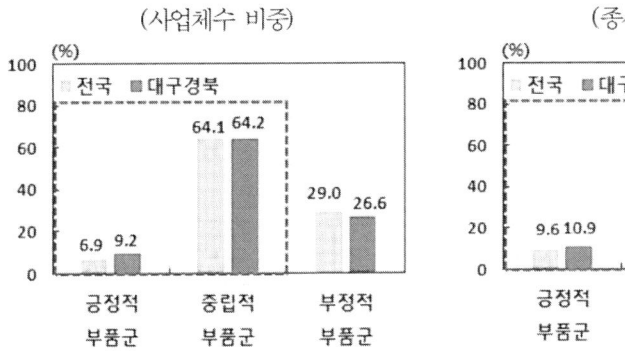

에듀컨텐츠·휴피아
CH Educontents Hueppa

제6장
제조업 디지털 전환 실태 조사

에듀컨텐츠·휴피아
CH Educontents Huepia

 **제6장. 제조업 디지털 전환 실태 조사**

제6장 제조업 디지털 전환 실태 조사

제1절 | SW 융합클러스터 지원기업 만족도

1. 조사 개요

▌SW미래채움사업 수혜기관 만족도조사 개요

○ `22년 사업의 참여 학교를 대상으로 만족도 조사를 수행
  - 총 38기관에서 조사를 수행

만족도 조사 개요	• 대상: `22년 SW미래채움사업 수혜 기업 만족도 조사 • 내용: 적정성, 효과성 등 사업 만족도 및 필요 지원 예산 • 조사방법: 5점 리커트 척도를 활용하여 조사(만족도 조사는 100점 만점으로 환산) • 조사 기업: 16개 기업(응답률 100%) • 조사 기간: 2022.11~2022.12

○ 설문 내용
  - 수혜 기업을 대상으로 만족도 및 사업 방향에 대해 조사

2. SW 융합클러스터 지원기업 만족도 결과

SW융합클러스터사업의 적정성

○ 예산배정의 적정성 및 지원유형의 적정성이 상대적으로 낮은 만족도를 보이는 것으로 나타나, 예산 지원 유형 및 비목의 탄력성 확보 방안의 마련이 필요한 것으로 분석

○ 각 질문별 평균 만족도는 성과목표의 계획성 94.74점, '사업목적의 명확성 및 내용 연계성' 93.42점, '타 지원사업과의 중복성' 89.47점, '지원유형의 균등성' 85.53점, '예산배정의 적절성' 82.89점 순으로 높게 나타났으며 전체 평균은 89.21점임

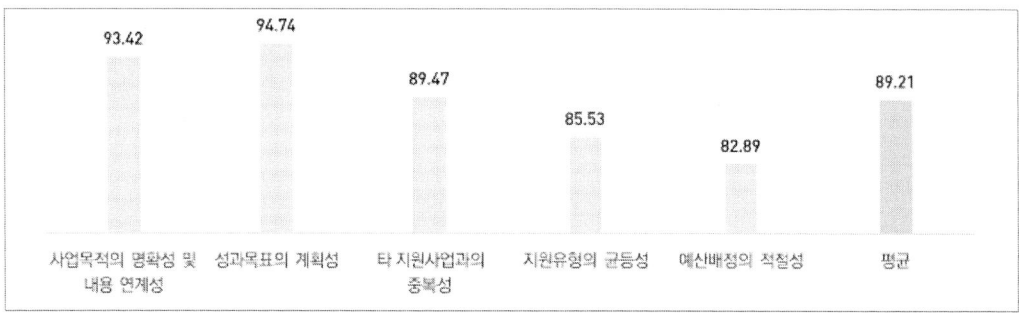

○ 사업 목적이 명확하고 사업내용과 연계되어있는가에 대한 질문에는 매우 그렇다 14명, 그런 편이다 5명이 응답함

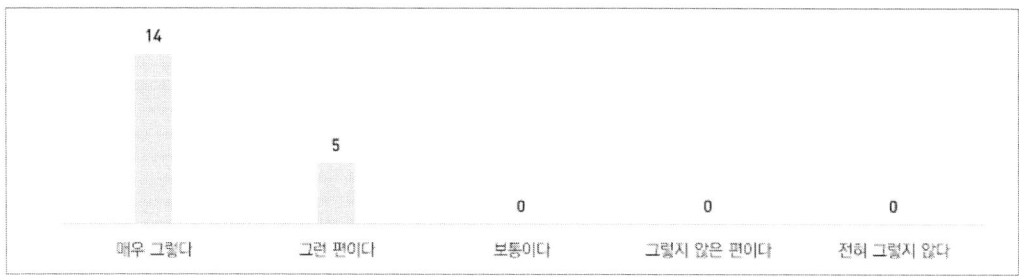

○ 사업의 성과목표가 사업계획 및 수요근거 하여 추진되고 있는가에 대한 질문에는 매우 그렇다 15명, 그런 편이다 4명이 응답함

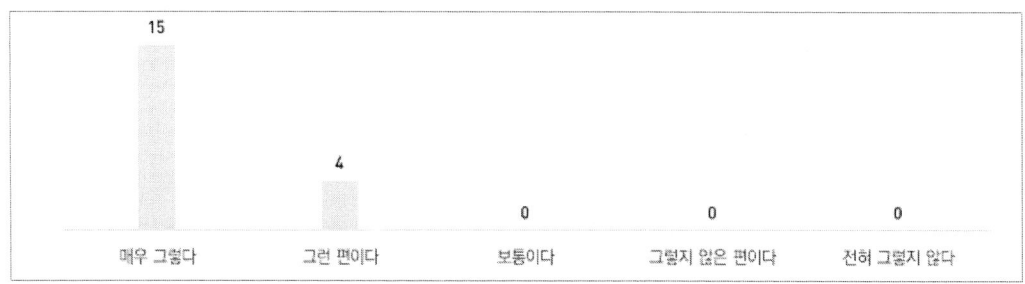

제6장. 제조업 디지털 전환 실태 조사

○ 타 지원 사업과의 불필요한 중복이 없는가에 대한 질문에는 매우 그렇다 4명, 그런 편이다 4명이 응답하였고, 매우 그렇다는 의견도 1명 있었음

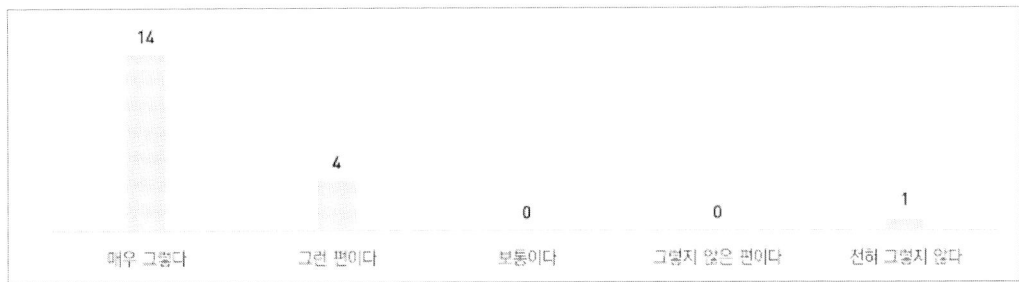

○ 사업의 지원유형에 편중 없이 적절하게 분포되어 있는가에 대한 질문에는 매우 그렇다 12명, 그런 편이다 5명이 응답하였고, 전혀 그렇지 않다는 의견도 1명 있었음

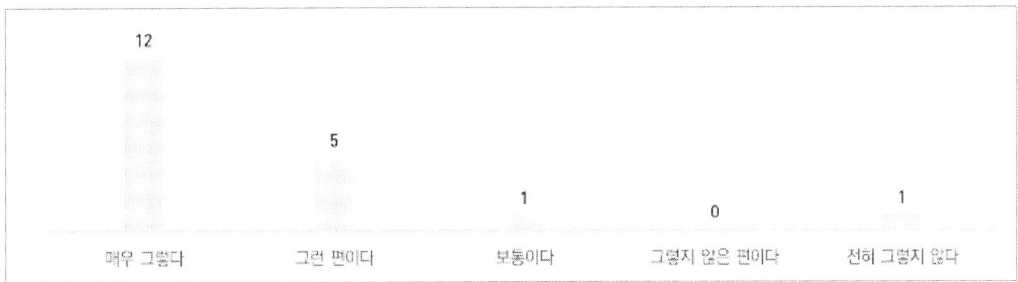

○ 사업의 예산 배정에 적절하게 편성 되어있는가에 대한 질문에는 매우 그렇다 12명, 그런 편이다 4명이 응답했으며 매우 그렇다, 그런 편이다, 보통이다 라는 의견도 1명씩 있었음

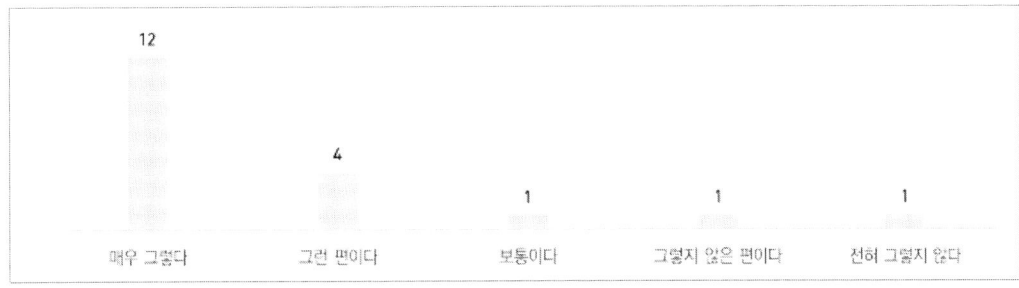

SW융합클러스터의 효과성

○ 목표달성도에서 가장 낮은 만족도를 보이는 것으로 나타나, 단기 지원으로 사업 목표를 달성하는 것은 쉽지 않은 것으로 분석

○ 목표 미달성 원인 및 개선 방안 도출을 위한 전략 마련이 필요한 것으로 판단

○ SW융합클러스터의 효과성에 대한 만족도 평균은 '타 산업에 대한 SW의 긍정적 영향' 92.11점, 'SW 이해 및 실무능력 향상' 90.79점, 'SW융합의 가치 및 인식 개선' 89.47점, '목표 달성도' 82.89점 순으로 나타났으며 전체 평균은 88.92점임

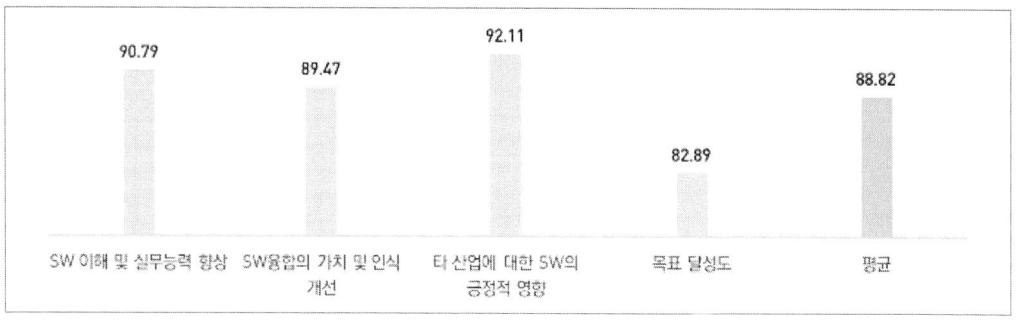

○ 이 사업을 통해 SW에 대한 이해와 실무적 능력이 높아졌는가에 대한 질문에는 매우그렇다 13명, 그런 편이다 5명, 보통이다 1명이 응답함

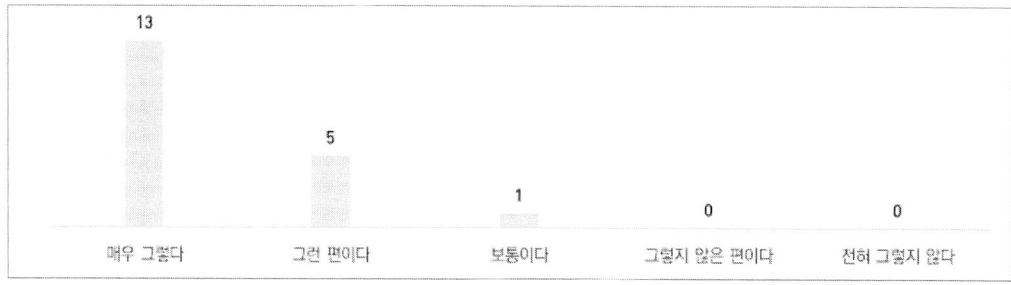

○ 이 사업은 지역 내 SW융합의 가치와 효과에 대한 인식을 바꾸고 있는가에 대한 질문에는 매우그렇다 12명, 그런 편이다 6명으로 나타남

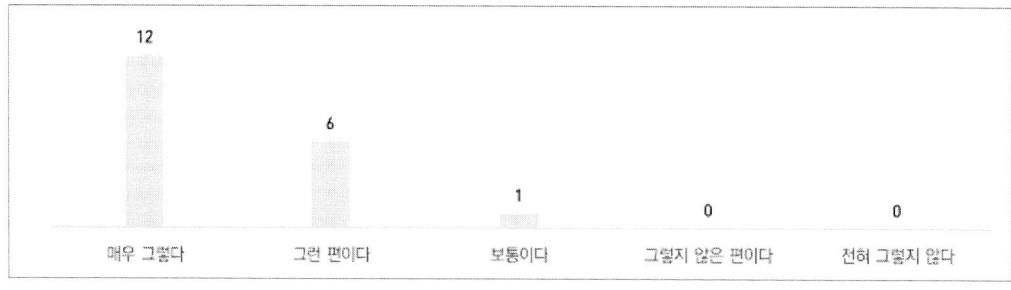

○ 이 사업을 통해 타 산업에 SW가 긍정적인 영향을 미쳤는가에 대한 질문에는 매우그렇다 13명, 그런 편이다 6명이 응답함

제6장. 제조업 디지털 전환 실태 조사

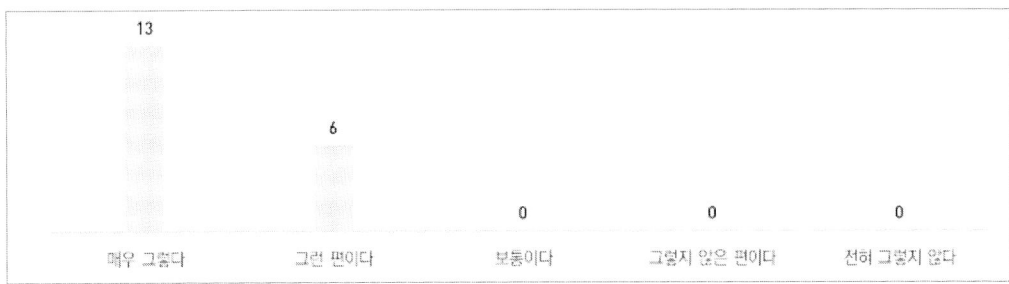

- 이 사업은 당초 계획된 목표치를 달성하고 있는가에 대한 질문에는 매우높다 9명, 높다 7명, 보통 3명 등 전체적으로 낮은 수준인 것으로 나타남

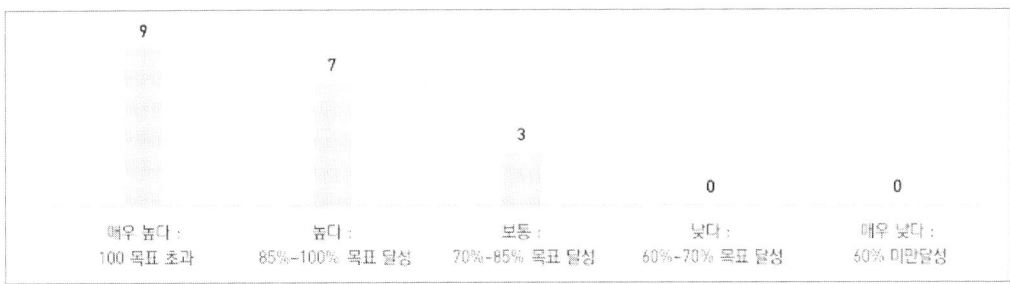

- 이 사업의 추후지원 방향에 대한 질문에는 확대 15명, 유지 4명으로 나타남

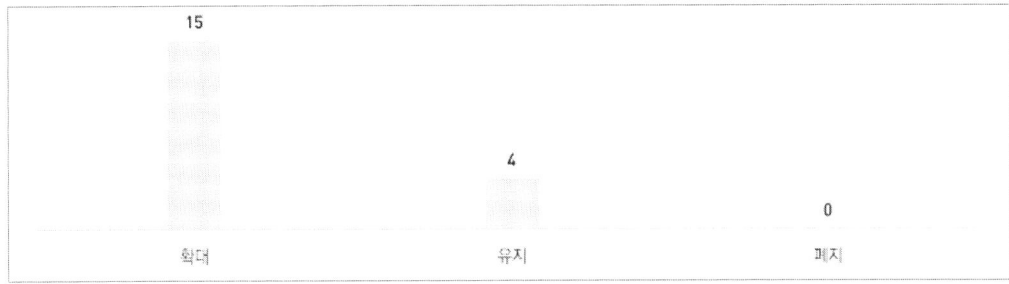

SW융합클러스터사업 지원 예산의 만족도

- 경북SW융합클러스터사업 지원 예산의 항목별 만족도는 다음과 같음
- 지원예산에 대한 만족도는 연구개발비가 가장 높게 나타났으며, 기관운영비가 가장 낮게 나타남
- 수혜 기업이 원하는 지원은 연구개발비와 인건비로 분석됨
- 다만 인건비의 규모에 대해서는 부정적인 의견이 대다수로 나타나, 지원 규모의 조정이 필요한 것으로 분석

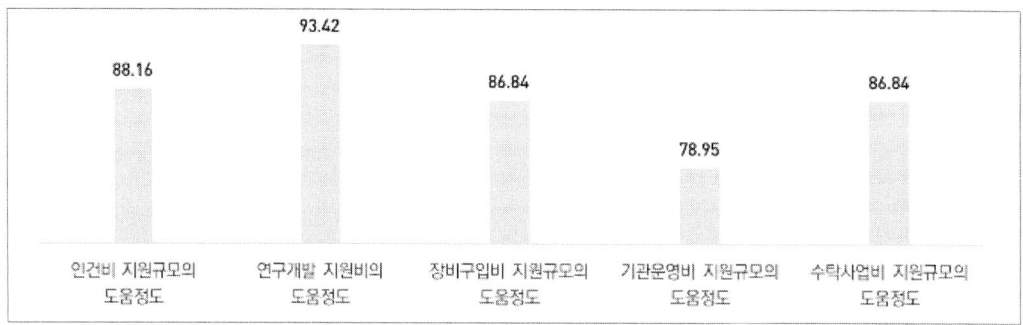

○ 사업 수행에 가장 도움이 되는 예산은 무엇인가에 대한 질문에는 연구개발비 9명, 인건비 8명 순으로 나타남

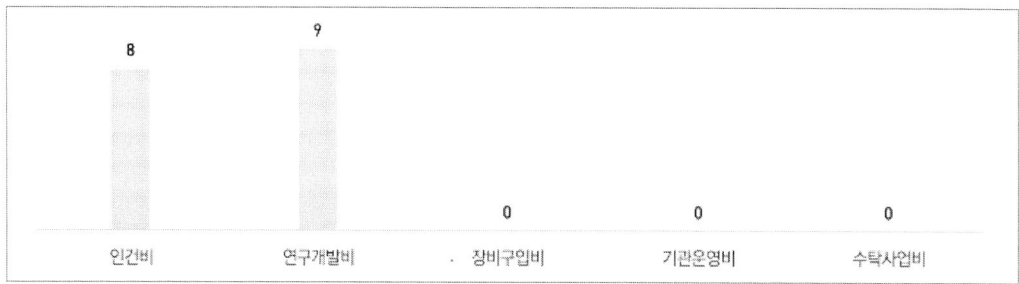

○ 인건비 지원 규모가 사업 수행에 도움이 되는가에 대한 질문에는 매우 그렇다 13명, 그런 편이다 5명이 응답함

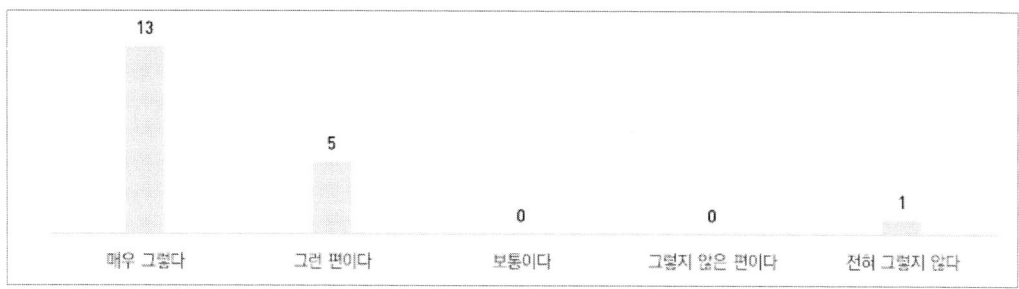

○ 연구개발비 지원 규모가 사업 수행에 도움이 되는가에 대한 질문에는 매우 그렇다 14명, 그런 편이다 5명이 응답함

제6장. 제조업 디지털 전환 실태 조사

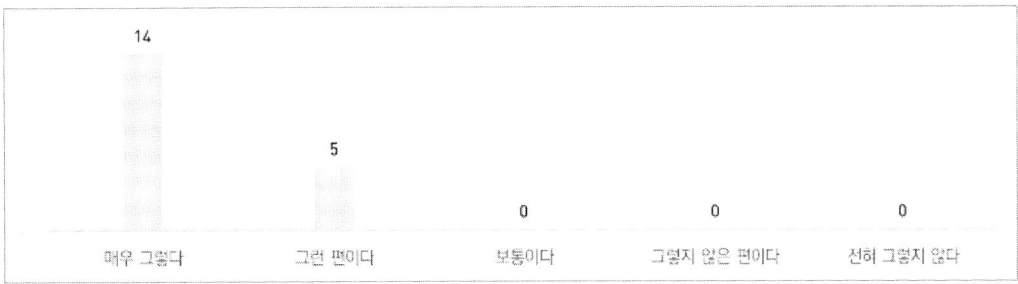

○ 장비구입비 지원 규모가 사업 수행에 도움이 되는가에 대한 질문에는 매우 그렇다 11명, 그런 편이다 6명, 보통이다 2명이 응답함

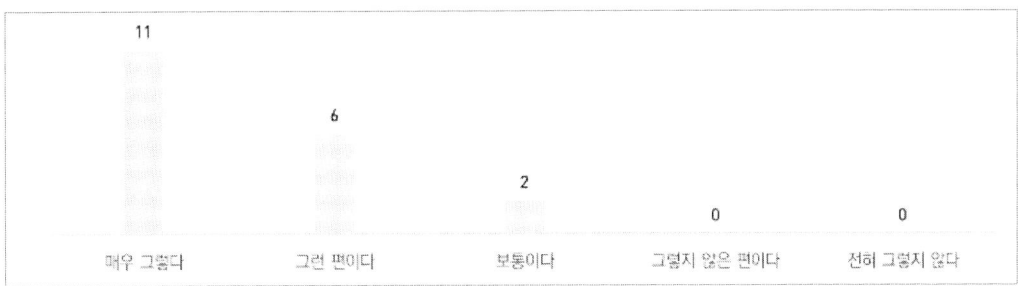

○ 기관 운영비 지원 규모가 사업 수행에 도움이 되는가에 대한 질문에는 매우 그렇다 9명, 그런 편이다 7명, 보통이다 1명이 응답함

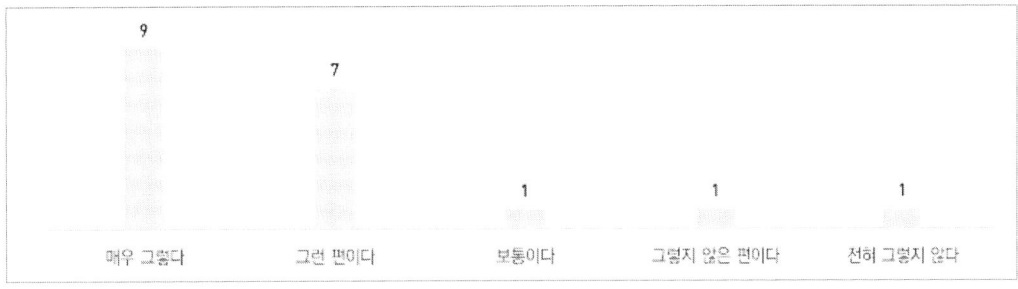

○ 수탁 사업비 지원 규모가 사업 수행에 도움이 되는가에 대한 질문에는 매우 그렇다 10명, 그런 편이다 8명, 보통이다 1명이 응답함

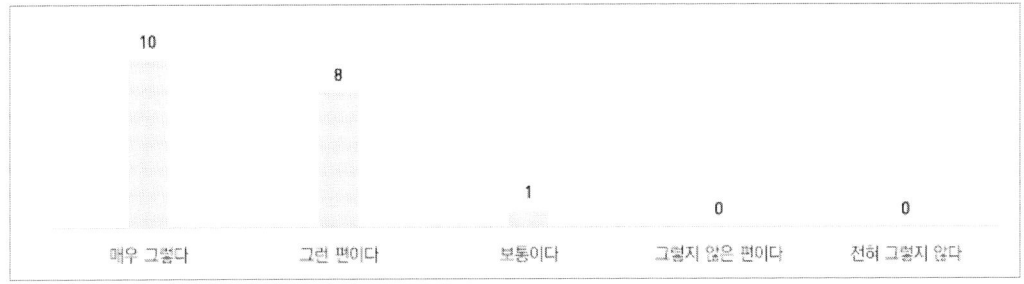

모빌리티 디지털전환 이해

○ 사업 수행을 위해 추가적으로 지원이 필요하다고 생각하는 예산으로는 연구개발 예산 7명, 인력 관련 지원 예산 6명, 장비 등 기자재 구입 예산 3명, 기술 획득 예산 2명, 기관운영 지원 예산 1명이 응답함

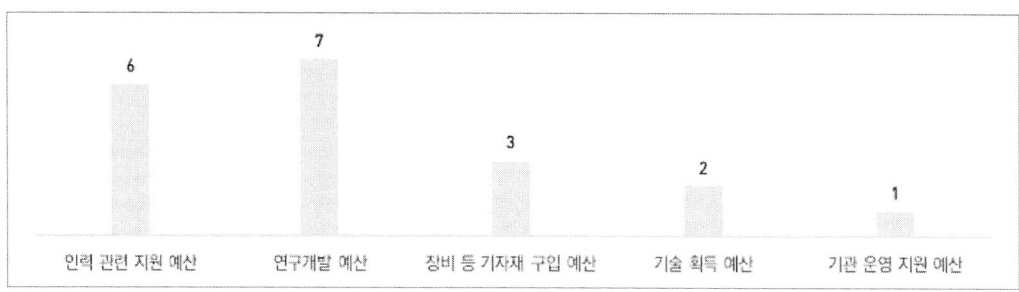

○ 경북SW융합클러스터사업의 발전을 위해 중점적으로 추진해야 할 방향으로는 상용화 중점 지원 8명, 거점 기능의 강화 5명, 인력 양성 지원 5명, 네트워크 강화 1명 순으로 나타남

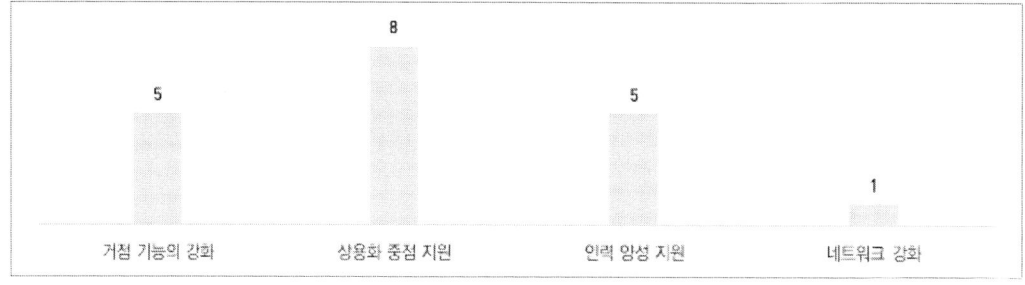

① 거점 기능의 강화(지역 유관 기관 연계 지원, 관련 데이터 수집 및 제공, 참여인력 전문성 강화)
② 상용화 중점 지원(BM 발굴 및 컨설팅, 신사업 사업화 지원, 기술수요 대응형 RFP 발굴)
③ 인력 양성 지원(전문 인력 양성 지원, 대학 고급인력 연계 지원, 역량 강화 교육 지원)
④ 네트워크 강화(지역 맞춤형 기업 컨소시움 지원, 기술 세미나/포럼, 공동 사업 운영 및 지원)

○ 경북SW융합클러스터사업 지원 예산의 도움 정도는 '연구개발 지원비' 93.42점, '인건비 지원규모' 88.16점, '수탁사업비' 86.84점, '장비구입비' 86.84점, 기관운영비 78.95점 순으로 나타났으며 전체 만족도 평균은 86.84점이었음

제6장. 제조업 디지털 전환 실태 조사

제2절 | 지역 제조업 종사자 대상 디지털 전환 실태 조사

1. 조사 개요

▮ 지역 제조업 종사자 대상 디지털 전환 실태 조사 개요

○ `22년 사업의 참여 학교를 대상으로 만족도 조사를 수행
  - 총 160명 조사를 수행

실태조사 개요	• 대상: 경북 지역 제조업 종사자(대표, 중간관리자, 직원) • 내용: 디짙털 전환 필요성, 추진현황, 인지 정도, 애로 사항 • 조사방법: 온라인 설문조사 • 조사 표본수: 160명(유효표본률 61%) • 조사 기간: 2022.11~2022.12

○ 설문 내용
  - 디지털 전환의 개념 및 필요성에 대한 내용
  - 디지털 전환을 위해 필요한 정책 지원사항 및 추진현황
  - 디지털 전환 추진의 애로 사항
  - 디지털 전환을 위한 전력 및 기술
  - 제조 분야 디지털 전환을 위해 필요한 정책 사업

모빌리티 디지털전환 이해

2. 제조업 종사자 대상 디지털 전환 실태 조사 결과

2.1. 전체 설문 결과

o 설문에 응답한 제조업 종사자 성별 구성은 남자 115명(71.9%), 여자 45(28.1%)명임

o 세부특성은 자동차 및 운송장비 및 부품 제조업 37명, 1차 금속 및 금속 가공제품 제조업 36명, 기타 제품 제조업 20명, 전기장비 및 부품 제조업 19명, 기타 기계 및 장비 제조업 17명 등임

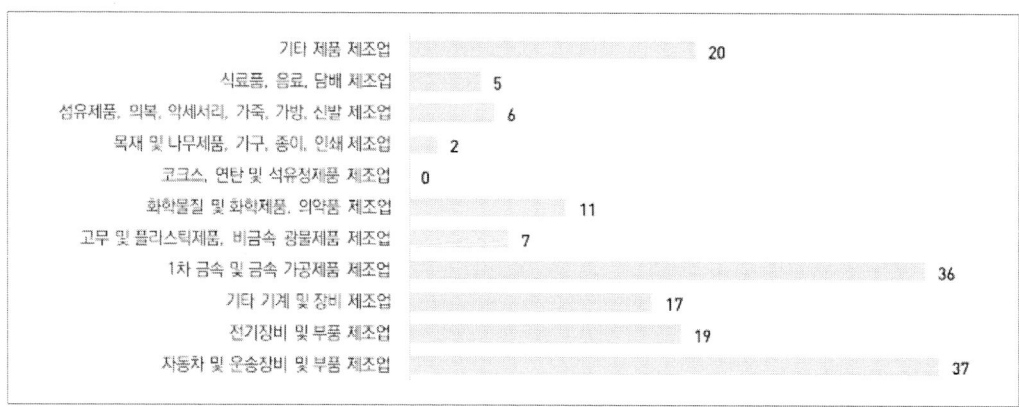

o 응답자 거주지역은 동부권 59명, 중부권 58명, 남부권 26명, 서부권 10명, 북부권 7명임

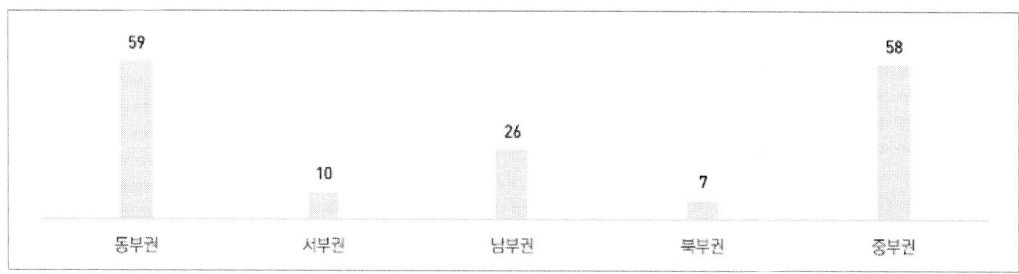

제6장. 제조업 디지털 전환 실태 조사

○ 응답자 나이대는 40대 58명, 30대 44명, 50대 32명, 20대 20명, 60대 이상 6명 순으로 많았음

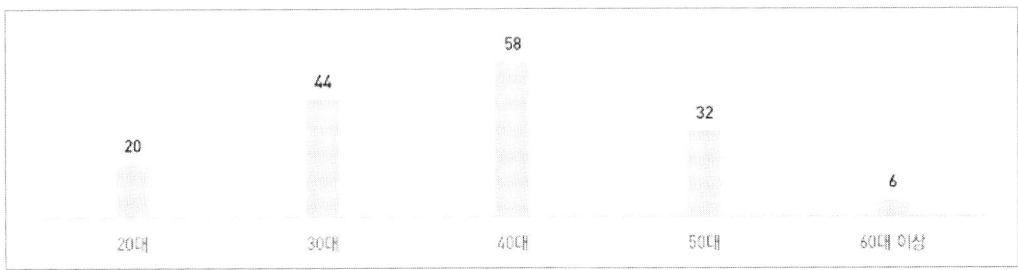

○ 응답자가 근무하는 회사의 종사자 수는 100인 이상 78개, 5~29인 45개, 50~99인 18개 순으로 많았음

○ 제조업체들은 디지털전환의 개념에 대해 정확히 알고 있다 19명, 부분적으로 알고 있다 82개, 잘 모른다 33개, 모른다 26개 순으로, 디지털전환 개념의 일부에 대해서는 알고 있는 것으로 나타남

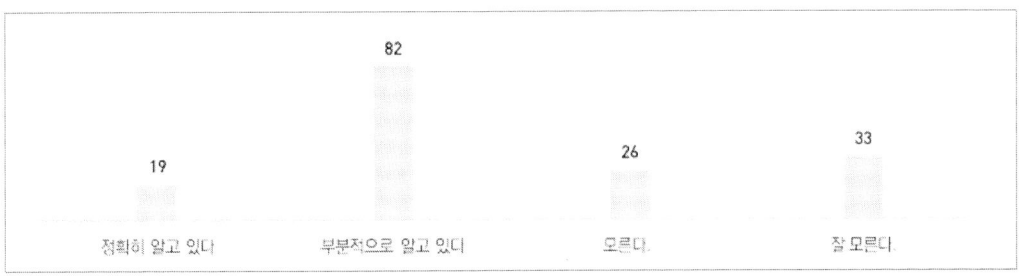

○ 업체들이 느끼는 디지털전환의 필요성은 반드시 필요하다 29명, 필요하다 69명, 보통이다 51명 등 대체적으로 필요하다고 응답함

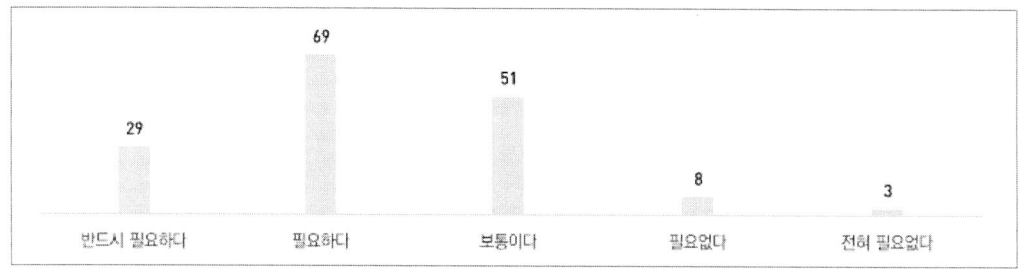

○ 디지털전환을 위해 필요한 정책적 지원사항으로는 전문인력 양성 및 지원(69명), 투자금 정부지원(38명), 기술개발 이전 지원(24명), 관련 법·제도 개선(8명) 순으로 나타남

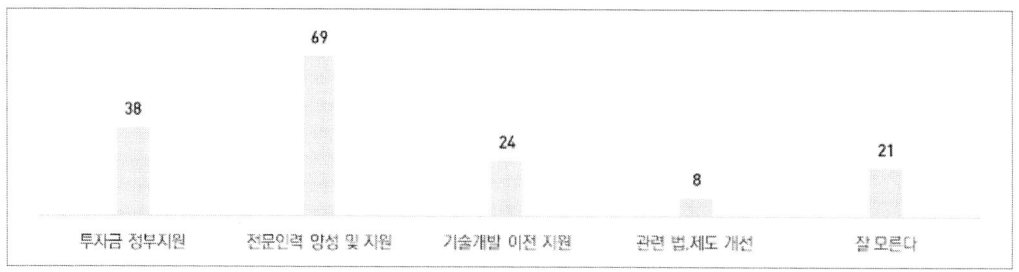

○ 디지털전환을 추진하고 있는가에 대한 질문에는 잘 모른다 32명, 추진하고 있지 않다 51명, 추진하고 있지 않으나 추진할 계획이다 25명 등이었음

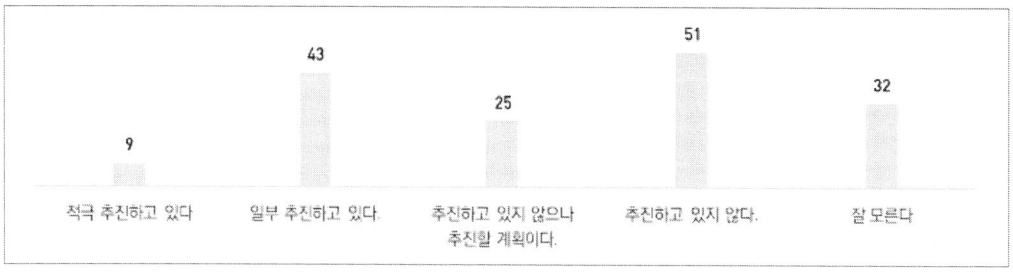

○ 디지털전환의 추진 목표(최대 2개)로는 생산 최적화(64명), 제조공정 고도화(63명), 업무프로세스 개선(53명), 매출 확대(27명), 신규 비즈니스 발굴(16명) 순으로 많았음

제6장. 제조업 디지털 전환 실태 조사

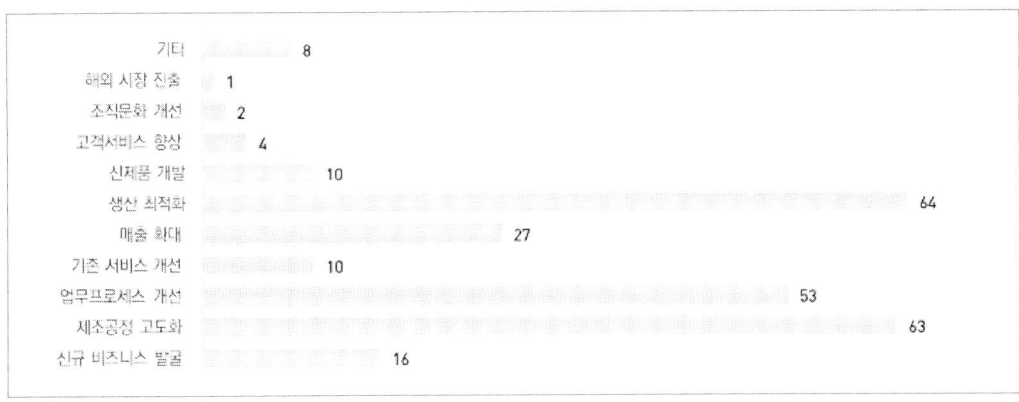

○ 디지털 전환 추진시 가장 큰 애로사항으로는 전문인력 부족(64명), 자금부족(36명), 정부지원의 부족(17명), 추진정보 및 가이드 부족(14명), 교육기회 및 이해도 부족(12명) 등을 선택했음

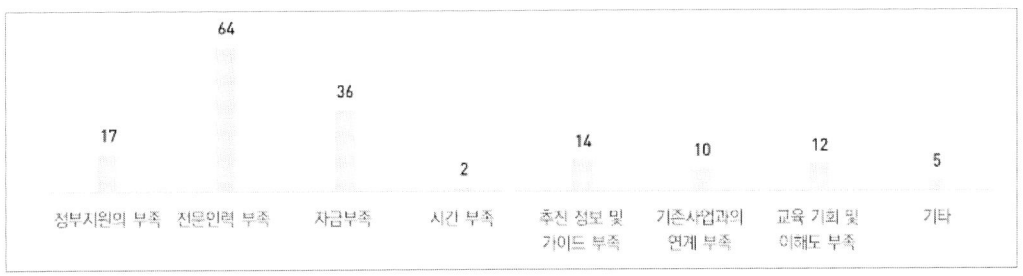

○ 디지털전환의 추진 영역은 제조공정 고도화(62명), 업무프로세스 개선(55명), 신규 비즈니스 발굴(8명) 순으로 많았음

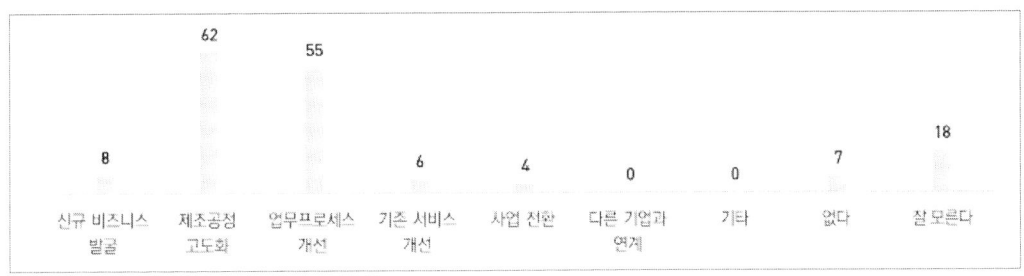

○ 디지털전환의 추진을 위해 주로 하고 있는 일로는 시스템 및 설비 도입(71명), 전문인력 확보(33명), 데이터 정보보안 강화(14명), 추진방법 및 추진사항 정보 구성원 공유(14명) 순으로 많았음

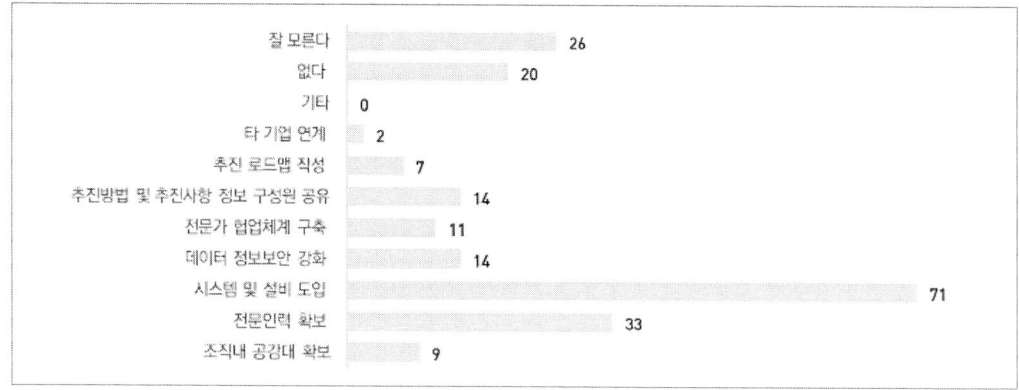

○ 소속 제조업체의 디지털전환과 관련있는 기술은 스마트 공장(70명), 인공지능(21명), 빅데이터(18명), 사물인터넷(17명), 로봇(17명) 순으로 많았음

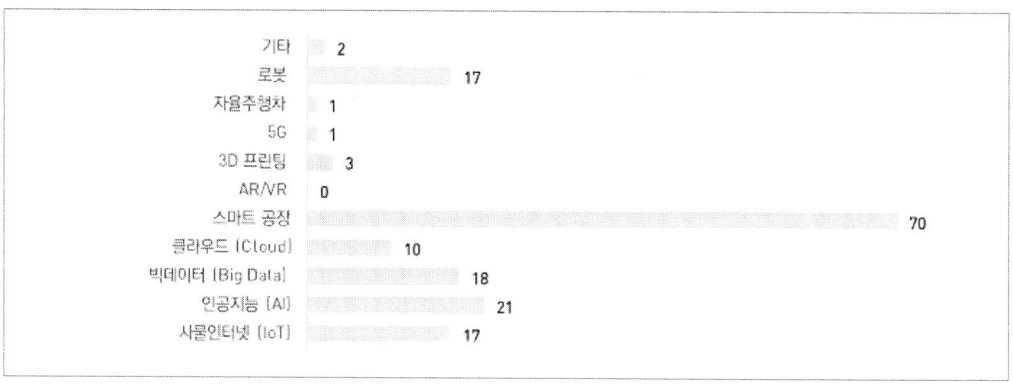

○ 디지털전환시 제조업에 예상되는 문제점(최대 2개 선택)으로는 초기 투입비용 과다(49명), 기술전문인력 부재(47명), 투자성과의 불확실성(29명), 내부인력의 역량부족(28명), 관련 전문정보 부족(20명) 순으로 많았음

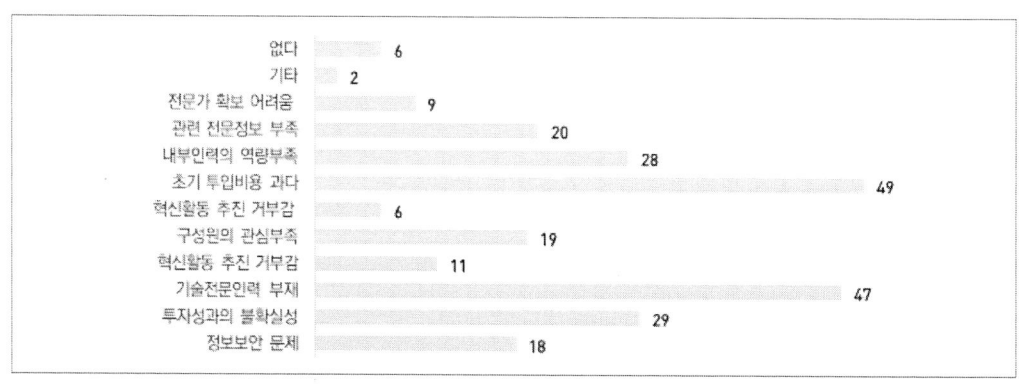

○ 디지털전환을 추진하기 위한 전문인력을 지속적으로 확보하고 있는가에 대한 질문에는 계획없음 41명, 계획중 35명, 진행중 32명이었음

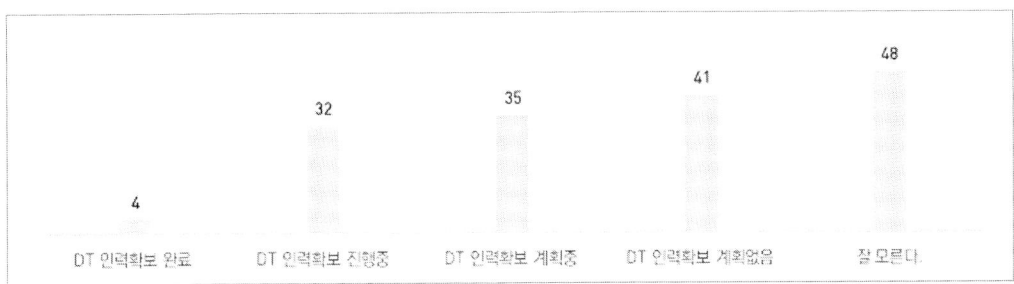

○ 디지털전환의 역량개발에 필요한 교육활동 지원 여부는 참여하지 않음 55명, 개인차원 교육참여 24명, 부서차원 교육지원 22명, 전사차원 교육지원 22명으로 참여 중인 응답자가 조금 더 많은 것으로 나타남

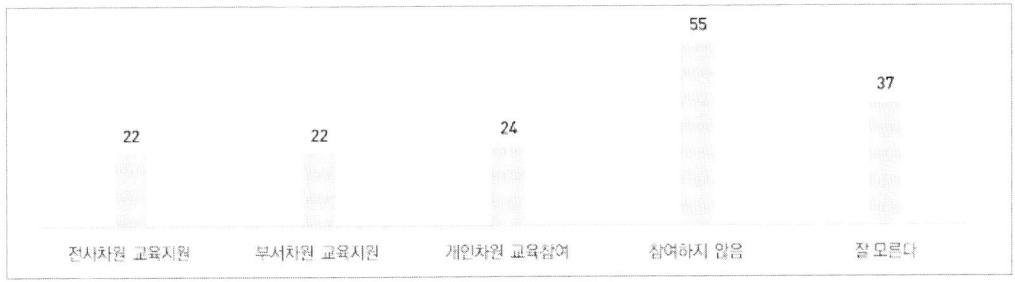

○ 제조 분야 디지털 전환을 위해 필요한 정책 사업으로는 '산업 전환을 위한 인력의 인건비 지원'(55명), '디지털 전환을 위한 기술지원 및 기업간 컨소시엄 지원'(47명), '산업 전환 선도기업에 대한 세제혜택'

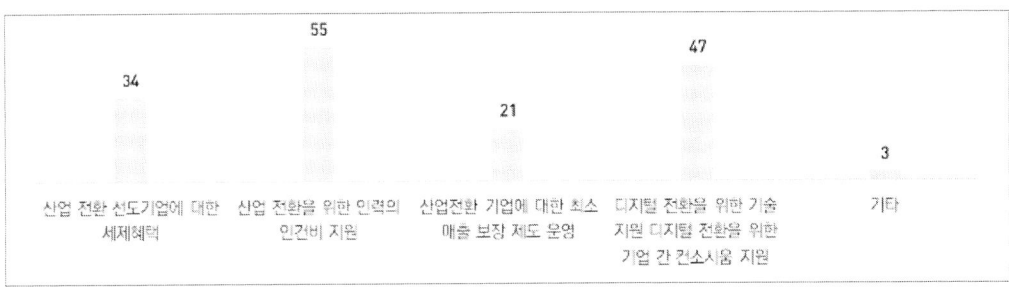

○ Q24. 디지털 전환을 위해 가장 필요한 것은 무엇이라고 생각하시나요?

• 자금 지원	• 임직원의 추진의지
• 교육	• 기술 확보
• 전문인력 확보	• 현장 적용성 확보
• 우수사례 공유 등을 통한 인식 전환	• 추진 가이드

2.2. 자동차 제조업체

○ 자동차 제조업체 응답자 성별은 남자 26명, 여자 11명이었음

○ 거주지역은 동부권 17명, 남부권 9명, 중부권 8명, 서부권 3명임

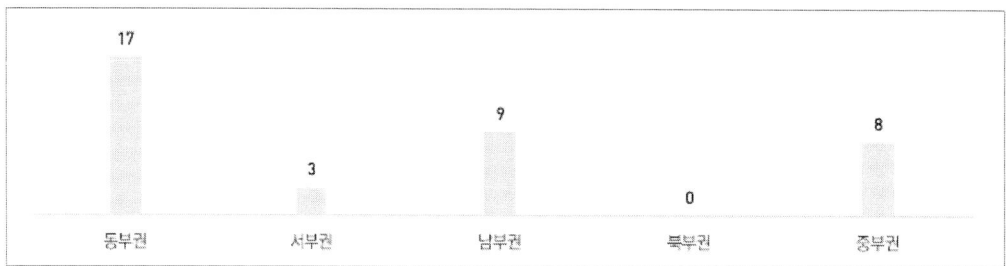

○ 연령대는 40대 21명, 30대 7명, 50대 6명, 20대 2명, 60대 이상 1명이었음

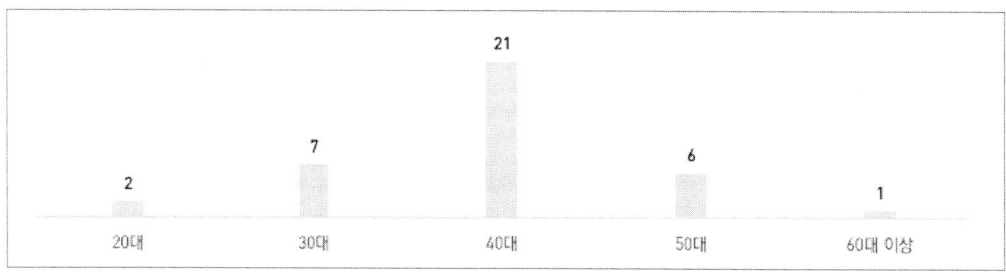

제6장. 제조업 디지털 전환 실태 조사

○ 응답자가 재직 중인 자동차 제조업체의 종사자 수는 100인 이상 16개, 5~29인 12개, 50~99인 5개 등이었음

○ 자동차 제조업체들은 디지털전환의 개념에 대해 대부분 부분적으로는 알고 있었으며(21명), 잘 모른다 7명, 모른다 5명, 정확히 알고 있다 4명 순으로 나타남

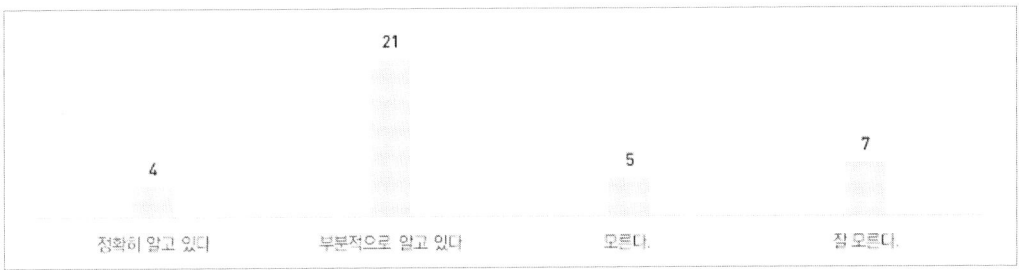

○ 디지털전환의 필요성에 대해서는 반드시 필요하다 7명, 필요하다 16명, 보통이다 10명, 필요하다 4명으로 대체적으로 필요하다고 생각하고 있는 것으로 나타남

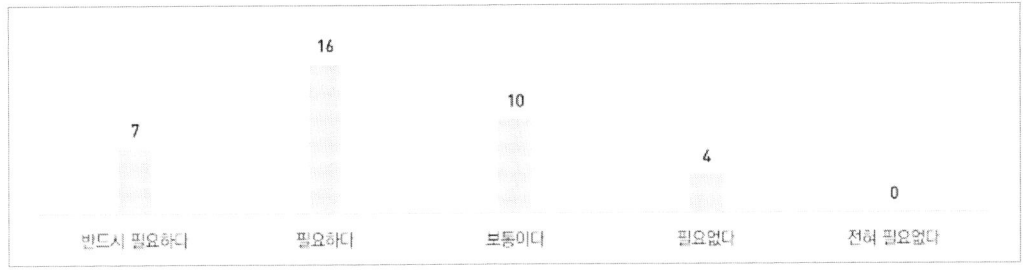

○ 디지털전환을 위해 필요한 정책적 지원사항으로는 '전문인력 양성 및 지원'(15명), '투자금 정부 지원'(8명), '기술개발 이전 지원'(4명), '관련 법·제도 개선'(4명) 순으로 나타남

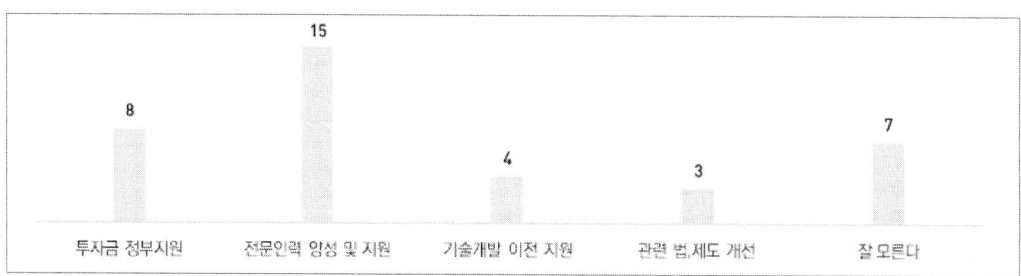

- 디지털전환을 추진 중인가에 대한 질문에는 '추진하고 있지 않다' 17명, '일부 추진하고 있다' 10명, '추진하고 있지 않으나 추진할 계획이다' 5명 등 추진중 또는 계획중인 기업과 계획이 없는 기업 수가 유사한 것으로 나타남

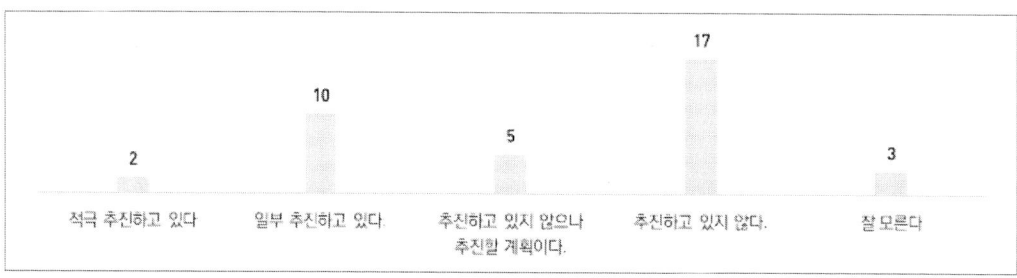

- 자동차 제조업체들의 디지털전환의 추진 목표(최대 2개)는 생산 최적화(17명), 업무프로세스 개선(14명), 제조공정 고도화(13명), 매출 확대(7명), 기존 서비스 개선(3명) 순이었음

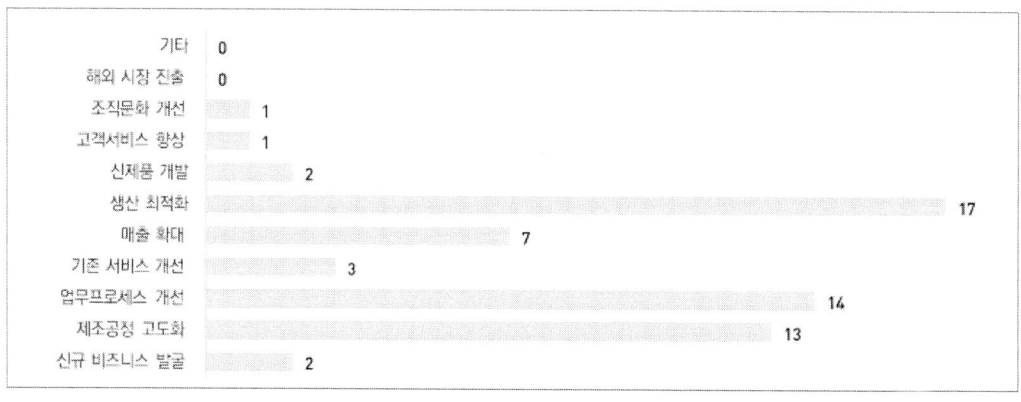

- 디지털 전환 추진시 가장 큰 애로사항으로는 전문인력 부족(16명), 자금부족(9명), 추진정보 및 가이드 부족(5명), 정부지원의 부족(3명) 순으로 나타남

제6장. 제조업 디지털 전환 실태 조사

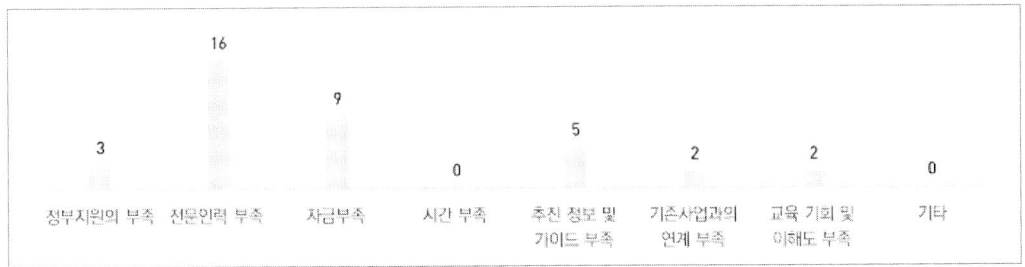

○ 디지털전환의 추진 영역은 제조공정 고도화(16명), 업무프로세스 개선(16명)이 대부분이었음

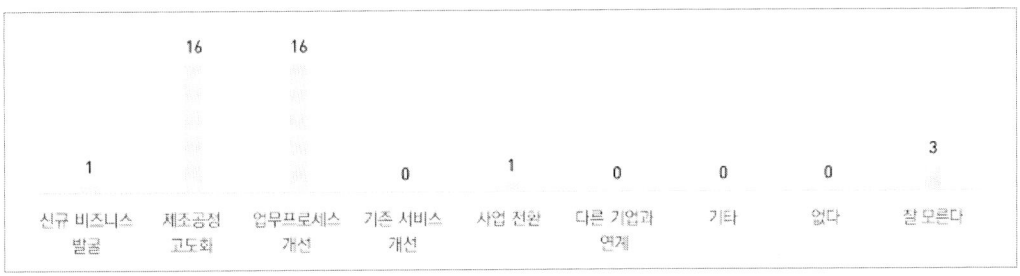

○ 디지털전환의 추진을 위해 주로 하고 있는 일(최대 2개)은 시스템 및 설비 도입(16명)이 가장 많았으며, 전문인력 확보(9명), 전문가 협업체계 구축(5명), 데이터 정보보안 강화(4명) 순이었음

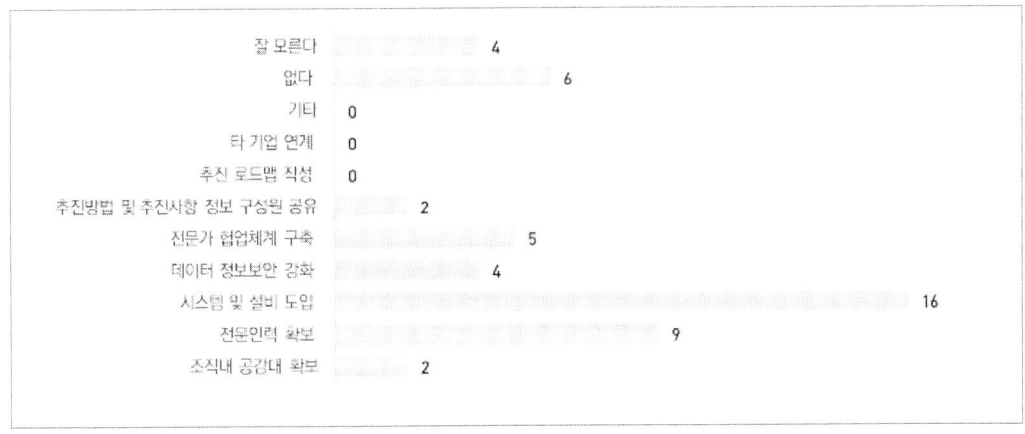

○ 자동차 제조업체의 디지털전환과 관련있는 기술로는 스마트공장(20명)이 가장 많았으며 빅데이터(5명), 인공지능(4명), 로봇(3명) 등은 적은 편으로 나타남

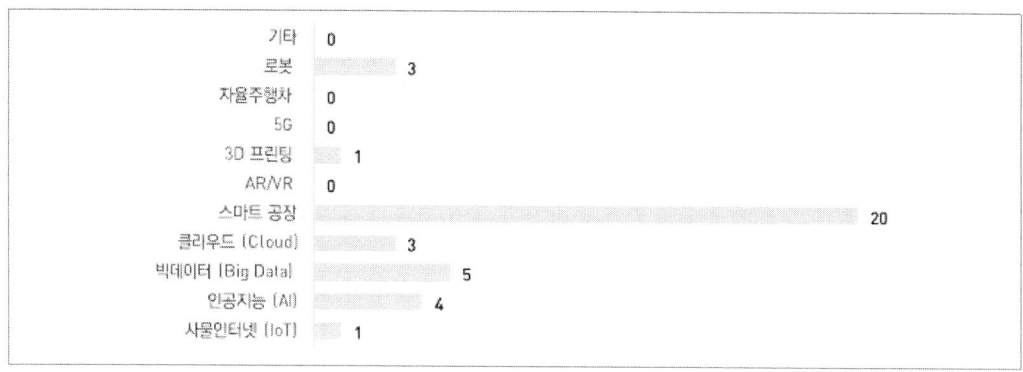

○ 디지털전환시 예상되는 문제점(최대 2개 선택)으로는 초기 투입비용 과다(17명)가 가장 많았으며 투자성과의 불확실성(10명), 기술전문인력 부재(9명), 내부인력의 역량부족(5명), 관련 전문정보 부족(4명)을 꼽았음

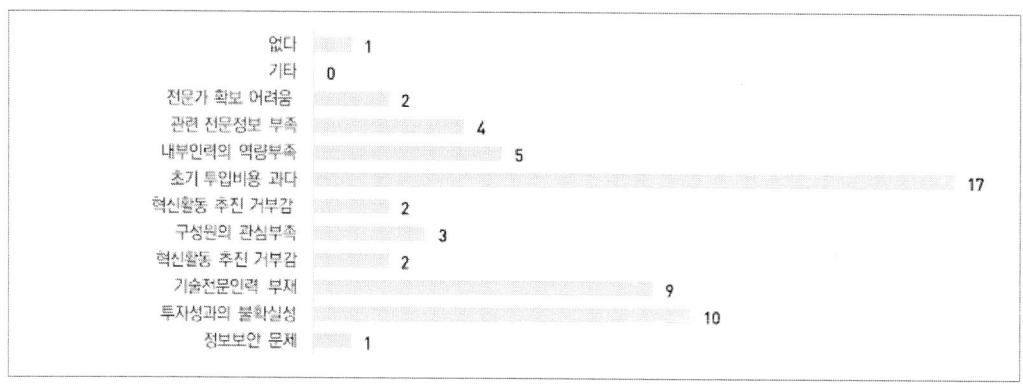

○ 디지털전환을 추진하기 위한 전문인력 확보 수준은 확보완료 1명, 확보 진행중 7명, 확보 계획중 10명, 계획없음 8명으로, 확보완료했거나 계획중인 기업이 소폭 많은 것으로 나타남

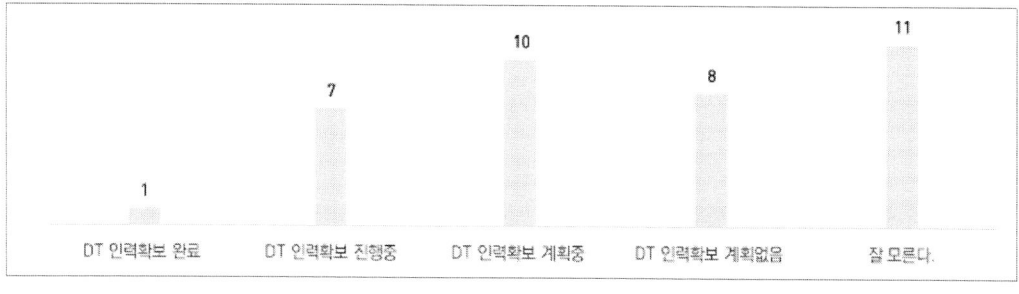

○ 디지털전환의 역량개발에 필요한 교육활동 지원 여부는 참여하지 않음 20명, 개인차원 교육참

여 5명, 부서차원 4명, 전사차원 4명으로 전체 제조업체에 비해 자동차 제조업체의 교육 참여가 소폭 저조한 것으로 나타남

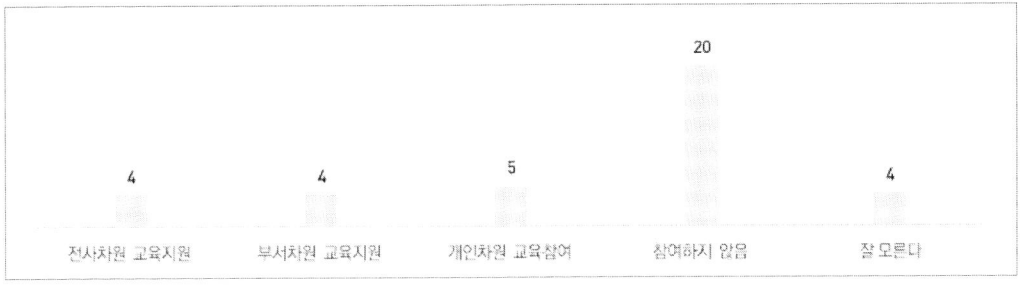

- 제조 분야 디지털 전환을 위해 필요한 정책 사업은 '디지털 전환을 위한 기술지원 및 기업간 컨소시움 지원'(12명), 산업전환 선도기업에 대한 세제혜택(10명), 산업전환을 위한 인력의 인건비 지원(10명), 산업전환 기업에 대한 최소 매출보장제도 운영(4명) 순으로 나타남
  - 자동차 제조업체는 전체 제조업 기업에 비해 '산업 전환을 위한 인력의 인건비 지원'보다 '디지털 전환을 위한 기술지원 및 기업간 컨소시엄 지원'을 더욱 선호하는 것으로 나타남

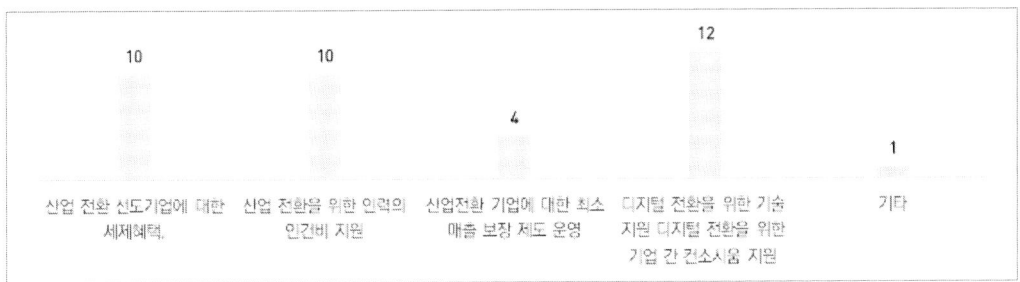

2.3. 종사자 수별

가. 30인 미만 제조업체

- 30인 미만 제조업체 응답자의 성별 구성은 남자 31명(56.3%), 여자 24(43.6%)명임

○ 제조업체 세부특성은 자동차 운송장비 및 부품 제조업 14명, 기타 제품 제조업 10명, 기타 기계 및 장비 제조업 8명, 1차 금속 및 금속 가공제품 제조업 7명 등이었음

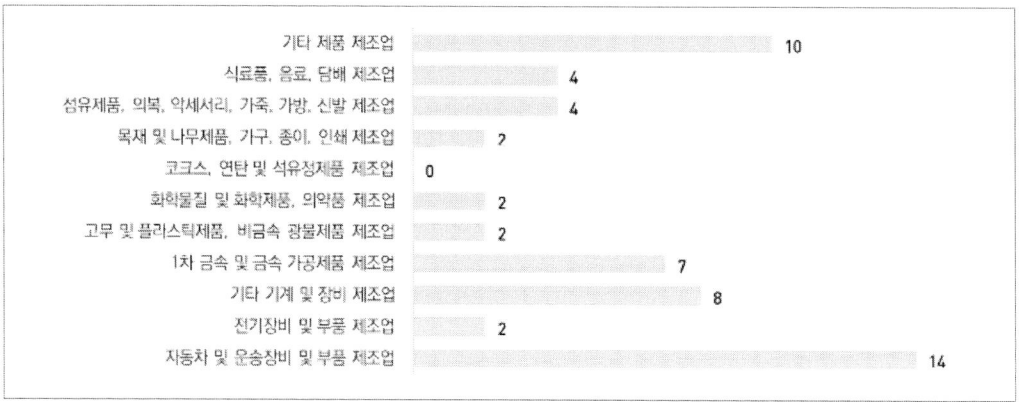

○ 거주지역은 중부권 19명, 동부권 14명, 남부권 11명, 서부권 6명, 북부권 5명 순임

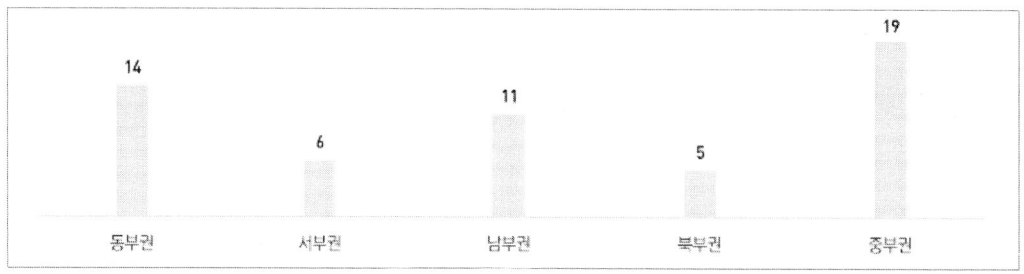

○ 응답자 연령대는 40대 25명, 30대 11명, 50대 11명, 20대 7명, 60대 이상 1명 순임

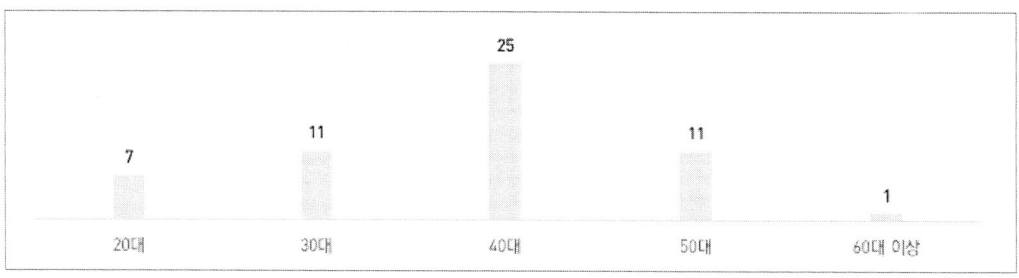

제6장. 제조업 디지털 전환 실태 조사

○ 종사자 수는 5~29인 45개, 5인 이하 10개였음

○ 디지털전환의 개념에 대해서는 정확히 알고 있다 5명, 부분적으로 알고 있다 25명, 모른다 10명, 잘 모른다 15명 순으로, 어느 정도는 알고 있는 응답자가 조금 더 많았음

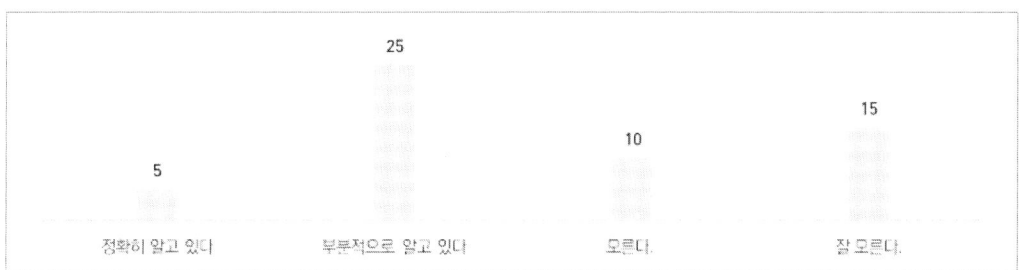

○ 디지털전환의 필요성에 대해서는 반드시 필요하다 3명, 필요하다 19명, 보통이다 26명, 필요없다 6명, 전혀 필요없다 1명 순으로 대체적으로 필요성을 인식하고 있는 것으로 나타남

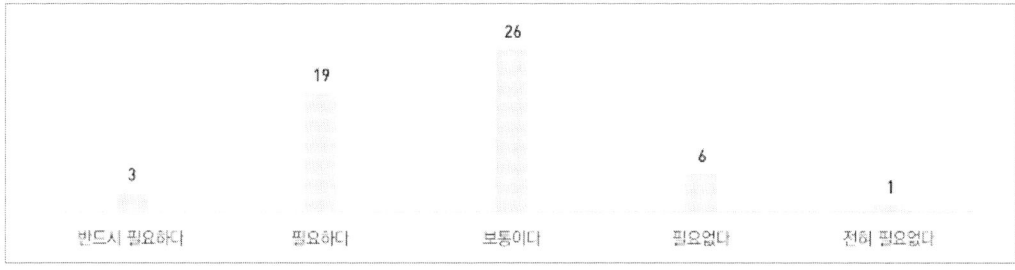

○ 디지털전환을 위해 필요한 정책적 지원사항으로는 투자금 정부지원(19명), 전문인력 양성 및 지원(17명), 기술개발 이전 지원(8명), 관련법·제도 개선(2명) 등이 선정됨

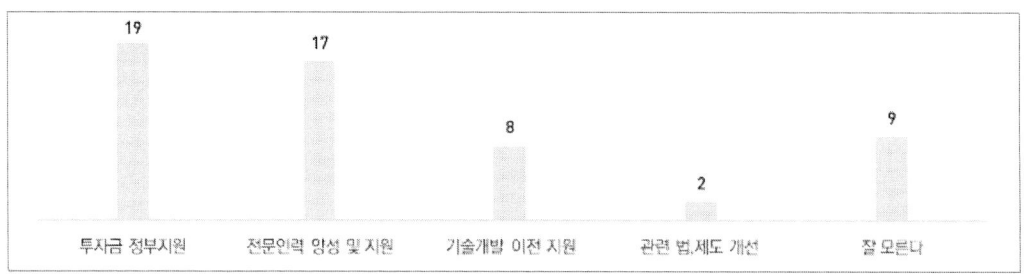

- 디지털전환 추진 상황에 대해서는 적극 추진하고 있다 1명, 일부 추진하고 있다 5명, 추진하고 있지 않으나 계획이 있다 12명, 추진하고 있지 않다 26명, 잘 모른다 11명 등으로, 전체 제조업체와 비교해서도 추진하고 있지 않은 기업이 더욱 많은 것으로 나타남

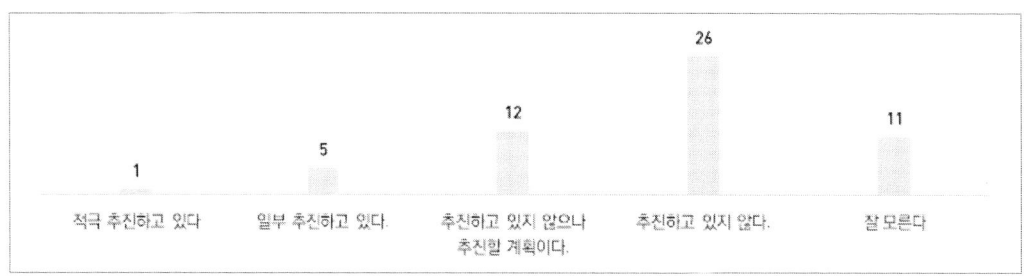

- 30인 미만 제조업체의 디지털전환의 추진 목표(최대 2개)는 생산 최적화(24명), 매출 확대(17명), 업무프로세스 개선(15명), 제조공정 고도화(12명), 신규 비즈니스 발굴(6명) 등으로 전체 제조업체에 비해 업무프로세스 개선 및 제조공정 고도화보다 매출확대를 더욱 중요시하는 것으로 나타남

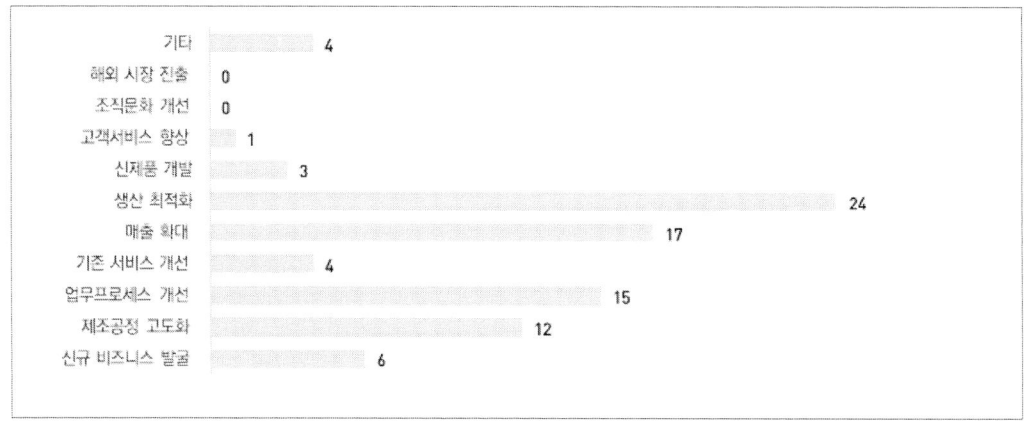

- 디지털 전환 추진 시 가장 큰 애로사항은 전문인력 부족(18명), 자금부족(17명), 정부지원의 부족(8명) 등을 꼽았음

제6장. 제조업 디지털 전환 실태 조사

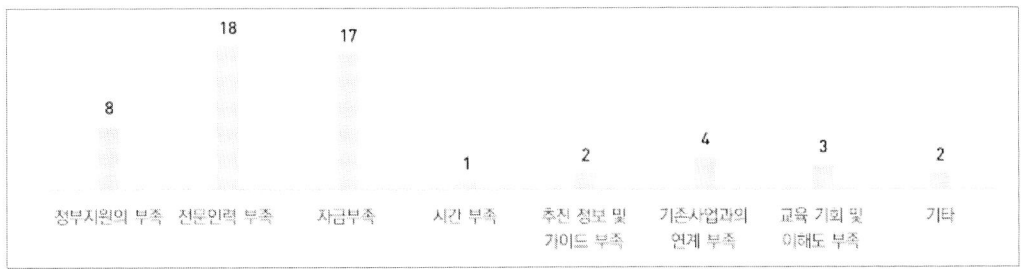

○ 디지털전환의 추진 영역은 제조공정 고도화(17명) 및 업무프로세스 개선(16명)이 가장 많았음

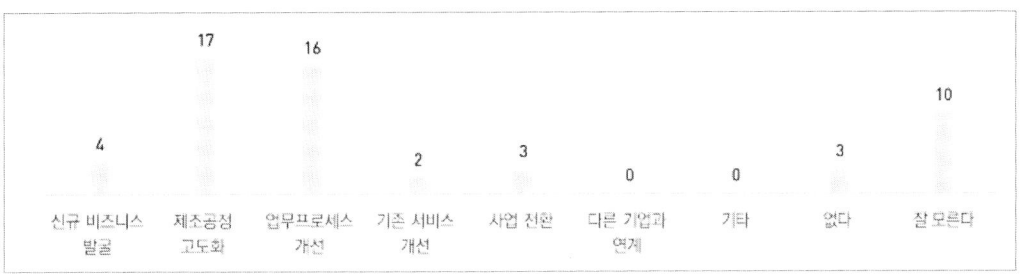

○ 디지털전환의 추진을 위해 주로 하고 있는 일(최대 2개)은 시스템 및 설비 도입 16명, 전문인력 확보 10명, 추진 로드맵 작성(4명), 데이터 정보보안 강화(3명) 순이었음

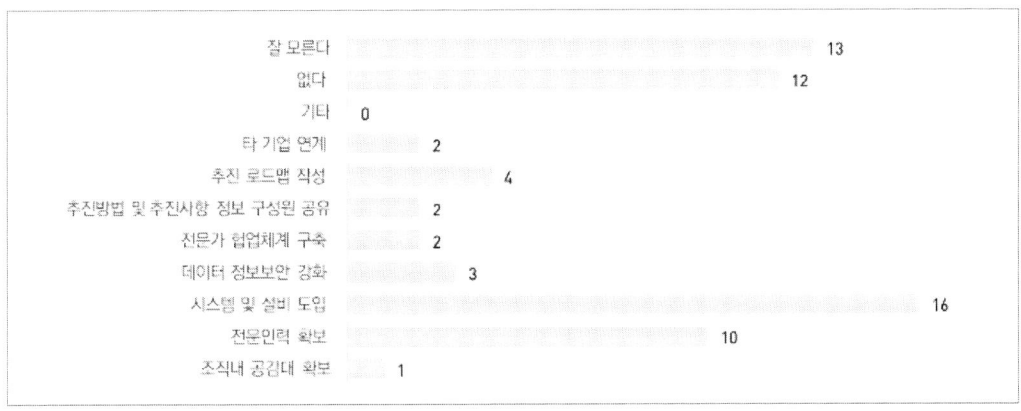

○ 30인 미만 제조업체의 디지털전환과 관련있는 기술은 스마트 공장(21명)이 가장 많았으며 인공지능(8명), 로봇(7명), 빅데이터(7명) 순으로 나타남

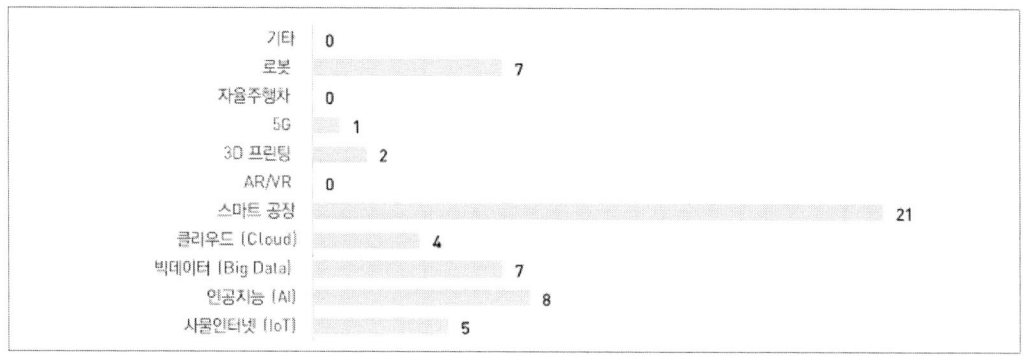

- 디지털전환시 예상되는 문제점(최대 2개 선택)으로는 초기 투입비용 과다(21명)가 가장 많았으며 기술전문인력 부재(13명), 내부인력의 역량부족(8명), 투자성과의 불확실성(8명), 관련 전문정보 부족(7명) 등을 선정했음

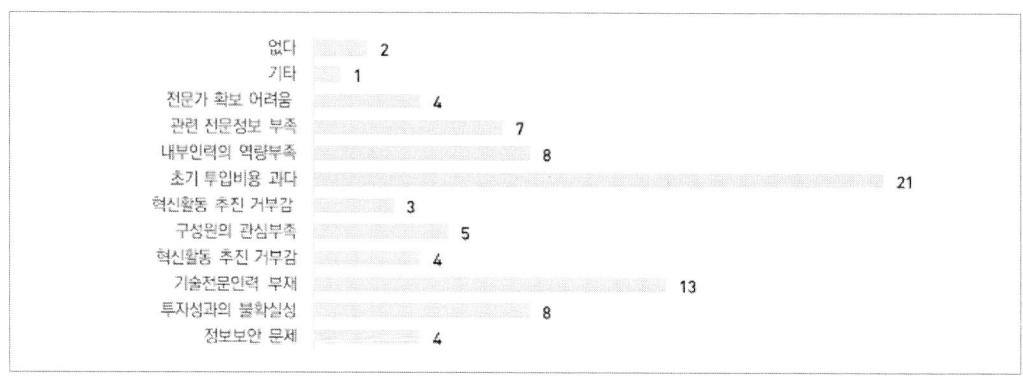

- 디지털전환을 추진하기 위한 전문인력 확보계획으로는 계획없음 21명, 계획중 9명, 진행중 4명 등으로, 전체 제조업체에 비해 전문인력 확보 계획이 적은 편이었음

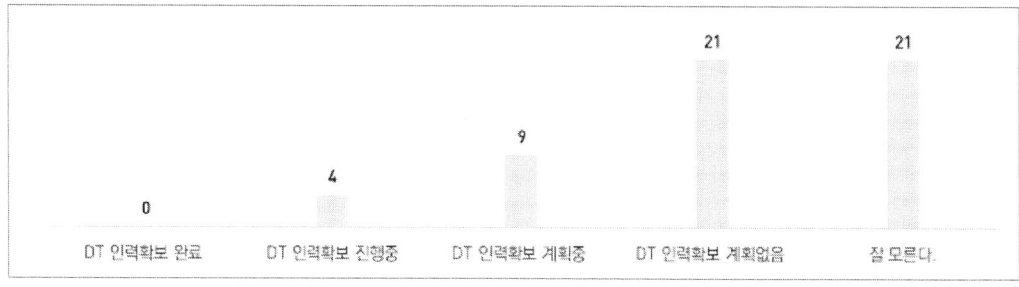

- 디지털전환의 역량개발에 필요한 교육활동 지원 여부로는 참여하지 않음 28명, 개인차원 교육 참여 6명, 부서차원 5명, 전사차원 1명으로 전체 제조업체에 비해 교육참여가 저조한 편이었음

제6장. 제조업 디지털 전환 실태 조사

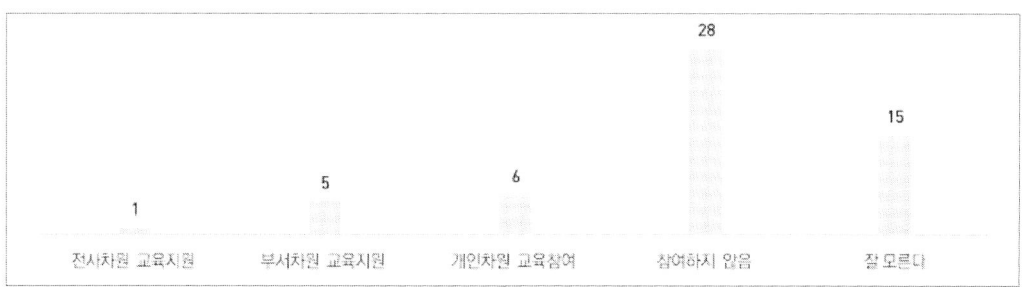

○ 제조 분야 디지털 전환을 위해 필요한 정책 사업으로는 '산업 전환을 위한 인력의 인건비 지원'(23명)이 가장 많았으며 '디지털 전환을 위한 기술지원 및 기업간 컨소시움 지원'(12명), 산업 전환 선도기업에 대한 세제혜택(10명), 산업전환 기업에 대한 최소 매출 보장제도 운영(9명) 순으로 나타남

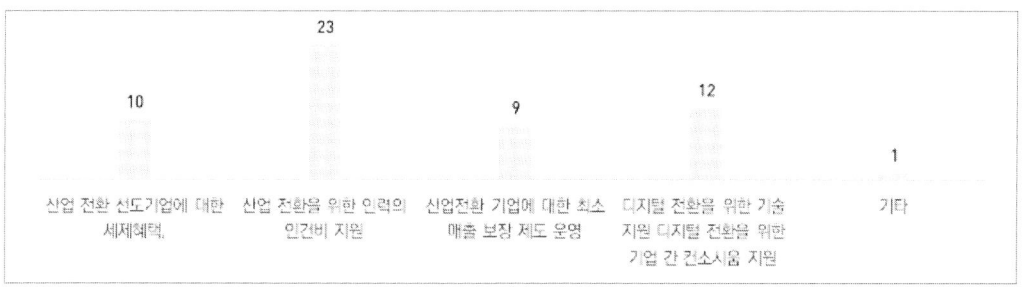

나. 30인~100인 미만 제조업체

○ 30인~100인 미만 제조업체의 성별 구성은 남자 20명(74%), 여자 7명(26%)임

○ 세부특성은 1차 금속 및 금속 가공제품 제조업 8명, 자동차 및 운송장비 및 부품 제조업 7명, 전기장비 및 부품 제조업 5명 등이었음

모빌리티 디지털전환 이해

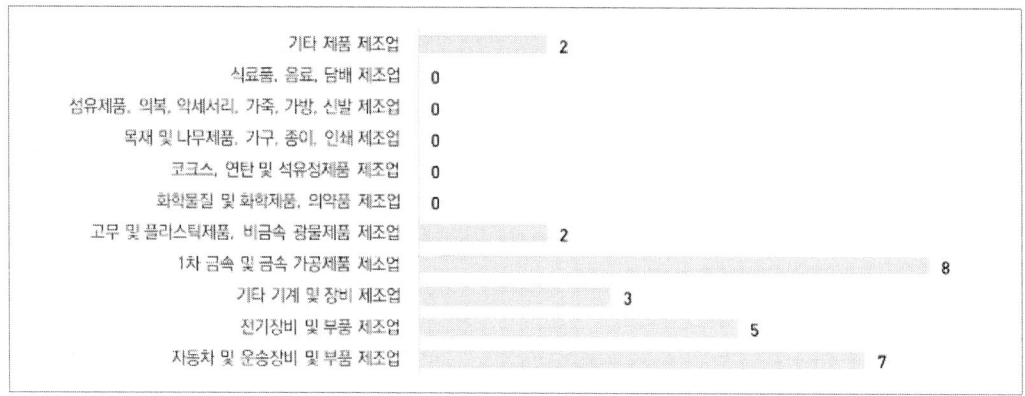

○ 거주지역은 동부권 11명, 중부권 10명, 남부권 6명이었음

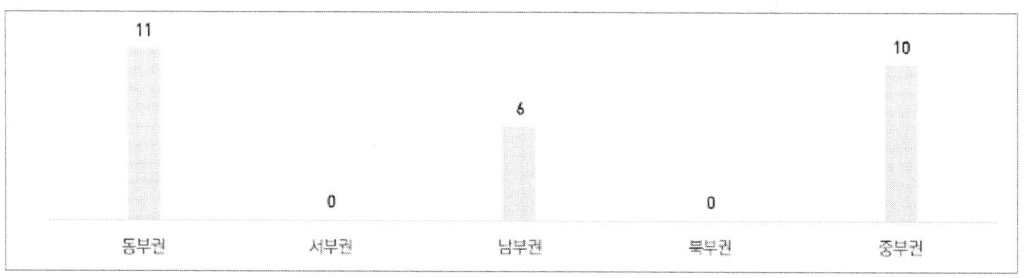

○ 응답자의 연령대는 40대 11명, 50대 7명, 30대 6명, 20대 2명, 60대 이상 1명이었음

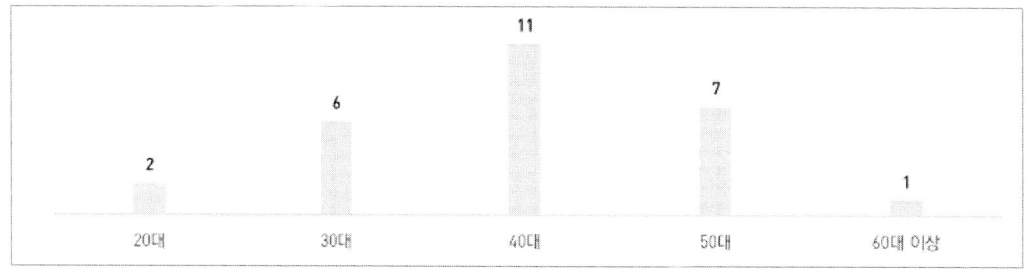

○ 30인~100인 미만 회사의 종사자 수는 50~99인 18개, 30~49인 9개였음

제6장. 제조업 디지털 전환 실태 조사

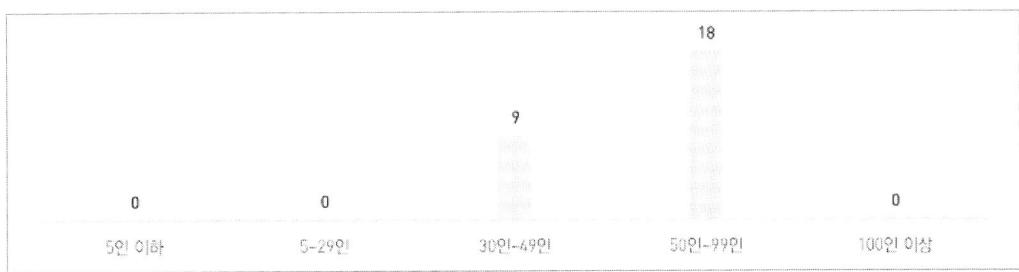

○ 디지털전환의 개념에 대한 이해도는 정확히 알고 있다 2명, 부분적으로 알고 있다 15명, 모른다 4명, 잘 모른다 6명으로 대체적으로 어느정도는 알고 있는 것으로 나타남

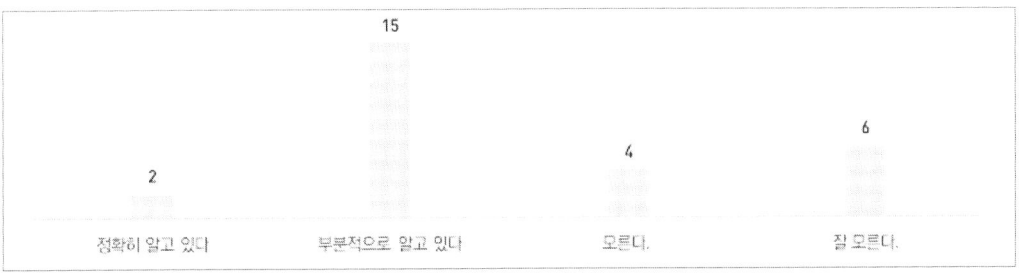

○ 디지털전환의 필요성에 대해서는 반드시 필요하다 4명, 필요하다 14명, 보통이다 9명 등 대체적으로 필요성을 인식하고 있었음

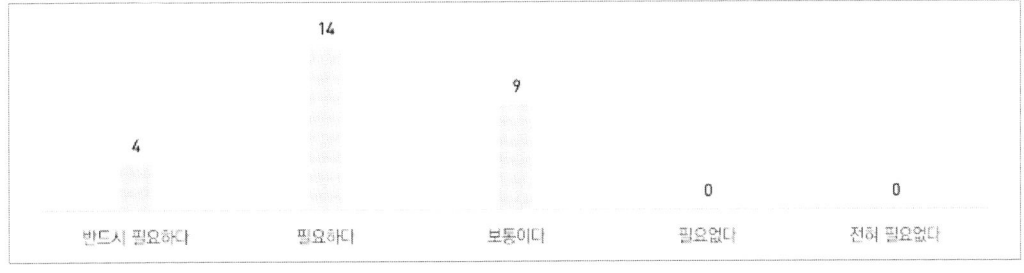

○ 디지털전환을 위해 필요한 정책적 지원사항으로는 전문인력 양성 및 지원(10명)이 가장 많았으며 투자금 정부지원(7명), 기술개발 이전 지원(5명), 관련·법 제도 개선(1명) 순이었음

모빌리티 디지털전환 이해

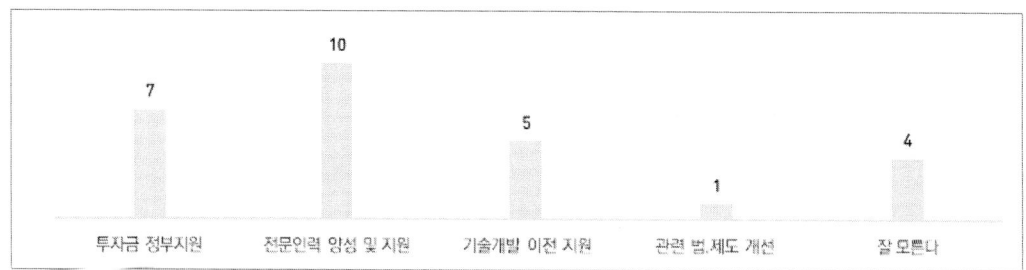

○ 30~100인 미만 제조업체의 디지털전환 추진상황으로는 적극 추진하고 있다 1명, 일부 추진하고 있다 7명, 추진하고 있지 않으나 추진할 계획이다 5명, 추진하고 있지 않다 12명 등으로 추진 중 또는 계획중인 기업과 미계획 기업이 유사한 수준임

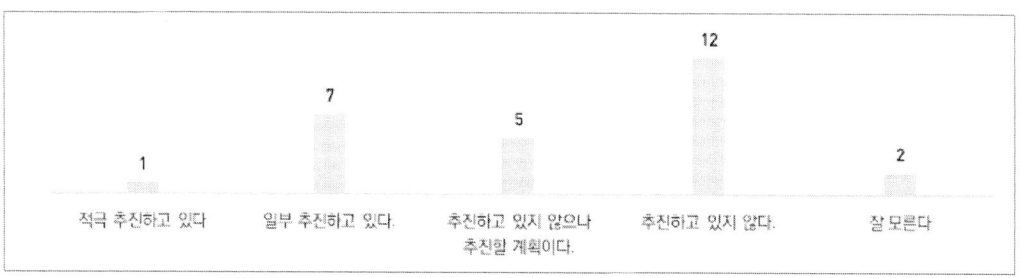

○ 디지털전환의 추진 목표(최대 2개)는 제조공정 고도화(15명)가 가장 많았으며 생산 최적화(11명), 업무프로세스 개선(11명)이 대부분이었음

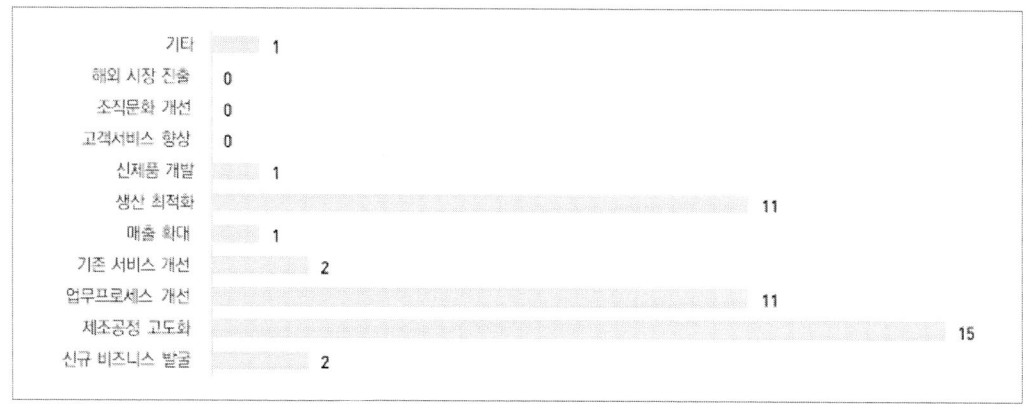

○ 디지털 전환 추진시 가장 큰 애로사항은 전문인력 부족(14명)이 가장 많았으며 자금부족(4명), 추진정보 및 가이드 부족(4명), 정부지원의 부족(2명), 교육기회 및 이해도 부족(2명) 등이었음

제6장. 제조업 디지털 전환 실태 조사

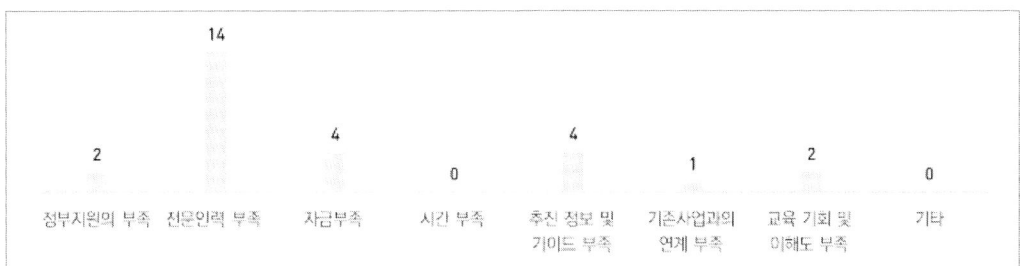

○ 디지털전환의 추진 영역은 제조공정 고도화(12명)와 업무프로세스 개선(11명)이 대부분이었음

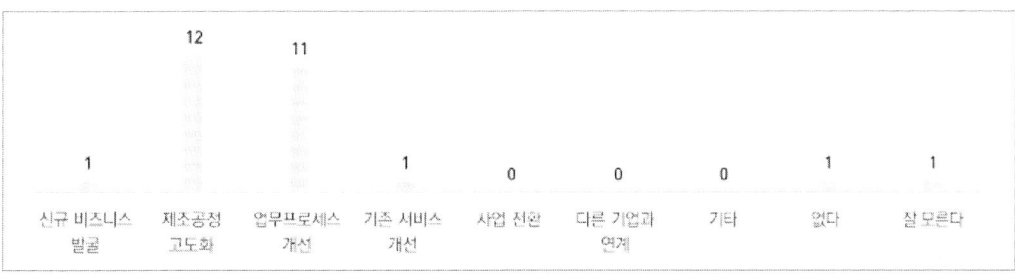

○ 디지털전환의 추진을 위해 주로 하고 있는 일(최대 2개)로는 시스템 및 설비 도입(15명)이 가장 많았으며 전문인력 확보(9명), 추진방법 및 추진사항 정보 구성원 공유(3명) 등이었음

○ 30인~100인 미만 제조업체의 디지털전환과 관련있는 기술은 스마트 공장(15명)이 대부분이었으며 사물인터넷(5명), 인공지능(2명) 순으로 나타남

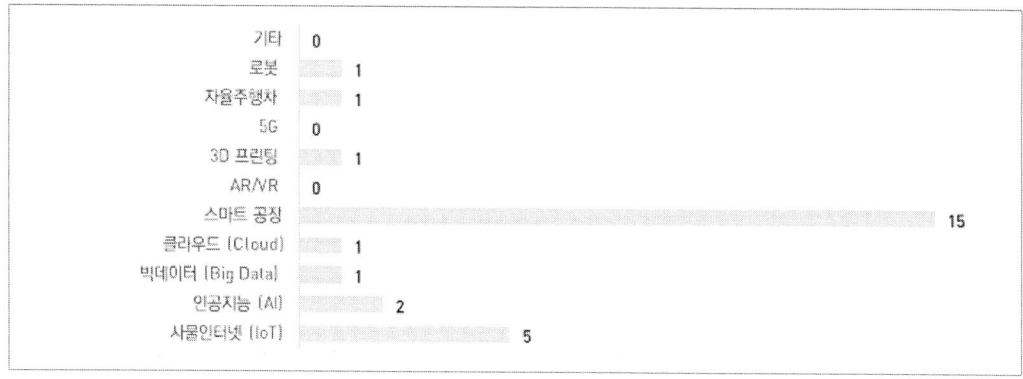

○ 디지털전환시 예상되는 문제점(최대 2개 선택)으로는 초기 투입비용 과다(11명), 기술전문인력 부재(9명), 투자성과의 불확실성(8명), 내부인력의 역량부족(5명), 정보보안 문제(4명) 등을 꼽았음

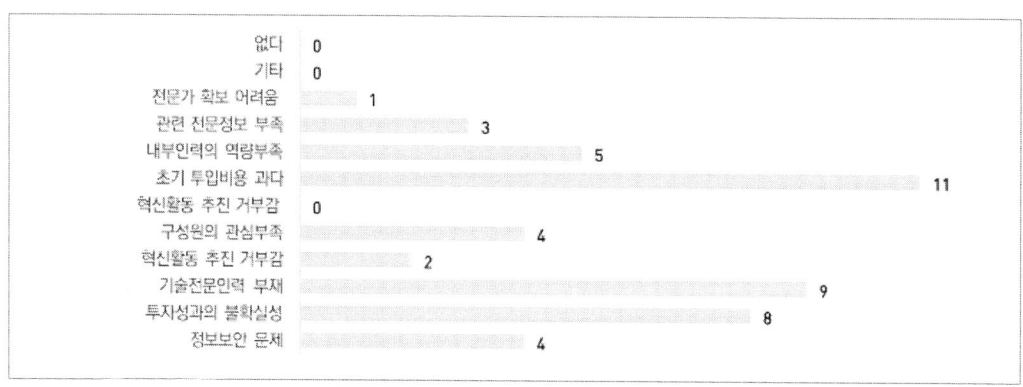

○ 디지털전환을 추진하기 위한 전문인력 확보계획으로는 계획없음 9명, 계획중 10명, 진행중 5명 등으로, 30인 미만 제조업체보다는 인력확보에 소폭 더 적극적인 것으로 나타남

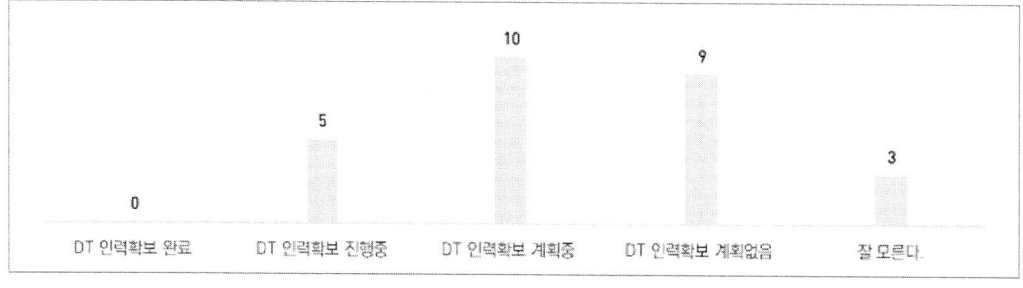

○ 디지털전환의 역량개발에 필요한 교육활동을 지원 여부로는 참여하지 않음 10명, 개인차원 교육참여 5명, 부서차원 6명, 전사차원 3명 등으로 30인 미만 제조업체보다 교육참여가 활발했음

제6장. 제조업 디지털 전환 실태 조사

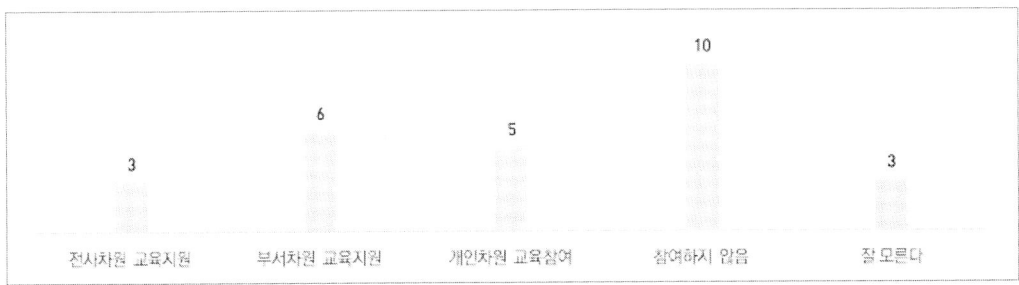

○ 30인~100인 미만 제조업체의 디지털 전환을 위해 필요한 정책 사업은 '디지털 전환을 위한 기술지원 및 기업간 컨소시엄 지원' 8명, '산업전환을 위한 인력의 인건비 지원' 8명, '산업 전환 선도기업에 대한 세제혜택', '산업전환 기업에 대한 최소 매출보장 제도 운영' 3명 순으로 선정했음

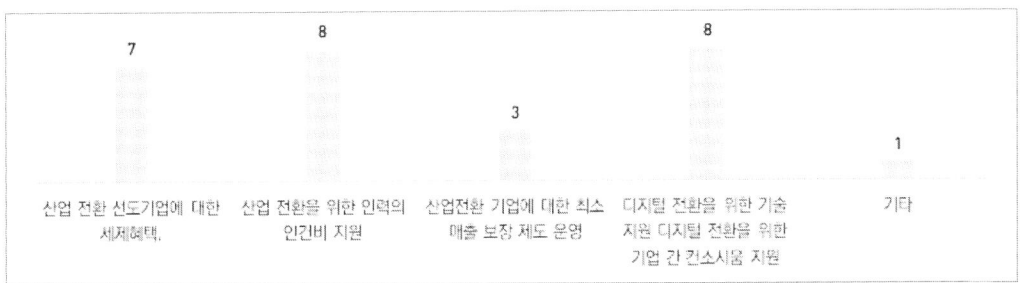

다. 100인 이상 제조업체

○ 100인 이상 제조업체 응답자의 성별 구성은 남자 64명(82%), 여자 14명(17.9%)임

○ 세부특성은 1차 금속 및 금속 가공제품 제조업 21명, 자동차 및 운송장비 및 부품 제조업 16명, 전기장비 및 부품 제조업 12명 순으로 많았음

모빌리티 디지털전환 이해

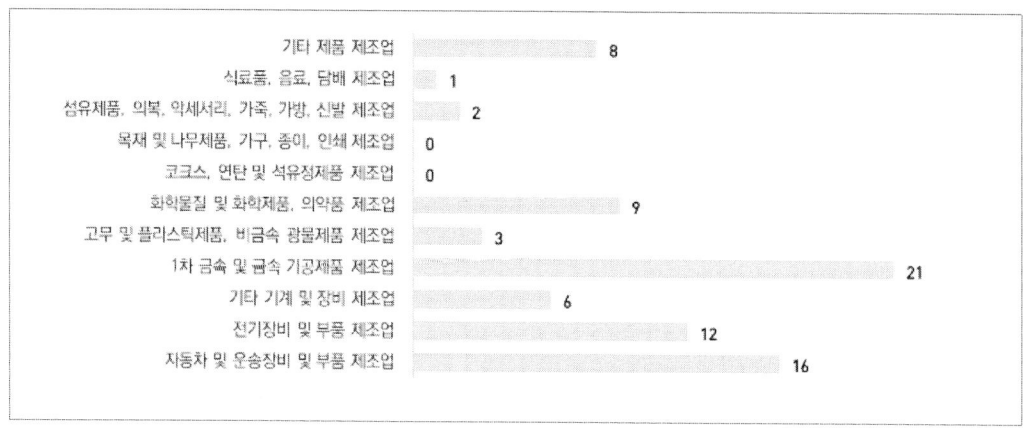

○ 거주지역은 동부권 34명, 중부권 29명, 남부권 9명, 서부권 4명, 북부권 2명으로 구성됨

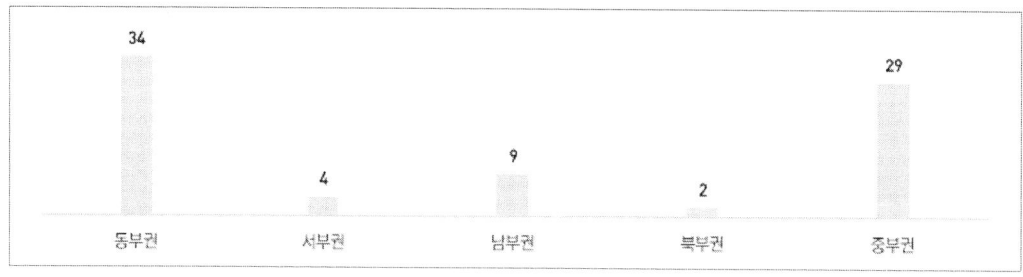

○ 연령대는 30대 27명, 40대 22명, 50대 14명, 20대 11명, 60대 이상 4명임

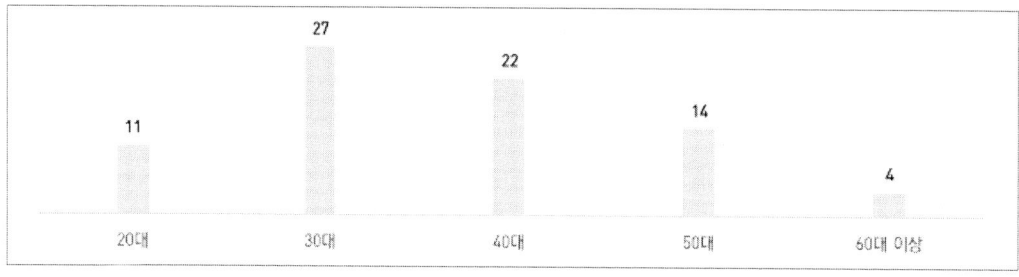

○ 응답한 100인 이상 제조업체는 78개 임

제6장. 제조업 디지털 전환 실태 조사

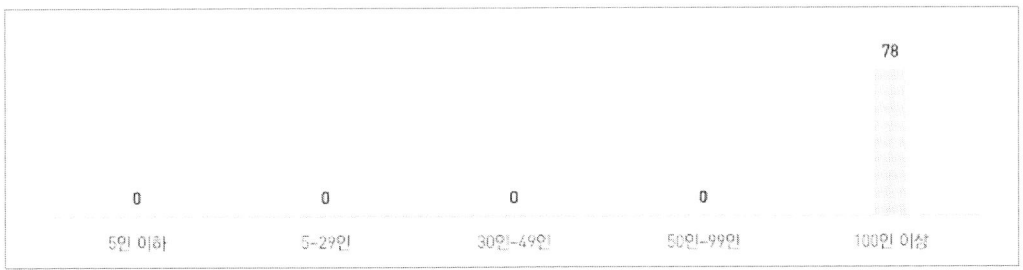

○ 디지털전환의 개념에 대한 이해도는 정확히 알고 있다 12명, 부분적으로 알고 있다 42명, 모른다 12명, 잘 모른다 12명으로 대부분 어느정도는 알고 있는 것으로 나타남

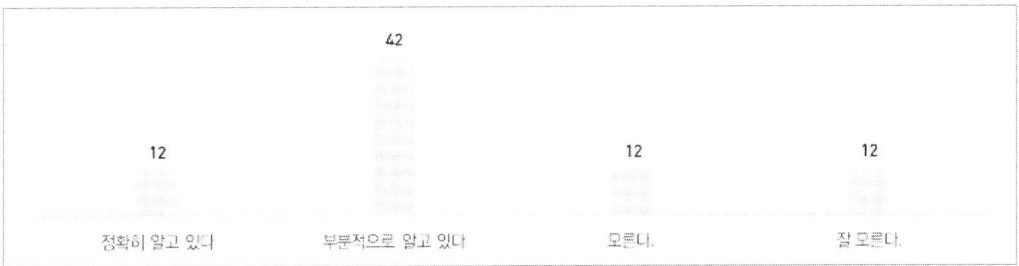

○ 디지털전환의 필요성에 대해서는 반드시 필요하다 22명, 필요하다 36명, 보통이다 16명, 필요없다 2명, 전혀 필요없다 2명으로, 전체 제조업체에 비해서도 필요성을 강하고 인식하고 있는 것으로 나타남

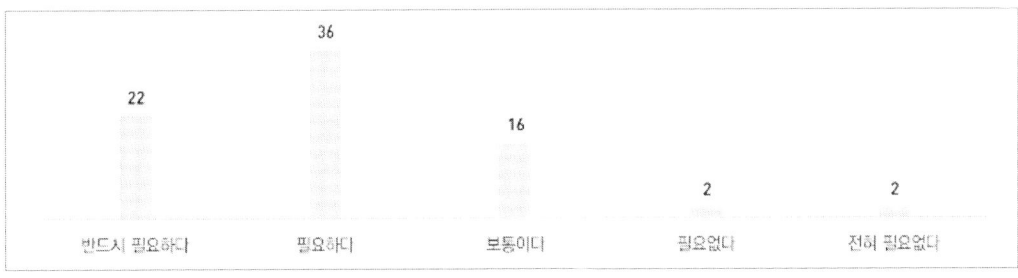

○ 디지털전환을 위해 필요한 정책적 지원사항으로는 전문인력 양성 및 지원(42명)이 가장 많았으며 투자금 정부지원(12명), 기술개발 이전 지원(11명), 관련법·제도 개선(5명) 순이었음

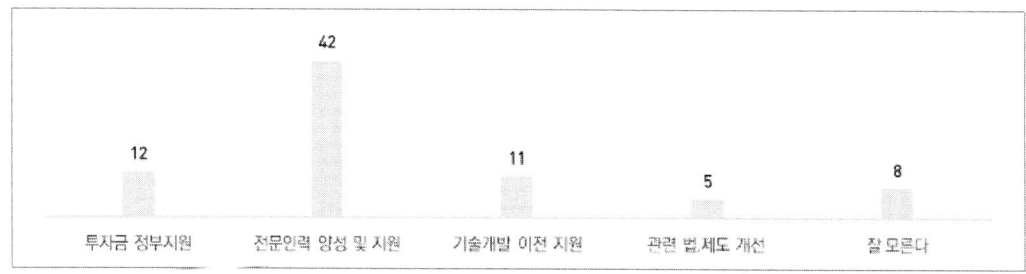

○ 디지털전환 추진 상황으로는 적극 추진하고 있다 7명, 일부 추진하고 있다 31명, 추진하고 있지 않으나 추진할 계획이다 8명, 추진하고 있지 않다 13명 등으로 전체 제조업체에 비해서도 추진 중인 기업이 많은 것으로 나타남

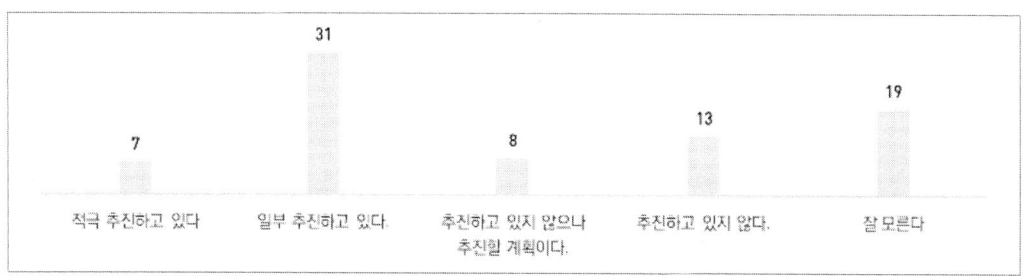

○ 디지털전환의 추진 목표(최대 2개)로는 제조공정 고도화(36명)이 가장 많았으며 생산최적화(29명), 업무프로세스 개선(27명), 매출확대(9명), 신규 비즈니스 발굴(8명) 등을 선정했음

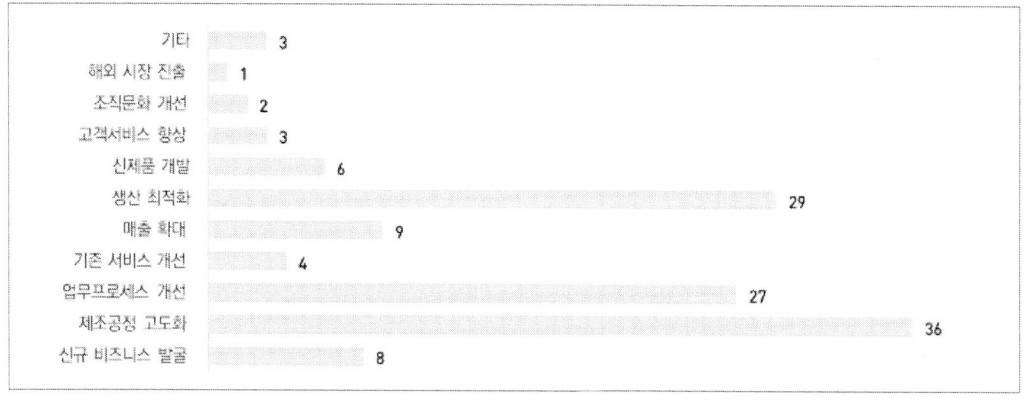

○ 디지털 전환 추진시 가장 큰 애로사항은 전문인력 부족(32명)이 가장 많았으며 자금부족(15명), 추진정보 및 가이드 부족(8명), 정부지원의 부족(7명), 교육기회 및 이해도 부족(7명) 순으로 나타남

제6장. 제조업 디지털 전환 실태 조사

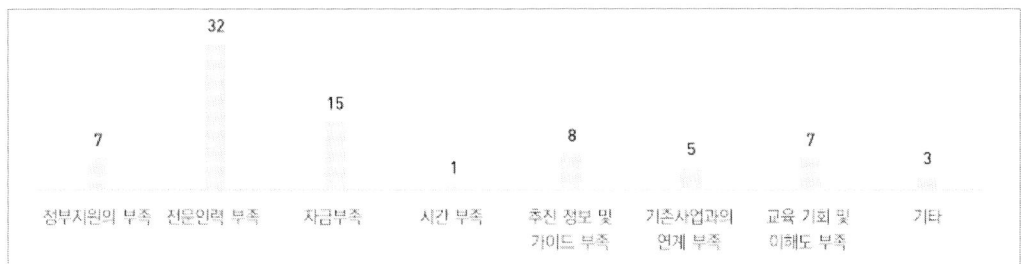

○ 디지털전환의 추진 영역은 제조공정 고도화(33명)와 업무프로세스 개선(28명)이 대부분이었음

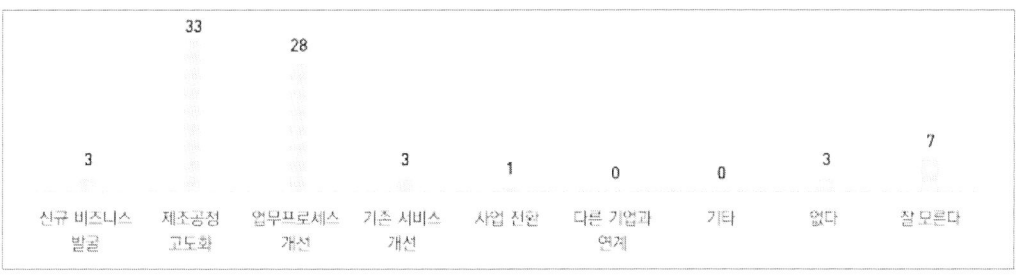

○ 디지털전환의 추진을 위해 주로 하고 있는 일(최대 2개)은 시스템 및 설비 도입(40명)이 대부분이었으며 전문인력 확보(14명), 추진방법 및 추진사항 구성원 공유(9명), 데이터 정보보안 강화(9명) 순이었음

○ 100인 이상 제조업체의 디지털전환과 관련있는 기술은 스마트 공장(34명)이 대부분이었으며 인공지능(11명), 빅데이터(10명), 로봇(9명) 순이었음

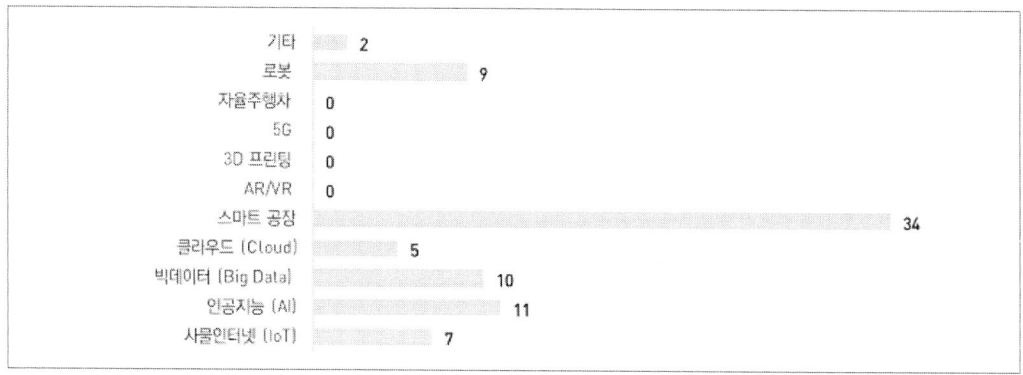

○ 디지털전환시 예상되는 문제점(최대 2개 선택)으로는 기술전문인력 부재(25명)가 가장 많았으며 초기 투입비용 과다(17명), 내부인력의 역량부족(15명), 투자성과의 불확실성(13명) 등을 선정함

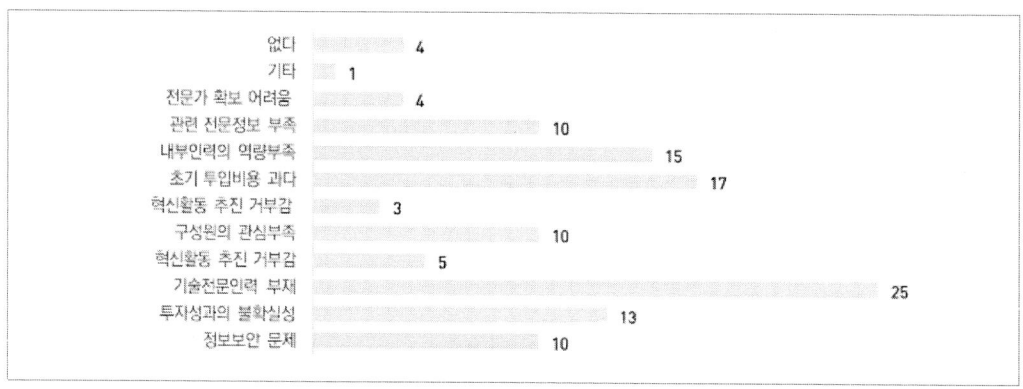

○ 디지털전환을 추진하기 위한 전문인력 확보상황은 확보완료 4명, 진행중 23명, 계획중 16명, 계획없음 11명으로, 100인 미만 제조업체보다 인력 확보에 적극적인 것으로 나타남

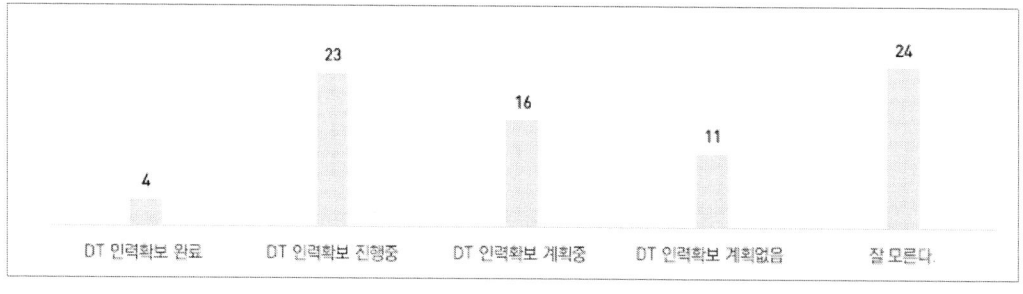

제6장. 제조업 디지털 전환 실태 조사

○ 디지털전환의 역량개발에 필요한 교육활동 지원 여부로는 참여하지 않음 17명, 개인차원 교육 참여 13명, 부서차원 11명, 전사차원 18명으로, 100인 미만 제조업체에 비해 교육참여가 활발하며 특히 전사차원의 교육지원이 활발한 것으로 나타남

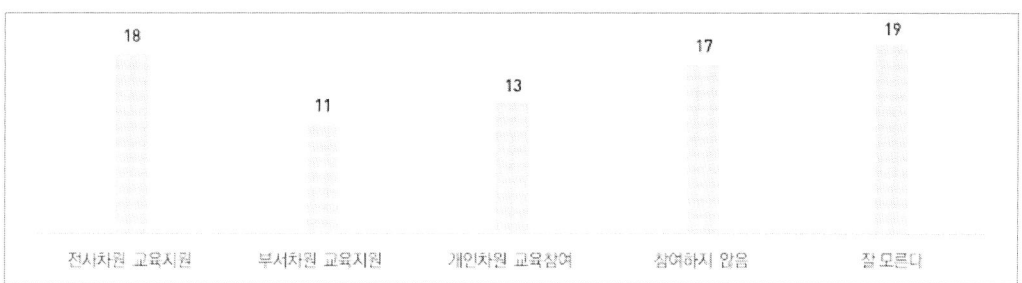

○ 제조 분야 디지털 전환을 위해 필요한 정책 사업으로는 '디지털 전환을 위한 기술지원 및 기업간 컨소시움 전환(27명), 산업 전환을 위한 인력의 인건비 지원(24명), 산업 전환 선도기업에 대한 세제혜택(17명), 산업전환 기업에 대한 최소 매출 보장제도 운영(9명) 순으로 선정되었음

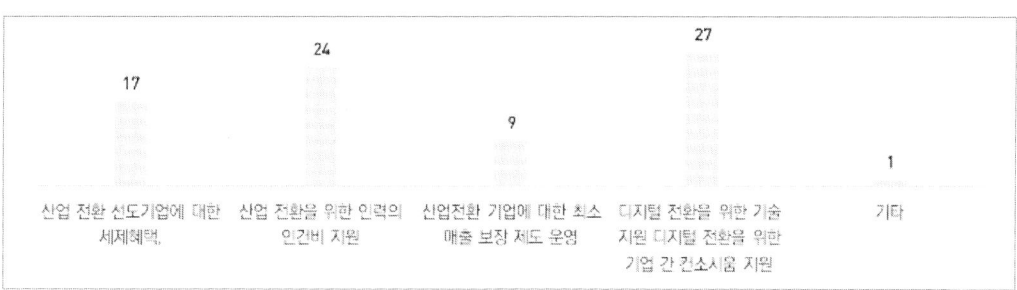

모빌리티 디지털전환 이해

제3절 | 모빌리티 및 디지털전환 관련 키워드 분석

1. 모빌리티 제조 혁신 관련 뉴스 이슈 키워드 분석

1.1. 키워드(모빌리티) 뉴스 키워드 분석

▎ "모빌리티" 뉴스 키워드 분석 범위

○ 키워드(모빌리티)를 대상으로 2021~2022년 22,563개의 뉴스 기사 키워드 도출

▎ "모빌리티" 뉴스 키워드 월간 기사 추이

○ "모빌리티" 키워드 월간 기사 빈도 트렌드 추이를 살펴보면, 2022년 초 관련 키워드 빈도가 낮았으며, 2022년 7월 이후에 관련 추이가 상승하는 것으로 나타남

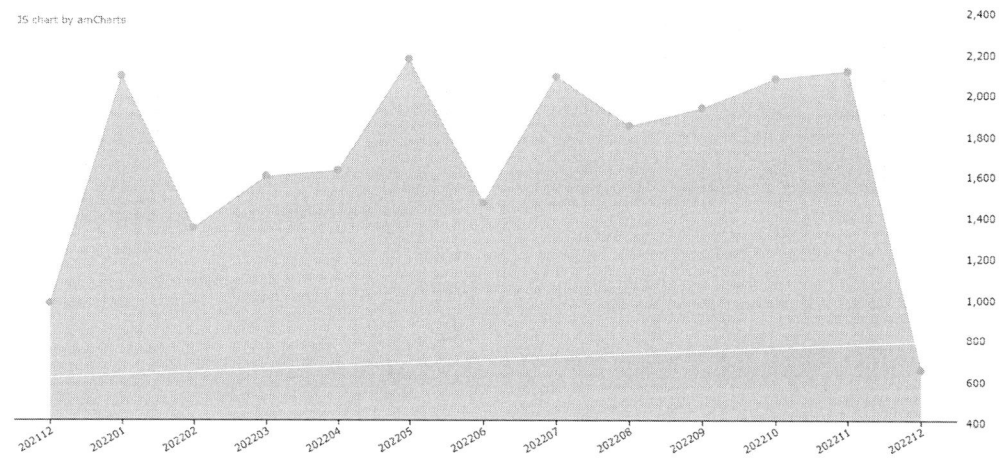

▎ "모빌리티" 뉴스 키워드 관계도 분석 결과

○ "모빌리티" 키워드를 대상으로 검색어를 실행하여, 주요 키워드를 분해하여 분석한 결과는 다음과 같음

- 코로나 19 관련 키워드가 가장 두드러지게 나타났으며, 기업 기관으로는 현대자동차와 모빌리티 관련 사업 지원 기관으로 국토교통부가 가장 관계도가 높게 나타났음

제6장. 제조업 디지털 전환 실태 조사

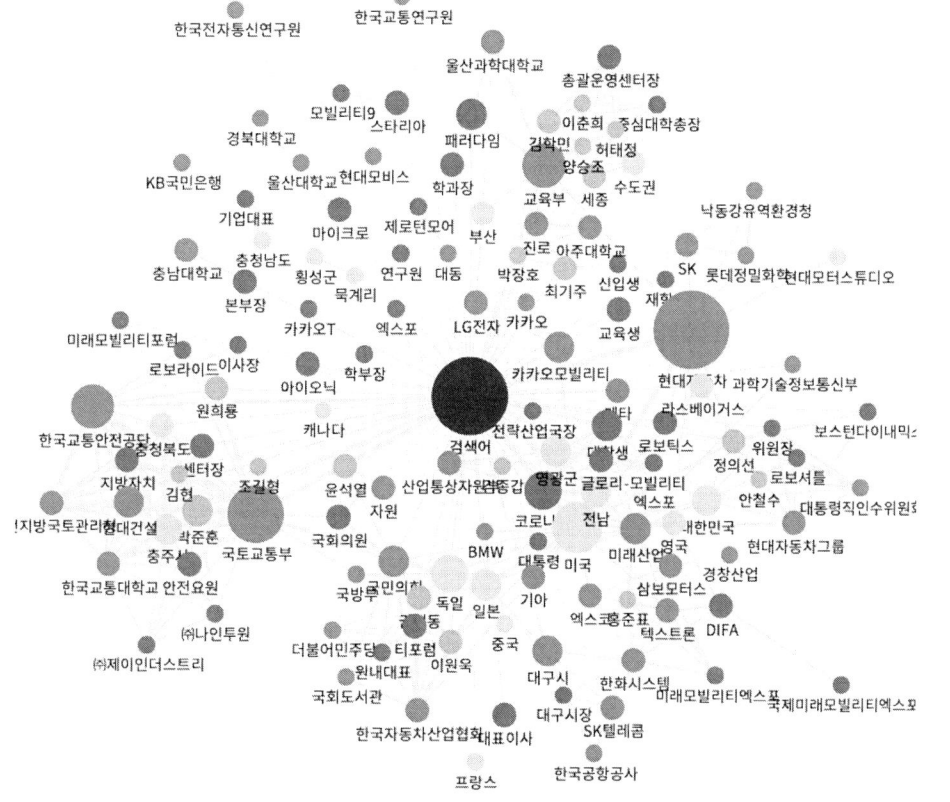

모빌리티 디지털전환 이해

▎"모빌리티" 뉴스 키워드 워드클라우드 분석 (빈도수에 따른 주요 키워드 도출)

- ○ "모빌리티" 키워드를 대상으로 워드클라우드 심층 분석을 실행한 결과는 다음과 같음
  - 주요 기관으로는 현대자동차그룹과 LG유플러스가 관련 키워드가 상위로 분석되어, 기업의 미래항공 모빌리티 확장과 통신사들의 모빌리티 빅데이터 분석 플랫폼이 주요 핵심 이슈로 분석될 수 있음
  - 아울러, UAM과 도심항공교통 키워드가 함께 분석되어, 항공기를 활용한 도시교통체계 전반의 주요 시장에서의 니즈가 높음을 파악할 수 있음
  - 그밖에 지자체에서의 모빌리티 특구 구축과 이와 연계된 기술개발 실증사업이 활발하게 이루어지는 것으로 분석되었음

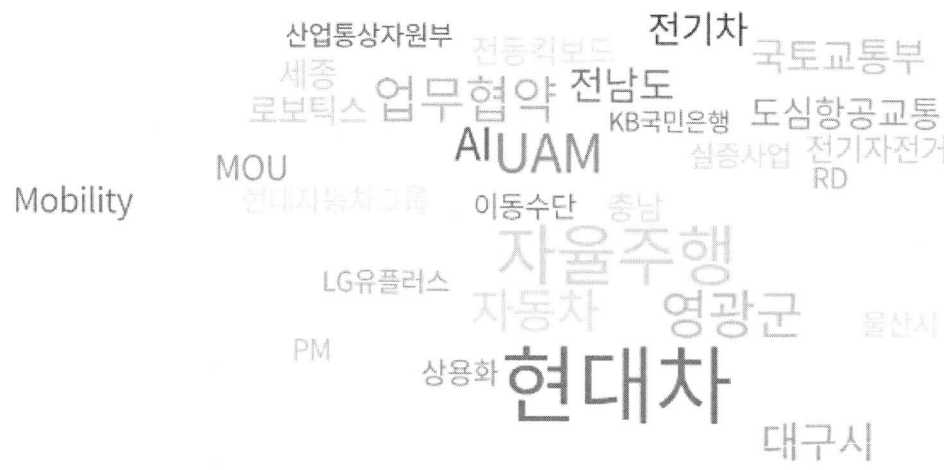

1.2. 키워드(경북 모빌리티) 뉴스 키워드 분석

▎"경북 모빌리티" 뉴스 키워드 분석 범위

- ○ 키워드(경북 모빌리티)를 대상으로 2021~2022년 579개의 뉴스 기사 키워드 도출

▎"경북 모빌리티" 뉴스 키워드 관계도 분석 결과

- ○ "경북 모빌리티" 키워드를 대상으로 검색어를 실행하여, 주요 키워드를 분해하여 분석한 결과는 다음과 같음
  - 대구경북 내 모빌리티 관련 규제자유특구 및 규제유예제도 관련 키워드가 두드러지게 나타났으며, 관련 연구로 대구경북연구원과 한국생산기술연구원이 가장 관계도가 높게 나타났음

제6장. 제조업 디지털 전환 실태 조사

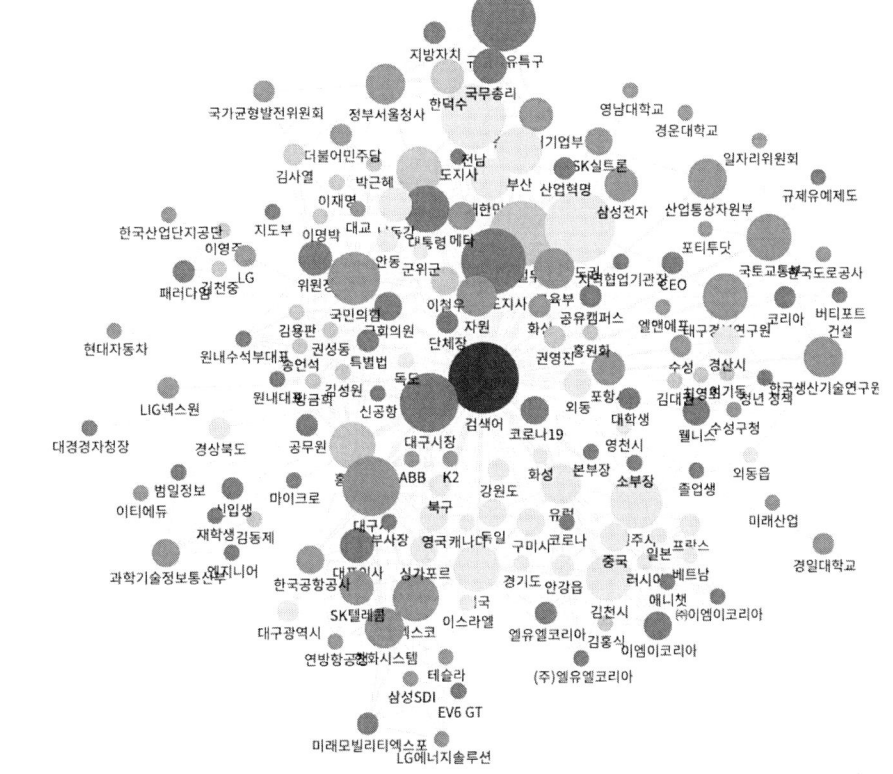

▎"경북 모빌리티" 뉴스 키워드 워드클라우드 분석 (빈도수에 따른 주요 키워드 도출)

○ "경북 모빌리티" 키워드를 대상으로 워드클라우드 심층 분석을 실행한 결과는 다음과 같음
- 경북에서 주요 지자체 키워드를 제외하고 경북의 친환경 모빌리티 규제자유특구 지정에 관련 키워드가 높게 나타났음
- 대구경북 통합 신공항과 관련된 UAM, 도심항공교통 등의 키워드가 나타나 미래형 모빌리티 산업화에 대한 관심이 높음을 살펴볼 수 있음

1.3. 키워드(중소기업 혁신) 뉴스 키워드 분석

▎"중소기업 혁신" 뉴스 키워드 분석 범위

○ 키워드(중소기업 혁신)를 대상으로 2021~2022년 12,999개의 뉴스 기사 키워드 도출

▎"중소기업 혁신" 뉴스 키워드 월간 기사 추이

○ "중소기업 혁신" 키워드 월간 기사 빈도 트렌드 추이를 살펴보면, 2022년 중반 키워드 빈도가 감소했으나, 2022년 하반기 꾸준히 증가하는 추이를 보이는 것으로 나타남

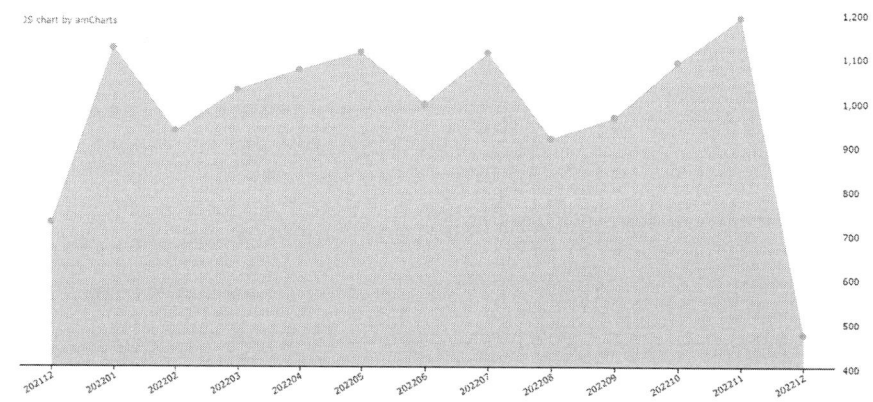

제6장. 제조업 디지털 전환 실태 조사

▌ "중소기업 혁신" 뉴스 키워드 워드클라우드 분석 (빈도수에 따른 주요 키워드 도출)

○ "중소기업 혁신" 키워드를 대상으로 워드클라우드 심층 분석을 실행한 결과는 다음과 같음
  - 중소기업 혁신의 주요 지원정책으로 스마트 공장이 가장 핵심으로 자리잡고 있으며, 특히 대기업과의 상생형 스마트공장 구축에 따른 중소기업의 디지털 전환 활성화 및 경쟁력 확보가 가장 두드러진 특징으로 나타났음

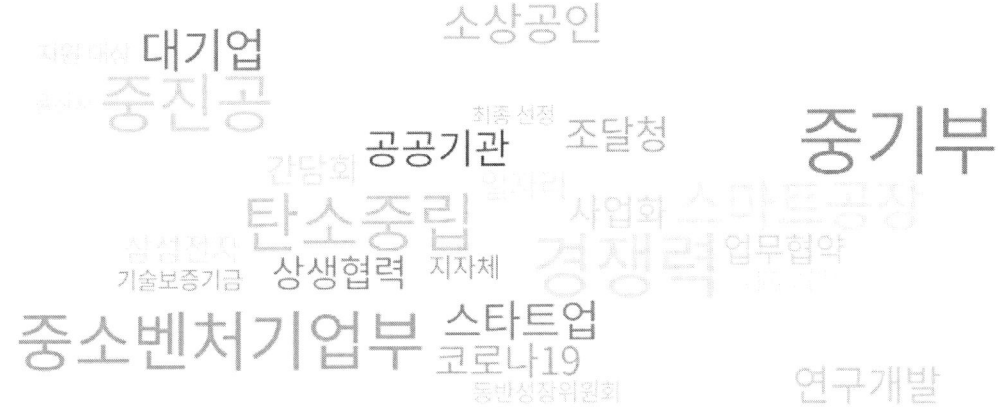

1.4. 키워드(경북 중소기업 혁신) 뉴스 키워드 분석

▌ "경북 중소기업 혁신" 뉴스 키워드 분석 범위

○ 키워드(경북 중소기업 혁신)를 대상으로 2021~2022년 462개의 뉴스 기사 키워드 도출

▌ "경북 중소기업 혁신" 뉴스 키워드 관계도 분석 결과

○ "경북 중소기업 혁신" 키워드를 대상으로 검색어를 실행하여, 주요 키워드를 분해하여 분석한 결과는 다음과 같음
  - 대구경북 규제자유특구 및 규제유예제도 관련 키워드가 두드러지게 나타났으며, 관련 기관으로는 중소벤처기업부, 산업통상자원부, 중소벤처기업진흥공단 등이 함께 연결되는 것으로 분석되었음

모빌리티 디지털전환 이해

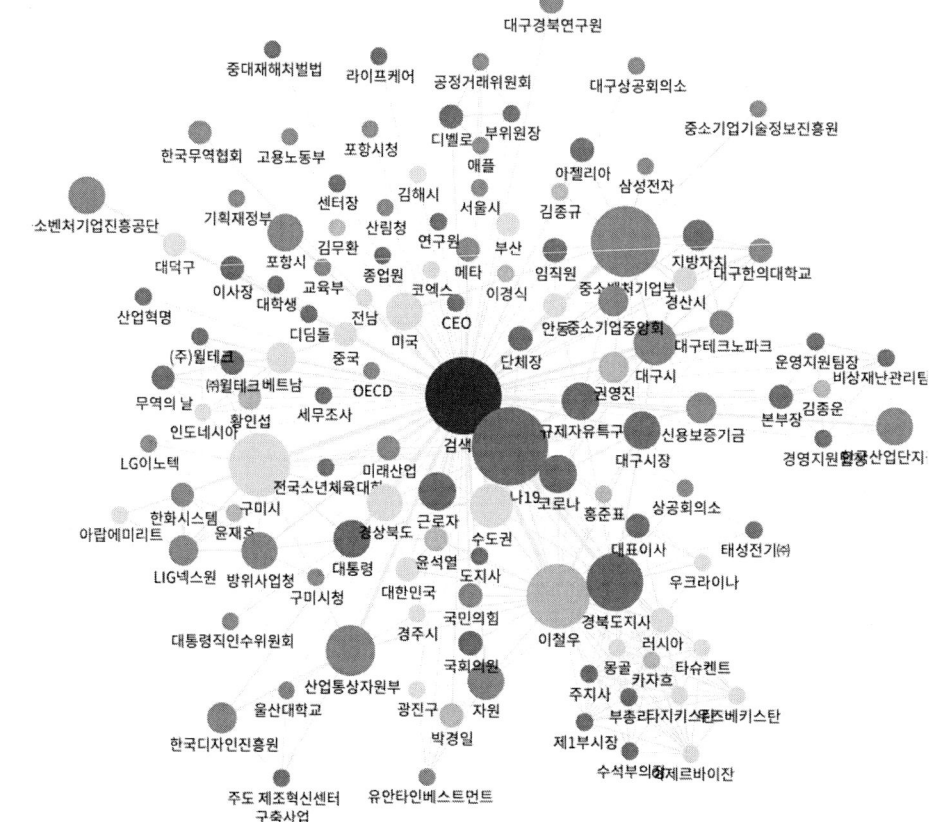

제6장. 제조업 디지털 전환 실태 조사

▎ "경북 중소기업 혁신" 뉴스 키워드 워드클라우드 분석 (빈도수에 따른 주요 키워드 도출)

   ○ "경북 중소기업 혁신" 키워드를 대상으로 워드클라우드 심층 분석을 실행한 결과는 다음과 같음
     - 가장 비중이 큰 키워드는 일자리이며, 지자체 및 기관들에서는 지역 혁신선도기업을 발굴하고 지원하는 전략을 확대하는 것으로 분석되었음

모빌리티 디지털전환 이해 ◆

2. 디지털전환(DX) 관련 뉴스 이슈 키워드 분석

2.1. 키워드(디지털전환) 뉴스 키워드 분석

▌ "디지털전환" 뉴스 키워드 분석 범위

- 키워드(디지털전환)를 대상으로 2021~2022년 3977개의 뉴스 기사 키워드 도출

▌ "디지털전환" 뉴스 키워드 월간 기사 추이

- "디지털전환" 키워드 월간 기사 빈도 트렌드 추이를 살펴보면, 2022년 중반까지 꾸준히 감소해 왔던 디지털전환 키워드는 2022년 7월을 시작으로 꾸준히 증가하는 추이를 보이는 것으로 나타났음

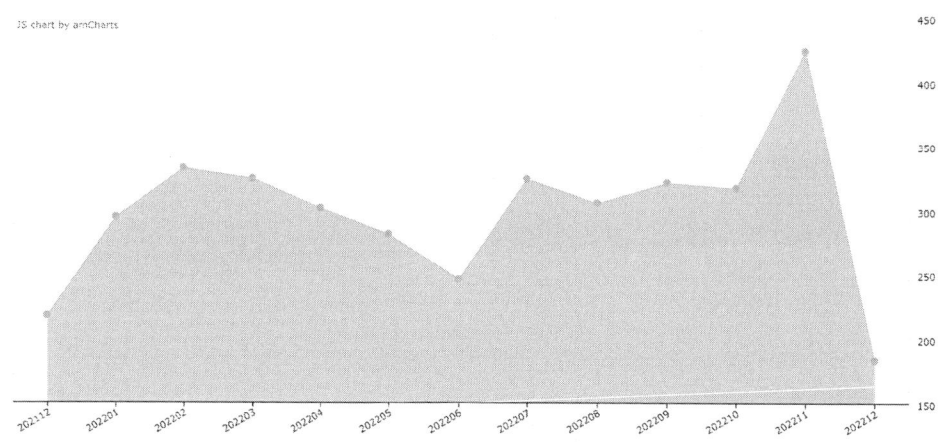

▌ "디지털전환" 뉴스 키워드 관계도 분석 결과

- "디지털전환" 키워드를 대상으로 검색어를 실행하여, 주요 키워드를 분해하여 분석한 결과는 다음과 같음
  - 산업디지털전환 촉진법이 2022년 7월 시행됨에 따라 관련 디지털 전환을 위한 전략 정책이 나타나는 것으로 분석됨
  - 기관분포를 살펴보면 과기부, 중기부, 산업부 등을 포함하여 다양한 기관 및 이해관계자들이 함께 디지털전환과 관련을 가지고 있음을 파악할 수 있음
  - 지역적으로는 경기도와 부산지역이 관련 키워드와 연관되어 가장 높은 관계를 가지는 것으로 분석되었음

제6장. 제조업 디지털 전환 실태 조사

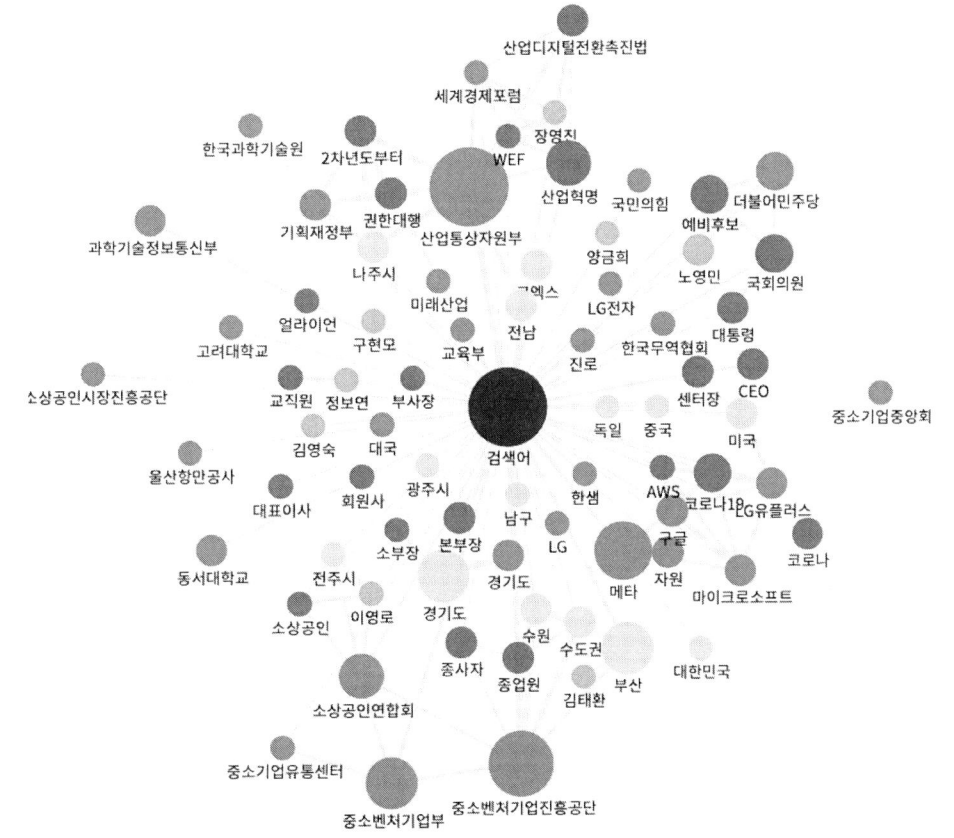

| **"디지털전환(DX)" 뉴스 키워드 워드클라우드 분석 (빈도수에 따른 주요 키워드 도출)**

- "디지털전환(DX)" 키워드를 대상으로 워드클라우드 심층 분석을 실행한 결과는 다음과 같음
  - 정부차원에서 산업DX추진단을 출범하여 범부처 차원에서 디지털전환을 진행하려는 흐름을 보이고 있음
  - 기존 DX에서 확장하여 산업생태계의 구조와 전략적 비즈니스 방식으로 접근하려난 IDX 개념도 새로운 키워드로 부상하는 것으로 나타났음

2.2. 키워드(제조업 디지털전환) 뉴스 키워드 분석

| **"제조업 디지털전환" 뉴스 키워드 분석 범위**

- 키워드(제조업 디지털전환)를 대상으로 2021~2022년 247개의 뉴스 기사 키워드 도출

| **"제조업 디지털전환" 뉴스 키워드 월간 기사 추이**

- "제조업 디지털전환" 키워드 월간 기사 빈도 트렌드 추이를 살펴보면, 2022년 중반까지 꾸준히 감소해왔던 키워드는 산업디지털전환 촉진법이 2022년 7월 시행됨에 따라 관련 디지털 전환을 위한 전략 정책이 나타나는 것으로 분석됨

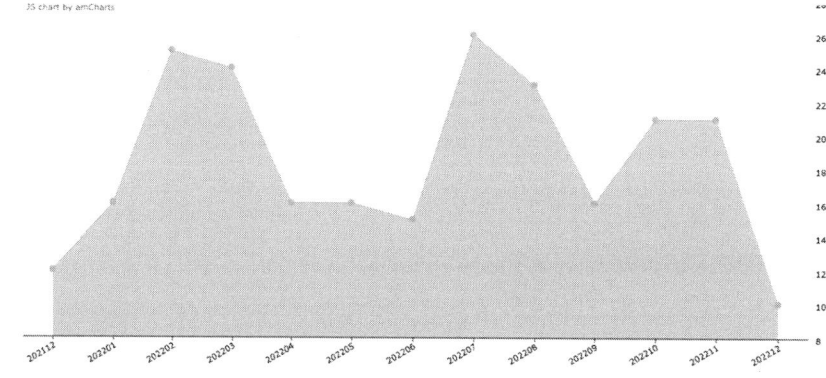

제6장. 제조업 디지털 전환 실태 조사

"제조업 디지털전환" 뉴스 키워드 관계도 분석 결과

○ "제조업 디지털전환" 키워드를 대상으로 검색어를 실행하여, 주요 키워드를 분해하여 분석한 결과는 다음과 같음
  - 제조업 관점에서의 디지털전환은 데이터축적과 AI활용으로 소부장 경쟁력 선점과 관계가 높은 것으로 나타났음
  - 제조업 기업들의 중대재해처벌법 관련 산업안전 솔루션을 디지털전환 관점에서 추진하는 방향으로 나타나고 있음

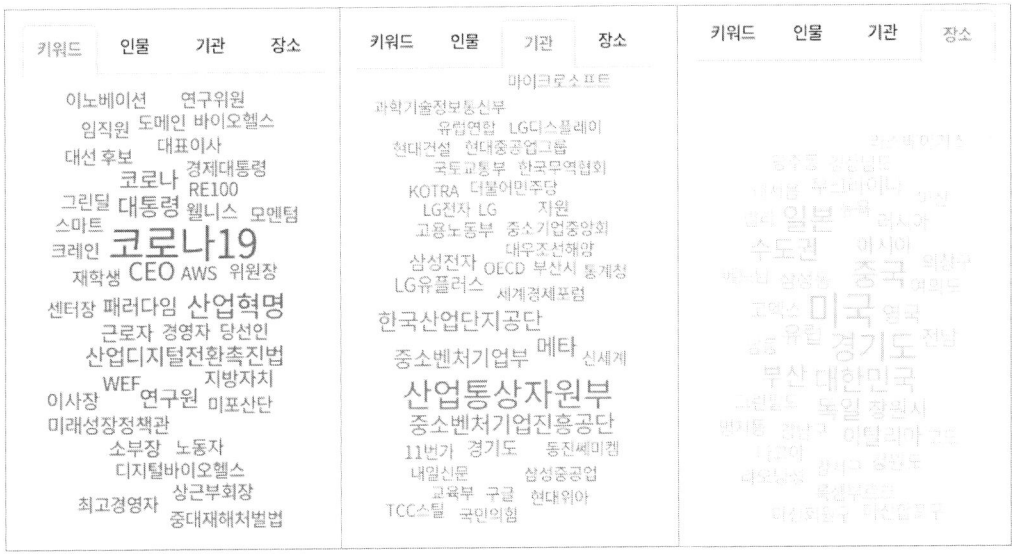

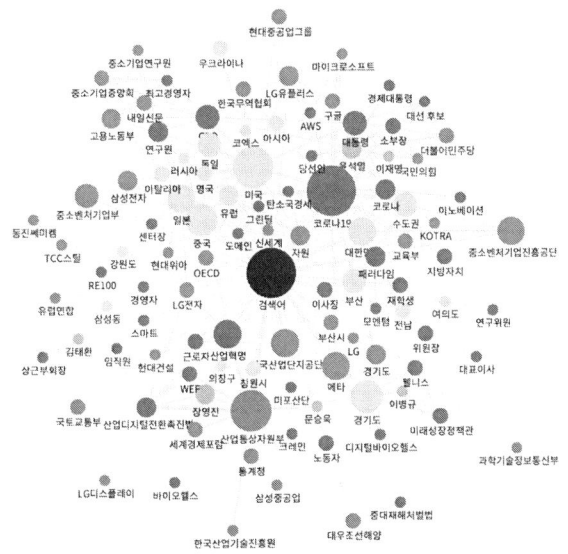

모빌리티 디지털전환 이해

▍"제조업 디지털전환" 뉴스 키워드 워드클라우드 분석 (빈도수에 따른 주요 키워드 도출)

- ○ "제조업 디지털전환" 키워드를 대상으로 워드클라우드 심층 분석을 실행한 결과는 다음과 같음
  - 제조업 관련 디지털 전환은 정보기술 및 AI기술들을 활용하여 중소기업 생산 고도화를 위해 어떻게 활용되는지가 중요한 이슈로 도출되었음

2.3. 키워드(모빌리티 디지털전환) 뉴스 키워드 분석

▍"모빌리티 디지털전환" 뉴스 키워드 분석 범위

- ○ 키워드(모빌리티 디지털전환)를 대상으로 2021~2022년 248개의 뉴스 기사 키워드 도출

▍"모빌리티 디지털전환" 뉴스 키워드 월간 기사 추이

- ○ "모빌리티 디지털전환" 키워드 월간 기사 빈도 트렌드 추이를 살펴보면, 산업디지털전환 촉진법이 2022년 7월 시행되는 해당월과 2022년 10월에 집중적으로 키워드가 도출되었으나 이후 관련 키워드가 지속적으로 감소함

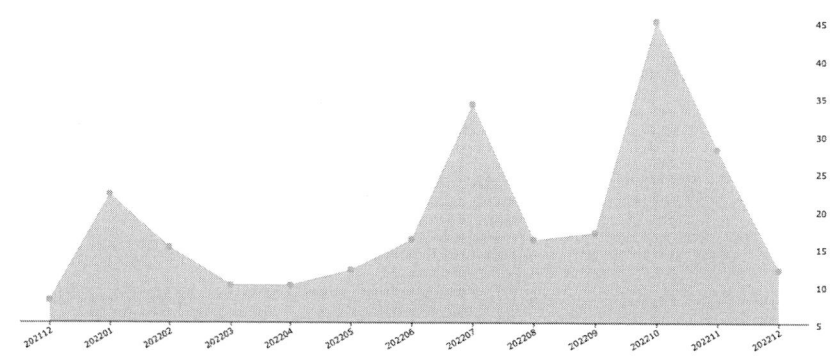

제6장. 제조업 디지털 전환 실태 조사

"모빌리티 디지털전환" 뉴스 키워드 관계도 분석 결과

○ "모빌리티 디지털전환" 키워드를 대상으로 검색어를 실행하여, 주요 키워드를 분해하여 분석한 결과는 다음과 같음
 - 기존 키워드 관계도와 다르게 도출된 키워드로 첨단모빌리티산업을 이끌어 가고 있는 모빌리티 스타트업 유니콘이 두드러지게 나타나고 있음
 - 국가 및 지자체로는 미국과 경기도, 성남시 등이 높은 비중을 차지하는 것으로 나타났음

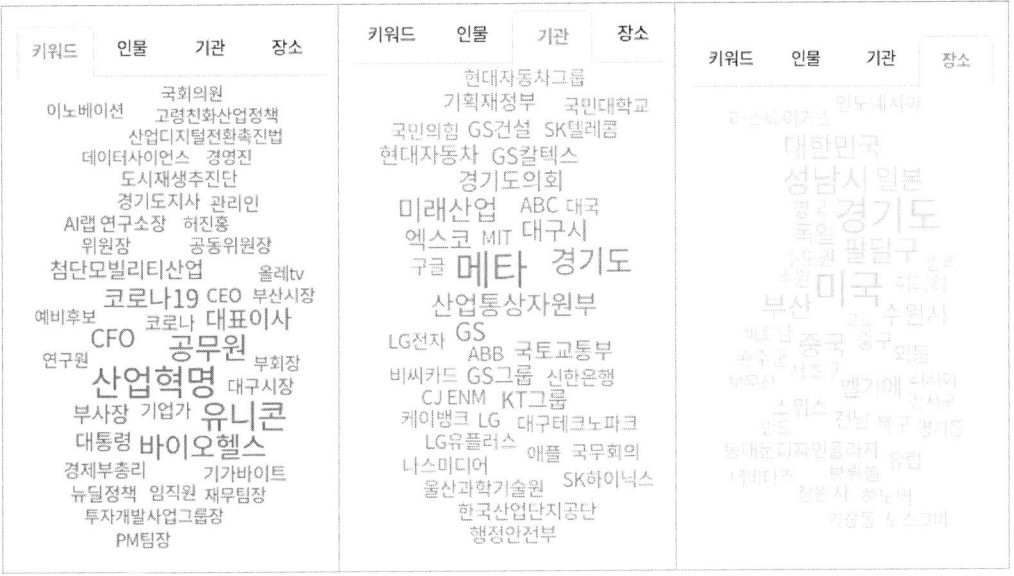

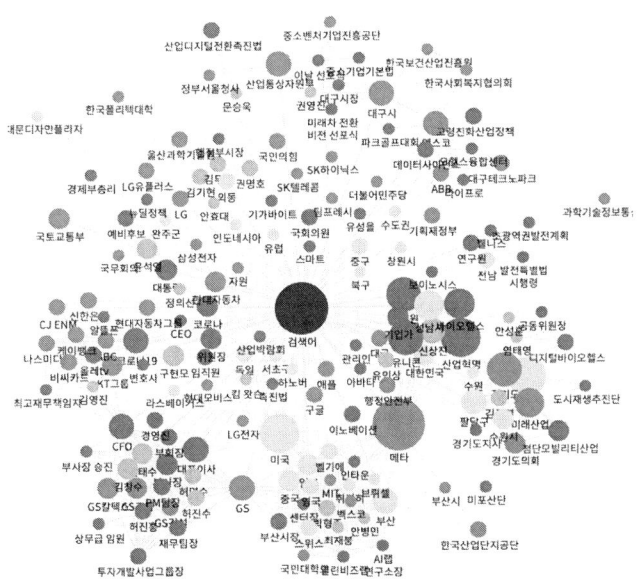

▎ "모빌리티 디지털전환" 뉴스 키워드 워드클라우드 분석 (빈도수에 따른 주요 키워드 도출)

○ "모빌리티 디지털전환" 키워드 대상으로 워드클라우드 심층 분석을 실행한 결과는 다음과 같음
- 주요 IT기업들의 B2B들을 대상으로 디지털전환 비즈니스 솔루션을 진행하는 결과가 나타났으며, 모빌리티 산업에 핵심분야인 자율주행과 반도체 관련 이슈도 큰 비중으로 차지하였음
- 기존 스마트공장 범위에서 넘어서서 모빌리티 협업체제를 위한 특구나 특별도시 정책을 시행하는 지차체가 증가하는 것으로 나타났음

2.4. 키워드(경북 제조업 디지털전환) 뉴스 키워드 분석

▎ "경북 제조업 디지털전환" 뉴스 키워드 분석 범위

○ 키워드(경북 제조업 디지털전환)를 대상으로 2020~2022년 7개의 뉴스 기사 키워드 도출

▎ "경북 제조업 디지털전환" 뉴스 키워드 관계도 분석 결과

○ "경북 제조업 디지털전환" 키워드를 대상으로 검색어를 실행하여, 주요 키워드를 분해하여 분석한 결과는 다음과 같음
- 스마트 제조 관련 고급인력 양성과 지역 내 제조업 디지털 전환 데이터 활용을 위한 협업 체계 구축에 대한 주요 키워드가 비중을 차지하고 있음

제6장. 제조업 디지털 전환 실태 조사

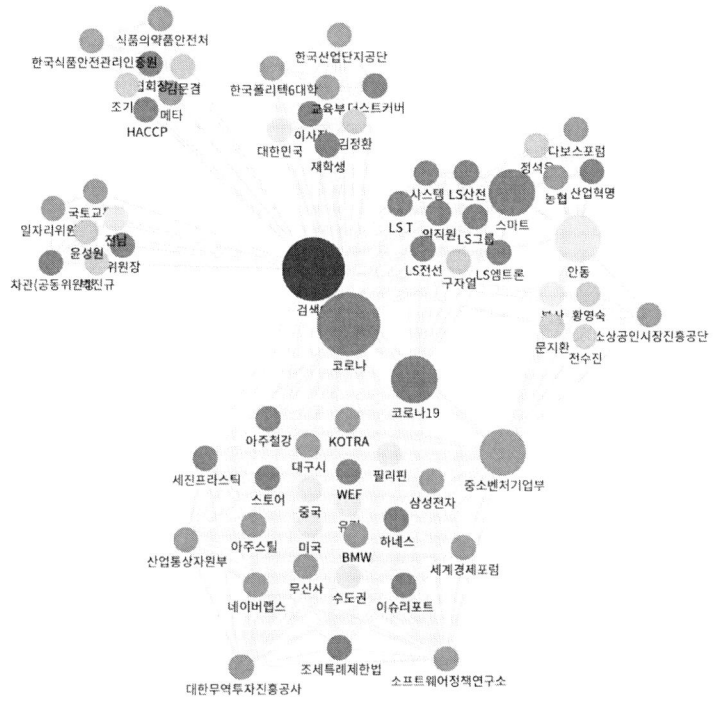

┃ "경북 제조업 디지털전환" 뉴스 키워드 관계도 분석 결과

○ "경북 제조업 디지털전환" 키워드를 대상으로 검색어를 실행하여, 주요 키워드를 분해하여 분석한 결과는 다음과 같음
  - 스마트공장에 키워드 비중은 상당히 높으며, 이와 관련하여 AI를 활용한 데이터 활용에 대한 키워드 관계가 나타나는 것으로 분석됨
  - 특히, 리쇼어링 키워드가 나타나 디지털전환에 따라 노후화된 제조산업단지 스마트화를 지원하고 국내 혹은 지역내로 다시 생산시설을 복귀하는 성과에 대한 키워드가 나타났음

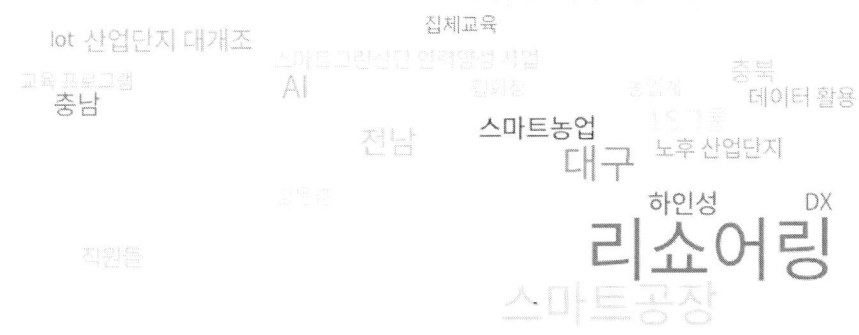

2.5. 키워드(경북 모빌리티 디지털전환) 뉴스 키워드 분석

▎"경북 모빌리티 디지털전환" 뉴스 키워드 분석 범위

- 키워드(경북 모빌리티 디지털전환)를 대상으로 2022년 9개의 뉴스 기사 키워드 도출

▎"경북 모빌리티 디지털전환" 뉴스 키워드 관계도 분석 결과

- "경북 모빌리티 디지털전환" 키워드를 대상으로 검색어를 실행하여, 주요 키워드를 분해하여 분석한 결과는 다음과 같음
  - 대구경북 모빌리티 관련 플랫폼 전문 기업(아이지아이에스, 엠엔비전 등)이 비중있게 나타났으며, 베트남 미국 중국 등과의 연관관계가 나타남

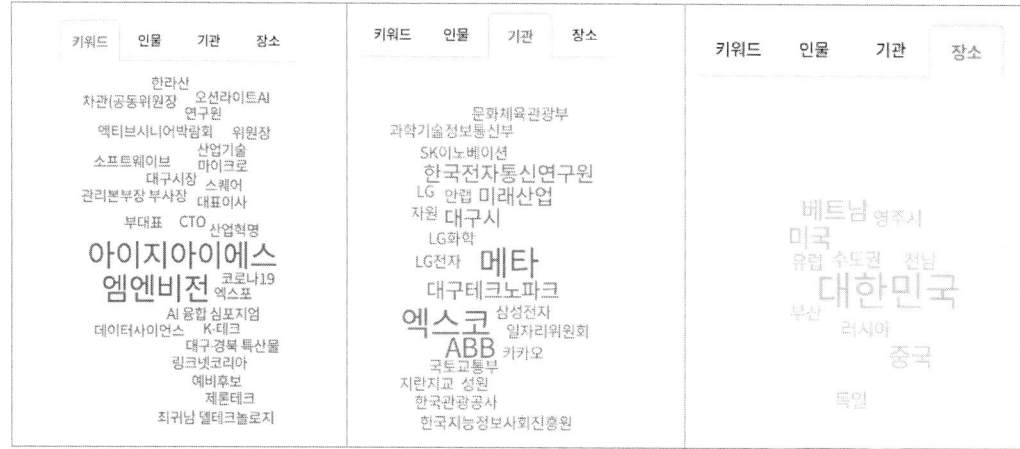

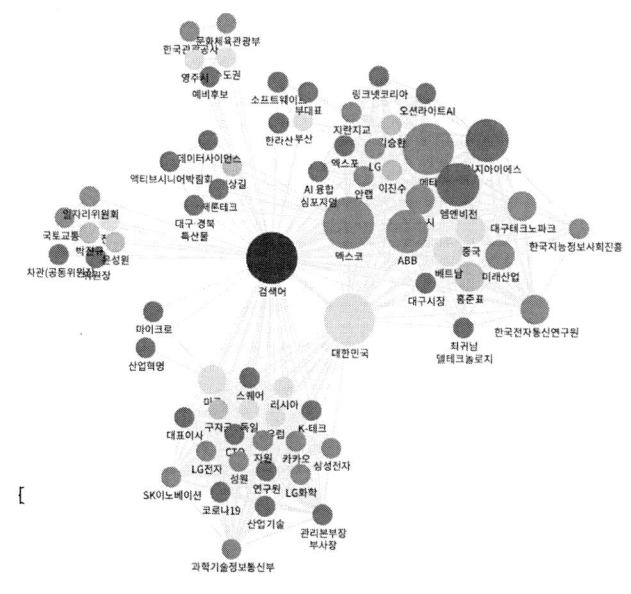

"경북 모빌리티 디지털전환" 뉴스 키워드 관계도 분석 결과

○ "경북 모빌리티 디지털전환" 키워드를 대상으로 검색어를 실행하여, 주요 키워드를 분해하여 분석한 결과는 다음과 같음
  - 경북 모빌리티 디지털전환의 대표기업 사례로 우경정보기술, 대영전자, 아이지아이에스, 진명아이앤씨 등이 나타남
  - 대구시의 Iaas, PaaS, SaaS 솔루션에 대한 차세대 클라우드 플랫폼 구축을 통해 디지털 전환을 가속화 할것으로 분석됨

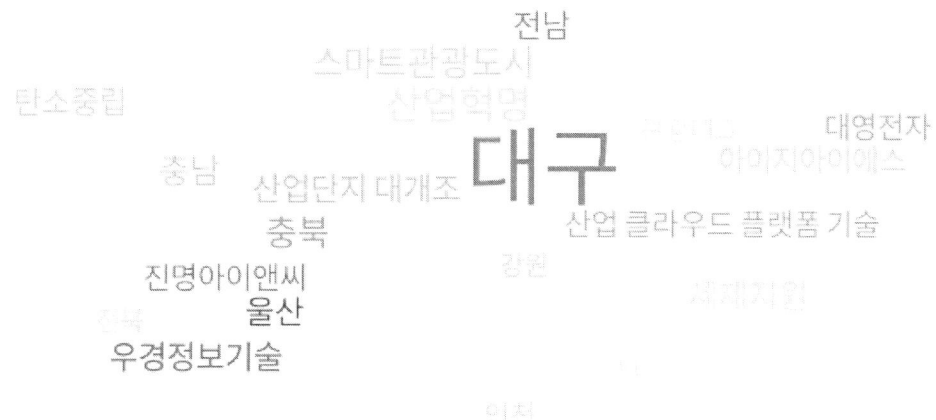

에듀컨텐츠·휴피아
CH Educontents Huepia

제7장
제조·모빌리티 디지털 전환 발전전략

에듀컨텐츠·휴피아
CH Educontents Huepia

제7장. 제조·모빌리티 디지털 전환 발전전략

제1절 제조업 디지털 전환을 위한 특성화 전략

1. 제조업 유형분류

유형	특징	대상 기업
디지털 전환형	• 기존의 제조업을 신산업으로 변화	• 기존의 제조업으로 미래를 대응하여 지속적인 사업을 수행하기 어려운 기업
수요처 확장형	• 기존의 제품 기술 또는 기술개발을 도모하여 스타트업 및 대기업 등에 납품	• 기존의 제조업의 기술을 이용하거나 기술개발을 통해 신산업 분야 스타트업이나 대기업에 납품 가능한 기업
전략혁신형	• 사업을 발전시킴	• 스타트업 흡수나 미래 전략 변화 등 자체 변화 가능 기업

2. 유형별 특성화 전략

2.1. 디지털 전환형

○ 미래에 대해 명확한 전략이 있는 기업은 언제나 만반의 준비를 할 수 있으며, 특히 제조업의 디지털화는 기존 제조산업의 판도를 매우 빠르게 바꾸어가는 시대임

○ 특히 제조기업이 전방위적으로 디지털전환 전략을 수립해야 하는 이유는 일류 초기업 및 대기업을 제외한 기존 제조업의 프로세스가 현재 디지털화된 산업의 속도를 따라가지 못하고 있으며, 주요 요소, 디지털 전환 전략을 정의하기 위한 올바른 전략이 요구됨

○ 따라서 우선 과제를 명확하게 선정하고, 해당 목표에 초점을 맞추어 나아가는 것이 무엇보다 중요한 시점임

○ 디지털 전환 이슈는 최근 몇 년간 제조업에 자주 떠오르는 화두였으며, 이미 공정 개선을 위한 기술은 항상 존재해왔으며, 이러한 기술 덕분에 제조업 현장 및 산업은 대형 디지털 기기로 변모할 수 있었음

- 하지만 현재 제조기업은 또 다른 과제에 직면해 있다고 볼 수 있는데 이는 팬데믹 상황과 비용 절감, 품질 개선과 관련해 전례 없던 압박을 받게 되면서 신속한 회복, 탄탄한 성장, 그리고 획기적인 생산성 향상과 같은 기회를 제공하는 디지털화가 다시 이슈화되고 있다고 볼 수 있음
- 이전의 디지털 전환이라 함은 앞서 언급한 기기의 최신화·대형화·자동화 등의 재화를 마련할 수 있는 기술과 장비를 통상적으로 일컬었다고 볼 수 있음
- 반면에 COVID-19 이후 떠오르는 디지털 전환은 단순 기계뿐만 아니라 제조업 환경과 기업의 대대적 변화를 요구하는 혁신과정으로 비유될 수 있으며, 이를 타개할 수 있는 전략으로 데이터(D.A.T.A): 클라우드를 활용한 제조기업 디지털 전환 전략을 살펴 볼 수 있음

데이터(D.A.T.A): 클라우드를 활용한 제조기업 디지털 전환 전략

- COVID-19으로 인해 제조업은 인력 감축과 공급망 붕괴 등을 경험하며 신속한 제품 개발과 위기에 대응한 민첩성 및 회복탄력성의 중요성을 절감하였음
- 하지만 COVID-19 백신은 유례없는 속도로 개발되어 전 세계에 보급 중임
- 특히, 글로벌 제약사 모더나는 클라우드 기반 mRNA R&D 플랫폼을 활용하여, 기존 3~4년이 소요되던 작업을 42일 만에 완료하여 첫 번째 임상시험에 돌입한 바 있음
- 이것은 클라우드를 활용한 디지털 전환 전략이 '신속한 제품 개발'로 이어질 수 있음을 의미함
- 한편, 글로벌 기업들은 COVID-19 산업 위기 대응을 위한 전략으로 2021년 비즈니스의 최우선 과제로 비즈니스 연속성 및 회복 탄력성의 향상(38%)과 민첩성 개선(38%)을 꼽음으로써 산업의 위기 대응에 대한 새로운 전략으로 떠오르고 있음
- 위기에 대한 민첩한 대응과 지속적인 성장을 위해 제조업은 디지털 전환이 더욱 대두되고 있으며, 클라우드 컴퓨팅(Cloud Computing)은 이를 위한 핵심적인 기반 기술이자 전략이라고 할 수 있음
- 클라우드 컴퓨팅은 단순 저장 기능을 넘어 다양한 방법으로 수집된 데이터를 통합하고 그 활용성을 극대화하는 데이터 플랫폼으로 진화함- 또한 클라우드는 사물인터넷(IoT), 모바일(Mobile), 인공지능(AI), 빅데이터(Big data) 등 디지털 전환핵심기술을 신속하고 광범위하게 활용할 수 있게 하는 인프라 기술
- 삼성전자, 현대차, LG, 두산그룹 등 국내 대기업들도 최근 잇따라 클라우드 컴퓨팅의 적극적인 활용을 선언하며 데이터 기반의 비즈니스 모델 혁신을 추진 중
    * 삼성('20년까지 7천억 원), KT('23년까지 5천억 원), 현대·기아차(7년간 4천억 원), LG·롯데·SK·현대상선·현대카드·아모레퍼시픽 등 내부 시스템 클라우드 전환 선언('19년)

제7장. 제조·모빌리티 디지털 전환 발전전략

○ 중소기업과 대기업 간 심화되고 있는 디지털 기술 불평등(Digital Divide)을 완화하는 인프라기술로서 클라우드에 주목해야 함4차 산업혁명을 위한 디지털 기술의 빠른 확산은 자본력에 우위가 있는 대기업을 중심으로 이루어지고 있어, 중소기업과 대기업 간 생산성 격차*는 더욱 커지는 중
  * OECD는 중소기업의 낮은 생산성의 원인으로 디지털 기술 불평등을 지적클라우드는 고급 컴퓨팅 기술에 대한 중소기업의 접근성을 높여준다는 점에서 '민주화된 컴퓨팅(Democratized computing)'으로 평가됨

○ 자본 여력이 부족한 중소기업도 클라우드를 통해 시스템 초기 구축비용 없이 고성능 컴퓨팅인프라와 기술 서비스를 비교적 쉽게 활용할 수 있음 따라서 현재 국내 제조기업의 저조한 클라우드 활용*을 활성화하고 이를 통해 디지털 전환을 확산시키는 방안에 대해 적극적인 논의가 필요
  * 국내 제조기업의 클라우드 컴퓨팅 활용률(22.1%)은 OECD 평균(30.9%)에 비해 미흡

▎클라우드의 특징

○ 클라우드 컴퓨팅(이하 '클라우드')이란 사용자가 어디서나 간편하게 네트워크에 접근하여 정보기술(IT) 자원*을 신속하게 이용할 수 있는 서비스
  * 서버, 스토리지 등의 하드웨어와 운영체제, 애플리케이션 등의 소프트웨어로 구성사용자가 컴퓨팅 자원을 직접 소유하는 것이 아니라 서비스로 이용한다는 점에서 클라우드는 '컴퓨팅 자원의 주문형 아웃소싱 서비스'로 정의되기도 함

○ '구름(클라우드) 너머 어딘가' 6에 존재하는, 클라우드 사업자가 보유한 데이터센터 내의 컴퓨팅 자원을 활용하여 데이터를 처리하는 방식사용자가 직접 구축한 시스템으로 데이터를 처리하는 온프레미스(On-premise) 방식에 비해클라우드는 경제성, 유연성 등에서 일반적으로 우위에 있음

○ 단, 시스템을 대규모로 구축하거나 노후장비 교체* 없이 장기간 사용하는 경우, 클라우드 이전이부적절한 경우** 등에는 온프레미스 방식이 효율적일 수도 있음
  * 기업 내 IT자산의 교체주기는 4~7년으로 조사됨
  ** 직원의 이용 빈도가 낮은 업무 시스템, 공장 시스템과 일체화된 생산관리 시스템 등

[클라우드와 온프레미스 비교]

유형	클라우드(Cloud)	온프레미스(On-premise)
경제성	• 자원 낭비 없음(원하는 기능을 원하는 때에만 사용)	• 피크 타임 외에는 자원 낭비 발생(데이터 사용량 최고치를 기준으로 시스템 구축) • 소프트웨어 개발 및 데이터 관리 등에 각종 운영비용 발생(커스터마이징 가능)
유연성	• 필요한 만큼 시스템 확장 및 축소 가능	• 이미 구축된 시스템의 확장 및 축소 어려움

모빌리티 디지털전환 이해

가용성	• 재해에 강한 데이터 센터에 시스템 구축 • 재해 발생시 대체 자원을 통해 서비스 지속 이용 가능	• 서버 장애에 대비해 시스템 이중화 및 백업 등의 조치 필요 • 재해 발생시 일시적인 중단 발생
구축기간	• 클라우드 사업자가 제공하는 인프라를 활용해 신속한 시스템 구축 가능	• 시스템 설계·개발·테스트 및 필요 인프라 조달에 상당 시간 소요

○ 클라우드는 2가지 핵심 기술과 5가지 공통 특징을 기반으로 스토리지, 네트워크, 데이터베이스, 데이터 분석 등 다양한 서비스를 제공(핵심 기술) 가상화 기술은 데이터 처리 규모에 유연한 대처를, 분산처리 기술은 데이터의 **빠른** 처리를 가능하게 함

[클라우드의 핵심기술]

기술	내용
가상화	• 데이터 규모에 따라, 다수의 물리 서버를 하나의 가상 서버로 통합하여 사용하거나 하나의 물리 서버를 다수의 가상 서버로 분할하여 그 중 일부만 사용하는 기술 → 물리 서버 구축에 필요한 공간 및 비용 감소
분산처리	• 데이터를 병렬로 연결된 여러 개의 서버에 분산시켜 동시에 처리하는 기술 → 대량의 데이터를 빠르게 처리

○ (공통 특징) 일반적으로 사용자는 인터넷을 통해 클라우드 공급자가 제공하는 컴퓨터 하드웨어 및 소프트웨어를 원격으로 이용하고, 이용한 만큼 대가를 지급

[클라우드의 특징]

특징	내용
주문형 셀프 서비스	클라우드 사업자와 직접 상호작용하지 않고, 사용자의 개별 관리화면을 통해 서비스를 이용
광범위한 네트워크 접속	PC, 모바일 기기 등 다양한 디바이스를 통해 서비스 접속 가능
자원의 공유	클라우드 사업자의 컴퓨팅 자원을 여러 사용자가 공유하는 형태로 이용 사용자는 자신이 사용하는 자원의 정확한 위치를 알 수 없음
신속한 확장성	필요에 따라, 필요한 만큼의 스케일업(처리능력을 높이는 것)과 다운(처리능력을 낮추는 것)이 가능
가변적인 비용	이용한 만큼 요금이 부가되는 종량제

○ (제공 서비스) 클라우드는 스토리지(저장) 서비스로 흔히 알려져 있으나, 이외에도 인공지능·머신러닝, 사물인터넷(IoT), 데이터 분석 등 다양한 컴퓨팅 기능을 제공

제7장. 제조·모빌리티 디지털 전환 발전전략

[클라우드에서 제공하는 다양한 서비스]

스토리지 네트워크 데이터베이스 파일서버 데이터분석 인공지능/머신러닝 사물인터넷(IoT) 블록체인

- 공급자의 서비스 제공범위와 이용자의 운영방식에 따라 클라우드 서비스를 여러 유형으로 구분할 수 있으나, 최근에는 서로 다른 유형끼리 융합되는 추세 (공급자) 클라우드는 서비스의 제공범위에 따라 IaaS(Infrastructure as a Service), PaaS(Platform asa Service), SaaS(Software as a Service)로 구분

- 최근에는 이러한 구분 대신 '무엇을 서비스로 제공하느냐'에 기업들이 집중하게 되면서, 다양한 분야와 기술이 융합된 XaaS(Everything as a Service: 서비스로서의 모든 것)* 라는 개념이 등장
  * 예시: DBaaS(Database as a Service)-데이터베이스 서비스, DRaaS(Disaster Recovery as aService)-재해복구 서비스, SECaaS(Security as a Service)-보안 서비스 등

[클라우드의 공급모델]

유형	서비스 제공 범위	서비스 예시
IaaS	하드웨어 (서버/스토리지/네트워크)	Amazon EC2/S3
PaaS	소프트웨어 개발 플랫폼 (운영체제/미들웨어)	Linux(운영체제)
SaaS	소프트웨어 (응용 프로그램)	MS Outlook(웹메일 서비스)

- (이용자) 클라우드는 이용자의 운영방식에 따라 퍼블릭(Public), 프라이빗(Private), 그리고 두 가지 방식이 결합된 하이브리드(Hybrid)로 구분- 여러 개의 클라우드를 다루는 하이브리드 방식 활용시, 개별 클라우드가 아닌 전체 시스템의 최적화를 염두에 두고 운영 및 관리를 효율화* 해야 함
  * 여러 클라우드 간 운영·관리의 일원화를 위해 클라우드 관리 플랫폼을 이용하기도 함

[클라우드 이용 모델]

구분	퍼블릭(Public)	프라이빗(Private)[1]	하이브리드(Hybrid)
특징	• 불특정 다수의 이용자에게 서비스 제공 • 인프라와 플랫폼 소유권은 이를 구축한 서비스 제공 기업에 있음	• 특정 조직 내부자에게 제한적으로 서비스 제공 • 조직 내부에 서비스 환경을 맞춤형으로 구축 • 관리 권한은 내부 또는 외부에 할당 가능	• 업무 특성, 데이터 중요도에 따라 퍼블릭 및 프라이빗 적재적소 배치 • 클라우드 간 통일된 데이터 관리·보안 정책 필요
장점	• 유지보수 비용 절감 • 높은 민첩성, 확장성	• 기존 IT인프라 활용 가능 • 보안위험 감소	• 퍼블릭·프라이빗 장점 결합 • 특정 클라우드 종속 방지

모빌리티 디지털전환 이해

- 이러한 현상은 기업별로 디지털화에 대한 이해 수준은 다르다. 이는 대부분의 제조기업이 디지털화를 사물인터넷(IoT), 인공지능(AI), 머신러닝(ML) 등과 같은 개별 기술의 응용과 도입으로만 이해하기 때문임
- 물론 실제 산업에서 이러한 특정 기술을 도입하고 응용·융화시키는 공정이 디지털화를 이뤘다고 생각할 수도 있으나, 더욱 면밀하게는 디지털 전환은 제조업이 되기 위해서는 단순한 기술을 도입하는 것 이상의 노력이 필요함
- 디지털화 프로젝트의 평균 70%가 실패하는 것으로 나타나고 있으며, 이는 계획과 실행 사이의 격차 때문으로 유추할 수 있음 특히, 2019년 한 해 동안 디지털화에 지출한 1조 3천억 달러 중에서, 9천억 달러가 낭비된 것으로 추정됨
- 따라서 제조업의 디지털 전환을 시작하려는 기업·조직들은 디지털화의 방향 설정을 위한 확실한 로드맵 작성을 시행할 필요가 있음
- 성공적인 디지털 전환화를 위한 핵심 단계는 디지털 미래를 구상하고, 목표를 정의하며, 전략을 실행하는 것이다. 그 이후 실행 옵션에 대한 평가, 가치 증빙 도구 구축, 그리고 디지털 여정에 함께 할 파트너를 모색하는 단계가 진행됨
- 간추려 말하면 '전략화' '실행' 그리고 '지속성'으로 요약할 수 있다. 이 중에서도 가장 중요한 것은 디지털 전략으로, 대다수 전문가는 이를 디지털 여정의 첫 관문으로 보고 있음
- 디지털 전환 전략은 중요한 격차들을 해소하는 것 외에도 해당 기업이 올바른 단계를 밟고, 올바른 데이터를 검토하며, 효과적인 기술을 실행해 경영상의 결정을 지원할 수 있도록 할 수 있음

제7장. 제조·모빌리티 디지털 전환 발전전략

제조 밸류체인		클라우드를 활용한 제조기업 디지털 전환 전략		국내 기업사례
		전략의 키워드	전략의 함의	
기획·운영	D	Develop Data governance 데이터 거버넌스를 수립하라	데이터 기반 의사결정 체계 구축	두산인프라코어
R&D·제조	A	Augment Intelligence in Manufacturing 제조 공정을 지능화하라	제조 공정의 지능형 자동화	LS일렉트릭
판매·물류	T	Transform Channels for reaching Customers 고객에게 도달하는 채널을 혁신하라	판매·물류 채널의 디지털화	한미약품 그룹
사용·A/S	A	Analyze Customer experiences 고객의 경험을 분석하라	제품의 서비스화	코웨이

미션	스마트 제조 = 제조 가치사슬 전반의 디지털화/서비스화 및 통합

비전	생산성 향상과 고객가치 증대를 기반으로 지속 성장하는 기업

① 클라우드 기반 제조업 디지털 전환 활성화 방안 3요소

- 제조업 디지털 전환 플랫폼 활성화
- 데이터 유통·거래 규범 정립

- 조직문화 혁신 등
- 클라우드, 디지털 전환에 대한 잘못된 인식의 개선

- 클라우드 도입 단계별 로드맵 마련
- 데이터 보안 강화

2.2. 수요처 확장형

| 디지털 전환 추진 단계를 고려한 수요처 관점의 전략적 접근 전략 추진

- ○ 디지털 전환 추진 단계가 기업마다 다양하며 기업의 디지털 전환 목표에 따라 디지털 전환 접근 내용이나 고도화에 따른 수요와 내용이 달라질 수 있음

- ○ 이때 기존 제조업에서 생산한 제품을 스타트업을 포함한 신기술 기업에 납품이 가능하도록 생산과정이나 필요기술 도입을 위해 디지털 전환을 적용하는 단계로 볼 수 있음

[디지털전환의 진화적 단계]

구분	전산화 Digitization (1960년대 말~)	디지털화 Digitization (1994년대 초~)	디지털 전환 Digital Transformation (2010년대 초~)
초점	데이터·콘텐츠의 디지털 정보화	프로세스(생산, 판매 등) 및 제품·서비스의 디지털화	기업활동의 전 영역, 산업 전방, 경제시스템
목적	• 효율 상향(비용절감, 시간단축) • 효과 향상(기업 내부 통합)	• 효율/효과 향상(전사적 통합, 기업가치사슬 통합) • 고객·파트너 협력 및 공동가치 창출	• 전통 기업: 기존 사업 유지·방어, 새로운 성장동력 확보 • 벤처·스타트업: 기존 질서의 재편성, 새로운 기회 획득

- ○ 즉, 기업 디지털 전환 추진 단계에 맞는 디지털 전환 전략과 적절한 지원이 요구됨

- ○ 이는, 수요맞춤형 유형에 따라 각 기업과 스타트업에서 요구하는 기술·제품 개발 등의 양도·납품 공유 등의 만족하는 기술 수요처 존재하더라도 디지털 전환 전략 수립 시에 발생하는 디지털 역량 부족은 높은 장애요인으로 손꼽히기 때문임

- ○ 따라서 기업별로 디지털 전환 필요 분야나 목적에 따라 디지털 전환 고도화 단계가 달라질 수 있으므로 기업의 목표 단계에 맞춘 적절한 전략 수립을 지원할 필요가 있음

- ○ 기존 기업의 기술·제품 개발 등의 양도·납품 공유 등의 기술 수요처를 만족하기 위한 기업의 ICT 역량 및 디지털 전환 관심 분야 등에 맞추어 기업의 디지털 전환 수준이나 준비도를 진단하고 기업 성장경로에 맞는 디지털 전환 전략을 수립할 수 있도록 가이드 라인 등 지침의 제공과 멘토링 프로그램 혹은 보육센터 등 개설을 통한 지원이 필수적이라고 할 수 있음

| 기업의 디지털 전환 추진 단계별 실태조사(디지털 전환 추진 vs 미추진)를 통한 수요맞춤형 전략 추진

- ○ 중소기업의 적극적 디지털 전환을 유도하기 위해서는 각 기업 규모·분야별 실태조사를 통해 디지털전환 수요를 면밀히 파악해 지원할 필요가 있음

- ○ 특히 중소기업이 디지털 전환을 적극적으로 추진하기 어려운 가장 큰 이유는 취약한 재정상황과 내부에 이를 주도할 주체가 부족하기 때문임

- 미추진 단계 기업의 경우, 수요가 높은 디지털 전환용 솔루션을 기획·보급하는 것이 필요하며, 기업 내부에 디지털 업무 관련 역량 구축을 우선 지원하거나 외부 기관과의 연계를 선행할 필요가 있음
- 추진 기업의 경우, 추진 단계별 정확한 기술 및 인력 수요를 조사하여 기술 로드맵을 작성함으로써 국가 단위 또는 산업 단위 관련 수요에 따른 맞춤형 수급 계획을 반영함으로써 산업현장에 필요한 기술 수준별, 직무별 인력을 양성·공급화 시킬 필요가 있음

제조업의 디지털 전환 유인 방안과 수요처 확장을 위한 전략 수립

- 우리나라의 제조업은 전체 GDP에서 제조업이 차지하는 비중이 27.5%로 선진국인 미국(10.9%), 독일(19.1%), 일본(20.7%), 프랑스(9.8%), 영국(8.7%)에 비해 높은 수준이고, 유엔산업개발기구(UNIDO)가 발표한 세계 제조업 경쟁력지수(CIP, 2018년 경제지표 분석)에서 한국은 독일·중국에 이어 152개국 중 3위인 제조업 강국이라고 할 수 있음
- 또한 COVID-19 펜데믹 상황에서 미국과 영국 같은 최악을 피할 수 있었던 이유도 제조업 강국이라는 점이 한 몫을 했다고 볼 수 있음
- 이와 같은 현황에서 우리나라 제조업의 디지털 전환을 통한 수요처 확장은 새로운 생산 동력이 되어 생산성 성장에 중요한 의미를 갖게 됨
- 제조업 전체의 생산성은 시장에 존속한 사업체와 새롭게 진입 및 이탈한 사업체에 의해 종합적으로 변화하기 때문임
- 예컨대 기존의 업체들이 생산성을 제고할 수도 있겠지만 새로이 진입한 사업체(혹은 스타트업)의 생산성이 기존의 업체들의 생산성 혹은 기술력이 보다 높아서 전체 경제의 생산성이 제고될 수도 있고, 이탈한 사업체의 생산성과 기술력이 평균보다 낮아서 이탈 후 전체 경제의 생산성이 제고될 수도 있기 때문임
- 또 반대로 기존의 업체들의 생산성 혹은 기술력이 전체 평균보다 낮을 수도 있으며, 적절한 수요처를 찾지 못해 이탈하는 사업체의 생산성과 기술력이 평균보다 높아서 이탈 후 전체 경제의 생산성이 제고될 수도 있음
- 위에서 언급한 변화들은 경제적 의미가 각기 다르고 정책적 대응 방향도 달라질 수 있으므로 생산성 성장의 요인을 보다 정확하고 면밀히 분석할 필요가 있는데
- 이러한 이유는 정책이나 제도적 왜곡에 따라 생산성이 낮은 기업이 진입한 후 유지되거나 생산성이 높은 기업들이 이탈할 수도 있으므로 이에 대한 심층적인 분석은 분명한 수요처 확장에 높은 기여를 해줄 것으로 예상됨

모빌리티 디지털전환 이해 •

▌제조업 분야별 디지털 전환 긴급도나 디지털 전환 수준에 차이가 존재함 ⇒ 수요처 확장의 장애요인

- 우리나라의 경우 대체적으로 제조업에서 디지털 전환에 무관심한 기업이 많고 디지털전환 추진 단계가 낮으며 환경 변화 영향을 크지 않게 인식하는 것으로 나타나고 있음
- 세부 업종별 동적역량과 디지털전환 추진 단계 분포를 살펴보면 동적역량이 높은 업종, 즉 기술이나 수요 변화 등에 민감한 업종일수록 고도화된 단계의 디지털 전환을 추진하는 것으로 나타났기 때문임
    * 업종별 디지털전환 단계([그림 8])는 OECD Going digital 프로젝트 일환에서 추진된 산업별 디지털화 영향 정도 측정 결과와 유사함. 다만, 디지털화 영향 정도가 높은 기계/금속 분야(Calvino, et al., 2018)가 본 조사에서는 낮게 나타나 이에 대한 상세 조사 및 정책 대응이 필요함
- 이는 이전 섹션(1)~(2)에서 언급한 신기술·제품 혹은 기존의 기술제품의 수요처에 대한 관점 분석과 디지털 전환 추진에 대한 실태조사를 부분보다도 더욱 중요한 전략임
- 즉 디지털 전환 추진 단계가 낮을수록 창출되는 부가가치 수준이 상대적으로 낮다는 의미이며, 이것은 생산량 역시 계속해서 낮아진다는 것이기 때문에 제조업에서 디지털 전환을 통한 기대 가치가 자동적으로 작아질 수밖에 없기 때문임
- 따라서 기업·조직별로 발생하는 디지털 전환 수준의 차이를 원론적으로 분석함으로써 추진 단계가 낮은 기업은 요구되는 소유처가 무엇인지(생산성이냐 기술력이냐 등), 또 이것을 어떻게 확장 할 것인지를 한눈에 살펴 볼 수 있음

▌제조업의 디지털 전환 관심도와 가치기반 기술제품 제고성 확보 ⇒ 잠재적 수요처 발굴

- 사회적·자연적 이슈에 대응한 선제적 디지털 전환 지원을 통해 제조업의 디지털 전환 관심도와 정책 효과성 제고를 기대할 수 있음
- 이를 위해 최근 중소기업까지 전면 도입된 중대재해 처벌 이슈나 주52시간제 도입에 따른 기업 경영난 등 사회적 이슈에 대해 차세대 유니콘 기업과 같이 적절한 대응방안으로 각각의 사례를 발굴, 확산할 필요가 있음

▌수요기업과 연계한 디지털 전환 확산 프로그램을 추진하여 제조기업 디지털전환 수요 제고

- 기업·스타트업 등의(특히 중소기업) 디지털 전환을 현실적으로 유인하고 전환을 추진중인 기업과의 격차를 줄일 수 있는 방법은 수요 기업이 제품서비스를 발주할 때 품질관리나 서비스관리 차원에서 디지털화된 자료를 함께 요구하는 것이 될 수 있음
- 이를 위해서 공공조달 영역에서 시범 시행이 요구되며, 정부가 민간 수요기업과 연계해 중소기업 디지털 전환을 지원하는 방안이 제조기업 디지털 전환 유인에 매우 효과적일 수 있음

제7장. 제조·모빌리티 디지털 전환 발전전략

▎디지털전환 고도화를 위해 사업전환 측면에서의 지원이 필요

① 가장 고도화된 디지털 전환 단계는 사업 전환의 범주에서 접근할 필요가 있음

- 즉, 최종 디지털 전환 단계를 맞이하는 기업의 경우 주 생산품 형태가 서비스나 완제품인 기업 비중이 높음

- 기업 간 거래관계 속에서 특정 가치사슬을 담당하던 제조기업에게 최종소비자에 가까운 가치사슬로의 확대나 서비스화는 전혀 새로운 사업 영역이라 할 수 있음
    * 디지털 전환 단계 기업이 전산화 단계 기업보다 디지털전환 추진에 따른 조직 변화 영향이 크며, 직원업무 효율성 이외에 직원 역량 변화, 조직 문화, 외부 기관과 협업까지 전사적 범위에서 변화가 나타나는 것으로 조사됨

- 고도화된 디지털전환 단계의 추진 사례(정미애 외, 2021)를 보면 주로 새로운 서비스를 만들어내는 방향으로 실현되고 있어 서비스화 관련 연구개발 지원 접근이 필요함

- 기존 디지털전환 정책의 주요 틀인 디지털전환 솔루션이나 기술/시설 보급에서 벗어나 서비스 R&D 또는 제조업 서비스화 정책으로의 확장 및 연계 강화가 필요함

- 특히 제조기업이 디지털 기술을 활용하여 기존 비즈니스를 고도화하거나 신규 비즈니스를 창출하는 활동은 사업계획서 혹은 비즈니스 모델에 기반한 '디지털전환-투자 자금' 연계지원 방식으로 추진될 필요가 있음

- 기존 기술개발 계획에 기반한 지원이 아닌 사업 전환 지원의 관점에서 최종적으로는 투자처 연결 혹은 정부의 사업전환 자금 지원 사업 등으로 연결하여 지원하는 방식을 제안함

모빌리티 디지털전환 이해

2.3. 전략혁신형

▍디지털 전환 기반 사업에 대한 기회 창출 지원

○ 기존 제조업의 미래성장 전략 수립을 위해 ICT와 디지털 기술로 기존의 제조업을 고부가가치화하고 신기술을 보유한 스타트업을 합병하거나 신규 서비스 R&D 시장을 발굴하는 등 디지털 전환를 기반으로 한 중소기업의 사업 기회가 확대되고 있음

[서비스 R&D 유형]

출처) 부산과학기술기획평가원

○ (중소기업 디지털 전환 시장 지속적 증대) 서비스 R&D 시장을 포함한 디지털 전환 관련 세계 시장에서 복잡하고 비대한 기존 시스템, 거대예산 투입에 따른 부담, 그리고 전문인력 고령화 등으로 대기업의 비중이 줄어드는 반면에 중소기업의 시장규모는 향후 지속적으로 증가해 2026년이 되면 2021년 보다 거의 3배에 달하고, 또한 지난 2015년~2020년 기간 세계시장 비중이 33.3% 보다 5.2%p가 증가하여 2021년~2026년 기간 38.5%로 될 것으로 전망됨

[비즈니스 기능별 DX 시장]

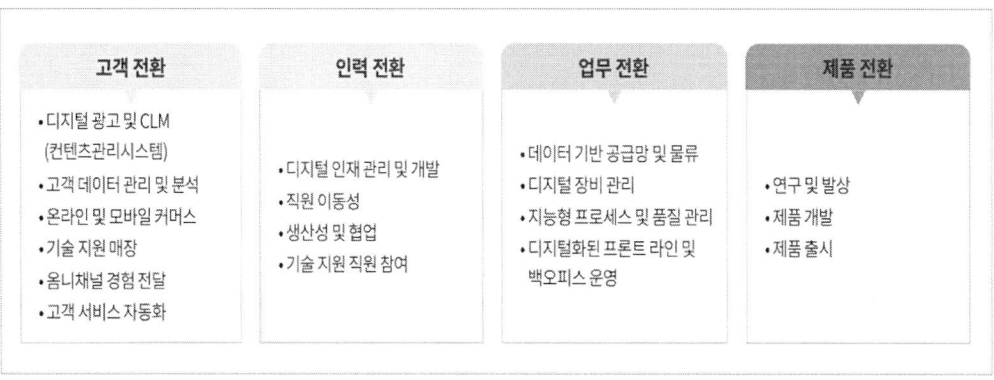

출처) MarketsandMarkets

○ 비즈니스 기능을 기반으로 디지털 전환 시장은 고객 전환, 인력 전환, 업무 전환 및 제품 전환으로 분류되고, 관련 디지털 전환 솔루션 시장에서 신기술 도입을 위한 스타트업 합병 또는 신기술 개발 등의 제품 혁신과 신시장이 확대하고 있으므로 향후 디지털 전환 관련 기술을 보유하거나 서비스 R&D와 연계된 중소기업이 디지털 전환 기반 시장으로 본격적으로 진입하기 위한 전략 수립 및 이행에 대한 지원이 필요함

기업 디지털 전환을 위한 동적역량 강화

① 디지털 리더십이 필수이자 기업 디지털 전환에 가장 큰 장애요인

○ CEO의 통찰력과 추진력은 기업들이 가장 중요하게 인식하는 디지털 전환의 성공요인이라고 할 수 있음

○ 하지만 디지털 전환 추진 장애요인 조사 결과 경영진 적극성 및 예산 지원 부족, 전략 수립역량 부족 등 리더십 관련 항목이 상위 순위로 조사됨

○ 동적역량, 특히 재구성 전환 등 실행 관련 역량이 크지 않은 점도 리더십 부족과 관련됨
  * 리더십은 동적역량 측면에서 지속적으로 강조되고 있는 덕목으로 VUCA(Volatile, Uncertain, Complex,and Ambiguous) 환경에서 더욱 강조되고 있음 (Schoemaker, Heaton, and Teece, 2017)

○ 대부분의 기업은 장기적 비전이나 관련한 구조 변화, 고도화 계획 없이 디지털 전환에 접근하고 있음

② 기업 디지털전환 정책의 방향이 디지털 기술 보급 정책에서 동적역량 강화 정책

○ 기업의 디지털 전환은 디지털 기술 등 신기술 수용의 문제를 넘어 고객의 기대 변화, 해당기업 생태계의 변화 등 환경 변화에 기업의 발전 경로를 적합 시키는 과정임

○ 따라서 동적역량은 이러한 과정에 필요한 기업 능력을 의미하며 전환기에 더욱 강조되는 역량이라고 할 수 있음

③ 기업 생태계 단위에서 장기적 방향성과 전략을 탐색하고 동종 업계에 관련 신기술 및 신기술 스타트업 정보를 공유할 수 있도록 지원할 필요가 있음

○ 업종별 협회 활동이 단기적 이슈 대응에 그치지 않고 환경 변화에 대한 전략적 접근을 강화하며 변화와 혁신을 꾀할 수 있는 환경을 조성할 수 있도록 관련 지원을 강화할 필요가 있음

○ 업종별 디지털 전환 선도사례를 발굴하여 디지털 전환 비전을 구체적으로 전달함으로써 디지털 전환기 변화에서 도태되지 않도록 지원할 필요가 있음

④ 기업의 디지털 리더십 강화를 위한 정보제공 및 교육·보육 지원이 필요함

○ 외부환경변화에 대한 전략적 접근과 적극적 추진을 위해 변혁적 리더십을 발휘할 수 있도록 리더십 교육 및 역량 강화가 필요함

모빌리티 디지털전환 이해

제2절 | 제조업 디지털 전환 중장기 발전전략

중장기 전략 비전 및 목표 수립

○ 비전 : 제조분야 모빌리티 디지털 혁신, 경북을 넘어 대한민국의 힘으로

○ 목표 : 로벌을 선도하는 탁월한 DX 디지털 혁신 → GBDX 경북 모빌리티 디지털 혁신

비전: 제조분야 모빌리티 디지털 혁신, **경북을 넘어 대한민국의 힘으로**

목표: GBDX 경북모빌리티 디지털혁신 = Global(글로벌을 선도하는) + Brilliant(브릴리언트) + DX(디지털 혁신)

세부 목표	추진전략	주요 내용
경북이 선도하는 DX | 정책지원 |	1. 경북 수요맞춤형 정책지원	① 중소기업 및 유턴기업(해외 진출 기업의 국내복귀)의 제조경쟁력 강화 지원 ② 산업단지내 제조 네트워크 혁신 지원
	2. 경북지역 특화산업 발굴 및 지원	① 기존 경북지역 제조업 기업의 신사업 발굴 및 산업전환을 유도 (희망 기업 대상의 자유공모 및 지원) ② 산업전환 지원 및 제품 수출 지원
	3. DX기업 지원정책 강화	① 중소기업 DX 추진 실태조사 ② 중소기업 DX 로드맵 구축 ③ 산업전환 기업에 대한 자금 및 세제 혜택 지원 정책 강화
경북과 함께하는 DX | 인프라 네트워크지원 |	1. 혁신인프라 구축지원	① 기업 컨설팅 지원 ② 전략적 기술지원(전통제조업 대상) ③ 대기업 연계를 통한 중소기업 디지털 혁신 구축 지원 강화
	2. 네트워크 지원	① 공장 간, 산·학·연 간 데이터·자원을 연결·공유·활용할 수 있는 네트워크 구축 ② 민간·지역·정부가 함께하는 제조업 상시 혁신체계 구축
혁신을 이끄는 DX | 인재양성 |	1. 재직자 DX교육	① 기업 맞춤형 찾아가는 DX교육 서비스(DX 기업 방향 설정(멘토링)) ② 재직자 DX 교육 지원 ③ 기업내 DX 공감대 형성
	2. 혁신인재양성 및 유치	① 디지털 제조 혁신 운영인력 양성 ② 고급인력의 외부 지원

제7장. 제조·모빌리티 디지털 전환 발전전략

1. 세부실행계획

1.1. 전략 1. 지역이 선도하는 DX (정책지원)

가. (1-1-1) 중소기업 및 유턴기업의 제조경쟁력 강화 지원

실행 시기	즉시 적용	단중기 (2~5년 이내)	장기 (5년 이상)

▌필요성 및 현황 진단

○ 경북지역의 중소기업 및 유턴기업들은 대기업의 완성품에 필요로 하는 부품들을 주로 생산하는 2~3차 하청 기업들이며, 기존의 기계 가공방식을 적용하여 숙련된 작업자들을 통해 제품 생산을 하는 실정임. 디지털 전환을 위한 인력수급 문제와 신기술 도입에 필요로 하는 인프라 충족 등의 어려움이 문제로 대두되고 있음
 - 단순 생산·관리 관련 정보를 전산화 하는 것 이상으로 정보를 어떻게 활용하여 의사결정을 할 것인지에 대한 목표 설정이 이루어 져야 함
 - 산업현장에서의 풍부한 노하우를 바탕으로 낭비의 대상을 인식하고, 각종 하드웨어 및 소프트웨어를 통해 낭비를 최소화할 수 있는 개별 기업만의 방법을 찾아야 함

▌실행 계획

○ 디지털 혁신을 적용하고자 하는 중소기업 및 유턴기업 대상의 제조경쟁력 강화 프로그램 운영
 - 대상 : 단계별 디지털 전환을 적용하고자 하는 중소기업 및 유턴기업 대표 및 임직원(20명 내외)
 - 프로그램 주요 내용 : 디지털 혁신 이해, 각 기업의 현황 분석을 통한 디지털 전환 요소 도출, 각 기업의 보유한 자원을 활용한 디지털혁신 방법론 수립 및 필요로 하는 자원 분석 등

○ 개별 기업 맞춤형 제조경쟁력 강화 사업 운영
 - 대상 : 디지털 혁신을 필요로 하는 중소기업 및 유턴기업 (연 10개 이내)
 - 주요 지원 내용 : 디지털 혁신에 필요로 하는 인프라 구축 비용 및 개발 비용 지원

▌기대효과

○ 디지털 혁신을 통한 제조현장 개선과 기업 대표를 포함한 임직원들의 혁신 마인드 함양 등 기업이 가지고 있는 인적·물적 인프라 기초체력 배양

○ 중소기업 및 유턴 기업의 디지털 전환 적용의 구체적인 방향성 및 방법론 수립에 대한 역량 함양

나. (1-1-2) 산업단지내 제조 네트워크 혁신 지원

실행 시기	즉시 적용	단중기 (2~5년 이내)	장기 (5년 이상)

▍필요성 및 진단

- ○ 제조업 특화 산업단지 구축 및 제조업 혁신센터 사업 등을 통해 서로 연관성이 있는 제조 기업들 간의 시너지 효과를 극대화 함
  - 현재 경북지역의 제조업들은 상호 네트워크를 통한 기술 협력, 기술 인증, 기술 이전을 통한 상호 성장 등의 사례가 전무한 실정임

▍실행 계획

- ○ 경북지역 모빌리티 분야 제조업 특화 산업단지 구축
  - 모빌리티 부품 제조 및 모빌리티 적용 센서 및 시스템 구축 분야 산업단지 구축
  - 기존 제조업의 디지털 혁신을 통한 미래 모빌리티 특화 산업단지로의 성장

- ○ 경북지역 제조업 혁신센터 사업 추진
  - 경북지역 제조업 혁신센터 사업을 통해 산업계의 공동 이익을 추구하고 각 기업의 자생적인 수익구조가 형성되도록 지원함
  - 제조업 혁신센터를 통애 각 기업간의 이술이전, 기술인증 테스트, 특허 풀 구축 등의 시너지 효과를 창출하도록 함

▍기대효과

- 경북지역 제조업 산업단지 기업들간의 네트워크 형성을 통한 기업 성장 시너지 효과 창출
- 기술력 향상 및 신기술을 통한 시장 확대 및 신사업으로의 전환 촉진

제7장. 제조·모빌리티 디지털 전환 발전전략

다. (1-2-1) 기존 경북지역 제조업 기업의 신사업 발굴 및 산업전환을 유도

실행 시기	즉시 적용	단중기 (2~5년 이내)	장기 (5년 이상)

▌현황 및 진단

- ○ 기존 경북지역의 제조업들은 인력부족 및 인프라 부족 등으로 신사업 발굴 및 디지털 전환에 대한 여러움을 호소함
  - 신사업 발굴을 위한 다양한 기술력 확보 및 신제품 개발에 대한 어려움이 많음
  - 신사업 발굴을 통해 개발된 신제품의 시장성 확보에 대한 두려움이 존재함

▌실행 계획

- ○ 경북지역 기업 중 신사업 발굴 및 산업전환 희망 기업 대상의 자유공모 및 지원
  - 연 8,000만원~1억원 규모의 신사업 발굴 및 산업전환 지원
- ○ 경북지역 신사업발굴 및 산업전환 희망 기업 대상의 디지털 전환 전문가 1:1 멘토링 지원
  - 디지털 전환에 대한 전문성을 보유한 학계 및 산업계 멘토를 신사업 발굴 및 산업전환 희망 기업에 1:1 연계함
- ○ 경북지역 제조기업 대상의 신기술 이해 및 산업전환 방법론 습득을 위한 제조업혁신센터 운영
  - 기존 제조기업이 다양한 신기술을 이해하고 산업전환이 원활하게 진행되도록 별도의 지원센터를 운영 함

▌기대효과

- ○ 기존 제조기업의 디지털혁신, 신사업 발굴, 산업전환 사례 증가
- ○ 전문가 1:1멘토링 지원을 통한 각 기업별 효과적인 디지털 전환 시행
- ○ 제조업혁신센터를 통해 신사업 발굴 또는 산업전환에 필요한 정보 및 방법론 제공

라. (1-2-2) 산업전환 지원 및 제품 수출 지원

실행 시기	즉시 적용	단중기 (2~5년 이내)	장기 (5년 이상)

▌현황 및 진단

- 경북지역의 제조기업들이 기존의 생산 제품과 생산 방식의 변화 없이 지속해 오고 있으나 친환경 자동차 및 자율주행 자동차 등의 신기술과 생산 효율성을 필요로 하는 산업의 비중이 커짐에 따라 기존의 경북지역 모빌리티 분야 제조기업들의 매출이 점차 줄어들고 있는 실정임
  - 기존의 제품 이외의 신기술 분야 제품을 개발하고 생산하기에는 자금과 인력의 규모가 부족함
  - 해당 기업들은 국내 수요의 감소와 함께 글로벌 시장 진출을 위한 제품 수출에도 어려움을 겪고 있음

▌실행 계획

- 신기술 도입 및 신제품 개발 등의 산업전환을 위한 단계적 지원
  - 기존 경북지역의 모빌리티 분야 제조기업 분석 및 신산업 전환 가능성이 높은 기업 선정
  - 5년 이상의 장기적 지원 계획을 수립하여 2년 주기로 산업전환에 필요한 기술정보, 인력 및 인프라 등의 지원

- KOTRA 및 수출 지원 기관들과의 협력 지원을 통한 산업전환 이후의 신제품 수출 판로 확보
  - 산업전환을 통해 새롭게 출시된 제품들에 대한 해외 마케팅 및 해외 시장 확보를 위한 KOTRA 등의 해외 무역 전문 기관들을 연계하고 각 기업의 신제품에 적합한 글로벌 시장에 진입하도록 지원
  - 산업전환이 진행된 기업이 자체적으로 해외 시장에 진출 할 수 있도록 기업 임직원에 대한 수출 역량 강화 교육 시행

▌기대효과

- 경북지역의 모빌리티 분야 제조기업들의 미래지향적 신기술 도입 및 신제품 개발을 통한 지속가능하고 확장가능한 비즈니스모델 확립 및 매출 증대
- 경북지역 모빌리티 분야 산업전환 기업 제품의 글로벌 마켓 진출 및 해외시장 진출 역량 향상을 통한 글로벌기업으로의 도약

마. (1-3-1) 중소기업 DX 추진 실태조사

실행 시기	즉시 적용	단중기 (2~5년 이내)	장기 (5년 이상)

▎현황 및 진단

- ○ 중소기업의 실태를 파악하기 위한 기존의 설문조사 방식을 적용 시 데이터 수집의 어려움과 수집된 데이터의 신뢰도의 확보가 어려운 실정임
  - 경북지역의 모빌리티 분야 제조기업들의 근로자 연령대가 점차로 높아지고 있으며, 각 기업별 근로자 수가 20명 미만의 한정적인 기업이 많은 상황으로서 설문조사에 대한 응대와 응답된 답변의 신뢰도가 매우 낮음
  - 이러한 특성의 제조기업들의 실태를 보다 객관적으로 분석하기 위한 인터뷰 방식의 실태조사가 필요함

▎실행 계획

- ○ 경북지역 모빌리티 분야 제조기업 대상으로 인터뷰 방식의 실태조사 시행
  - 인터뷰 대상 기업 리스트 확보 및 각 기업별 대표자 및 임직원 대상의 인터뷰 진행에 대한 사전 공지 진행
  - 양질의 실태조사 인터뷰 수행을 위한 오픈-엔드(OPEN-END)형태의 인터뷰 질문 설계
  - 각 기업별 인터뷰 진행 및 인터뷰 답변 결과들에 대한 분석 수행
  - 인터뷰 결과 분석 내용을 기반으로 한 각 기업별 실태조사 결과 도출

▎기대효과

- ○ 경북지역 모빌리티 분야 제조기업의 신뢰도가 높은 실태조사 결과보고서 도출
- ○ 실태조사 결과 기반의 각 기업에 맞는 지원 정책 및 제도 수립 및 적용

모빌리티 디지털전환 이해

바. (1-3-2) 중소기업 DX 로드맵 구축

실행 시기	즉시 적용	단중기 (2~5년 이내)	장기 (5년 이상)

▎현황 및 진단

- ○ 경북지역의 모빌리티 제조기업들은 대부분이 중소기업들이며, 이들 기업의 기존 생산 제품을 벗어나 디지털혁신을 이루기 위한 중장기적 지원 로드맵이 미흡한 실정임
  - 경북지역 모빌리티 제조기업의 규모 및 분야별 분류 및 각 분류별 중장기 DX 로드맵이 수립되어 있지 못함
  - 경북지역 모빌리티 제조기업의 규모 및 분야별 분류에 따른 맞춤형 중장기 DX 로드맵 구축을 통한 효율성 높은 지원 계획 수립이 필요함

▎실행 계획

- ○ 경북지역 모빌리티 분야 제조기업의 실태조사 결과 기반의 DX 로드맵 구축
  - 경북지역 모빌리티 분야 제조기업 대상의 실태조사 결과를 통한 제조기업의 규모 및 분야별 분류
  - 경북지역 모빌리티 분야 제조기업의 분류에 따른 맞춤형 중장기 DX 로드맵 구축
  - 제조기업 대상의 중장기 DX 로드맵의 효과적인 지원을 위한 지원 정책 및 제도 수립

▎기대효과

- ○ 경북지역 모빌리티 분야 제조기업들 대상의 DX 로드맵 수립을 통한 효과성 높은 지원 체계 확보
- ○ 경북지역 모빌리티 분야 제조기업들의 DX 로드맵 적용에 따른 신산업으로의 전환 가속화 및 지역 경제 활성화에 기여

제7장. 제조·모빌리티 디지털 전환 발전전략

사. (1-3-3) 산업전환 기업에 대한 자금 및 세제 혜택 지원 정책 강화

실행 시기	즉시 적용	단중기 (2~5년 이내)	장기 (5년 이상)

▌현황 및 진단

- ○ 기존 지역 모빌리티 분야 제조기업들은 전기차 및 자율주행 모빌리티의 급성장에 발맞추기 위해 산업전환에 대한 의향은 있으나 자금 소요에 대한 부담으로 쉽게 접근하지 못하는 실정임
  - 모빌리티 분야의 신산업으로의 디지털혁신에는 상당한 비용과 고급 인력이 소요됨
  - 대부분의 기존 경북지역 모빌리티 분야 제조기업들은 자본 구조가 열악하며 자원 확보에 어려움을 겪고 있음

▌실행 계획

- ○ 신산업/신제품으로의 산업전환을 이루고자 하는 경북지역 모빌리티 분야 제조기업 대상의 자금 및 세제 혜택 지원
  - 산업전환을 시도하는 경북지역 모빌리티 분야 제조기업에 대한 객관성 있는 실태조사 시행
  - 실태조사 결과 진정성 있는 산업전환을 진행하고 있는 제조기업으로 평가된 기업에 대한 자금 지원 및 세제 혜택 부여
  - 단기, 중기, 장기의 구분을 통한 지원 자금 및 지원 형태의 세분화

▌기대효과

- ○ 자금의 부족으로 산업전환에 어려움을 겪는 경북지역 모빌리티 분야 제조기업의 산업전환 기회 부여
- ○ 경북지역 모빌리티 분야 제조기업의 산업전환 우수사례 도출을 통한 자금 지원 및 세제 혜택 정책의 표준 모델 도출

1.2. 전략 2. 지역과 함께하는 DX(인프라, 네트워크 지원)

가. (2-1-1) 기업 컨설팅 지원

실행 시기	즉시 적용	단중기 (2~5년 이내)	장기 (5년 이상)

┃ 필요성 및 현황 진단

- ο 디지털 전환 관련 다양한 사업이 지원되고 있으나, 영세 제조 중소기업의 경우 DX 연계 각종 정부 지원사업의 혜택을 받기가 매우 어려운 상황
  - 각 지역 중소기업은 36.3만개로 종사자 수는 81.8만명으로 조사
  - 지역의 영세 중소 제조기업 중 정부 지원사업 수혜 대상 지정 및 지원이 어려운 기업을 대상으로 찾아가는 중소기업 DX 컨설팅 지원 필요
- ο 지원금 형식이 아닌 디지털 전환 전문가의 기업 방문 컨설팅 등 낮은 사업 이해도를 제고할 수 있는 전략이 필요

┃ 실행 계획

- ο 디지털 전환의 개념 및 필요성을 설명
  - 대상 : 제조 중소기업 중 종사자 수 30인 이하의 기업으로 자체적인 디지털 전화의 어려움을 겪고 있는 기업을 대상
  - 지원방식 : 지원금 형태의 지원이 아닌 실질적인 디저털 전환을 추진할 수 있도록 전문가가 방문하여, 기초적인 이해도를 제고하는 사업 설명 등의 기초 컨설팅을 수행
  - 기업 신청 (포항 테크노파크) → 방문 기업 선정 (선발기준 : 자체 추진이 어려운 기업) → 멘토 배정 → 방문 컨설팅 → 타 사업 연계 지원
  - 기간 : 4회 내외 방문 컨설팅(추가 지원은 재지원 기업을 대상으로 수행)
- ο 기업 디지털 전환 전략 수립을 위한 기초 컨설팅 수행
  - 기초 컨설팅을 지원하여, 다른 정부 디지털 전환 지원 사업에 지원할 수 있는 토대를 마련

┃ 기대효과

- ο 영세 제조 중소기업이 디지털 전환 사업에 지원할 수 있는 토대 마련
- ο 실제 기업이 겪고 있는 애로사항 등의 기초 자료를 수집하여, 전략 수립의 기초자료로 활용

제7장. 제조·모빌리티 디지털 전환 발전전략

나. (2-1-2) 전략적 기술지원(전통제조업 대상)

실행 시기	즉시 적용	단중기 (2~5년 이내)	장기 (5년 이상)

▍필요성 및 진단

- ○ 전통 제조업(자동차 부품 등) 기업은 디지털 전환을 위한 자체 기술 개발 및 신사업으로의 전환이 현실적으로 거의 불가능
  - 전통 제조기업의 디지털 전환을 통한 기존 공정의 축소와 효율화에 집중
- ○ 전통제조 중소기업의 많은 수는 하청기업으로 원청의 플랫폼 형식을 따르는 것이 일반적임
  - 하청 제조업의 경우 원청의 시스템 및 플랫폼을 사용하면서 동시에 디지털 전환을 추진할 수 있는 전략이 필요

▍실행 계획

- ○ 원청에서 하청에게 하는 기술지도를 지원
  - 원청이 기술지원을 하청인 중소기업이 받는 형식을 지원하여, 전통제조업을 영위하는 하청기업의 원활한 디지털 전환을 추진
- ○ 대기업-주관 중소제조기업-플랫폼업체(스타트업)의 DX 플랫폼의 협력체인 구축
  - DX 플랫폼의 협력체인 컨소시엄 구성한 기업을 중심으로 지원
  - 상공회의소 등을 통해 DX 플랫폼의 협력체인을 구축을 독려
- ○ 대기업-주관 중소기업-중소기업의 하청기업의 서플라이체인 (공급망)에서의 협력 체인 구축
  - 공급망과 네트워크를 모두 고려하여 지원하는 방식으로 설계
- ○ 컨소시엄 구성한 기업 위주로 지원하여, 상생 제조 디지털 전환을 추진

▍기대효과

- ○ 기존 전통제조업 기업의 실질적인 디지털 전환을 추진하여 진정한 의미의 "전환"이 되도록 추진
- ○ 지역 내 SW교육 전문가 연계를 통한 SW 대표 교육사업으로 발돋움

다. (2-1-3) 대기업 연계를 통한 중소기업 디지털 혁신 구축 지원 강화

실행 시기	즉시 적용	단중기 (2~5년 이내)	장기 (5년 이상)

▌현황 및 진단

o 디지털 혁신의 흐름은 중소제조기업에게 기회이자 위기인 상항
- 많은 중소기업은 기업 스스로 디지털 전환을 추진하기 어려운 상항
- 중소벤처기업의 혁신역량을 강화해 중소기업이 대기업에 버금갈 만한 혁신성과 생산성을 갖추고 이를 통해 중소기업의 위상을 제고할 수 있는 방안의 마련이 필요

▌실행 계획

o 대기업 퇴직 우수 기술전문가(스마트 마이스터)를 중소기업에 파견하는 지원 사업 신설
- 신규 사업을 통해 대기업-중소기업 기술 연계를 통한 사업개발을 촉진할 전문가 및 조직의 설치하고, 대기업 출진 우수 기술전문가를 초빙하여 중소기업에 파견

o 디지털 제조 혁신 공급 기업 육성
- 대기업 및 중견기업의 협력 네트워크를 강화하여, 디지털 제조 혁신을 위한 우수 공급 기업 육성

o 디지털 제조 혁신 운영인력 양성 규모를 확대
- 정부의 디지털 인재 양성 종합방안(교육부, `22)에 발 맞추어 전문기술 지도 인력와 함께, 각자의 전공 분야와 디지털 기술을 융합하는 인재, 일상에서 디지털 기술에 친숙한 인재를 포괄적으로 양성

▌기대효과

o 대기업-중소기업의 상생모델 구축을 통해 자연스럽게 중소기업의 디지털 전환을 추진

o 대기업 기술전문가를 통해 디지털 전환의 노하우를 축적

제7장. 제조·모빌리티 디지털 전환 발전전략

라. (2-2-1) 데이터·자원을 연결·공유·활용할 수 있는 네트워크 구축

| 실행 시기 | 즉시 적용 | 단중기 (2~5년 이내) | 장기 (5년 이상) |

▎현황 및 진단

○ 중소기업의 디지털 전환은 비용 부담 문제로 인해 어려운 상항에 직면
- 디지털 전환은 전산부터 공정 자동화까지 다방면에서 이루어 질 수 있으나, 인적 물적 비용문제로 인해 추진이 어려운 상항
- 이러한 문제로 필요성은 인정하나, 실제 추진이 어려운 상항에 직면

▎실행 계획

○ 공장 간, 산·학·연 간 데이터·자원을 연결·공유·활용할 수 있는 네트워크 구축
- 기 구축된 산업단지를 중심으로 공장 간, 산·학·연 간 데이터와 자원을 연결·공유·활용할 수 있는 산단형 네트워크를 구축
- 산업부의 스마트 산업단지 등 정부 사업에 적극적으로 지원

○ 산업데이터 활성화를 위한 정책과제 도출
- 산업데이터는 공급자와 수요자가 연결되지 않으면 효율을 높일 수 없기 때문에 공용 플랫폼화를 통한 결합이 필요
- 중소기업을 중심으로 형성된 국내 산업 특성상 데이터 공유를 유출로 받아들이지 않도록 데이터 주권 의식 필요
- 산업데이터 활용도를 높이기 위해서는 기업별, 업종별로 데이터를 이해하고 활용할 수 있는 기반을 마련하는 정책과제를 도출하여 지원
- 산업데이터 활용의 구심점 역할을 할 플랫폼 제작 과제 지원

▎기대효과

○ 우수 SW강사들이 지속적인 채용이 가능하고, 근무연수에 따른 경력 혜택을 받음으로 인해 교육 프로그램의 우수성 확보

○ 우수 SW교육강사 발굴 추진을 위한 모니터링 시스템 도입을 통해 평가제도와 연계하여 운영 추진

마. (2-2-2) 민간 · 지역 · 정부가 함께하는 제조업 상시 혁신체계 구축

실행 시기	즉시 적용	단중기 (2~5년 이내)	**장기 (5년 이상)**

▌현황 및 진단

○ 중소기업 스마트 제조혁신 전략의 핵심골자 중 하나인 '공성혁신'을 위해서는 스마트공장의 필요성이 더욱 강조되고 있음

○ 스마트 공장 등 공정혁신을 위해서는 정부, 지자체, 기업이 협력하는 모델이 필요

▌실행 계획

○ 지역 주도의 스마트공장 구축 생태계가 활성화 될 수 있도록 경북 특성을 반영한 보급계획을 수립
  - 정부와 지자체가 함께 매칭하여 스마트 공장 건립 구축비용을 지원
  - 수혜기업에 자금·R&D·수출 등 지원사업 중 최대 4개까지 원스톱으로 지원받을 수 있는 스크럼방식의 프로그램을 추진
  - 수혜기업에 자금·R&D·수출 등 지원사업 중 최대 4개까지 원스톱으로 지원받을 수 있는 스크럼방식의 프로그램을 추진할 예정

○ 기업에 자금·R&D·수출 등 지원사업 중 최대 4개까지 원스톱으로 지원받을 수 있는 스크럼방식의 프로그램을 추진

○ 스마트공장 수준 진단 등을 거쳐 확인제도를 도입하고, 확인기업에 대해서는 공공조달·금융·R&D 등 정책지원 우대

▌기대효과

○ 정부와 지자체, 동종 기업, 학교, 연구소가 집적되어 다수의 협업 경험과 두터운 신뢰 관계를 형성하고 있는 산업단지를 통해 제조혁신 시너지 효과를 극대화

○ 스마트공장 보급을 생산성 향상, 데이터 축적 효과 극대화

제7장. 제조·모빌리티 디지털 전환 발전전략

1.3. 전략 3. 지역 혁신을 이끄는 DX (인재 양성)

가. (3-1-1) 기업 맞춤형 DX 멘토링 서비스

| 실행 시기 | 즉시 적용 | 단중기 (2~5년 이내) | 장기 (5년 이상) |

▍필요성 및 현황 진단

○ 스마트공장 현장 지원 사업을 수행하는 중소기업이 요구하는 멘토들의 역할로 기업 문제해결과 교육 및 전문가 지도를 응답하였음 (대한상의, 2018년 스마트공장 현장 지원 사업 결과 보고서)
  - 지원기업의 수준과 요구에 맞는 맞춤형 수준별 문제해결(79건), 교육(스마트공장, 품질향상, 경영관리 등)(48건), 중장기 관점의 전문가 지도(스마트공장 구축, 발전 로드맵 등)(38건) 등
  - 교육지원 보다 즉시 현장에 적용할 수 있는 문제해결 멘토에 대한 수요가 높은 것으로 분석됨

▍실행계획

○ 대기업 등 현장 경험이 풍부한 전문가를 파견하여 제조 현장 개선, 기술 애로 해결 등 경험과 노하우를 디지털전환 구축을 진행하고자 하는 중소·중견기업에 멘토링/컨설팅을 시행함
  - 스마트공장 구축 전략 및 고도화 로드맵 수립, 구축 후 활용도 제고, 구축 과정 애로 해결 등 스마트공장 구축에 대해 지도함

○ 기업당 모빌리티 DX 멘토*(혹은 멘토단) 최대 3개월 파견(총인건비의 10% 기업부담)
  - (기본형) DX 적용 단기·단순 과제 해결을 희망하는 기업을 대상으로 애로 해결을 지원함
  - (심화형) DX 적용 장기·복합과제 해결을 희망하는 기업을 대상으로 애로 해결을 지원함

구 분	지원 기간	정부지원금 비중
기본	모빌리티 DX 멘토 1인 x 4회 (약 1개월)	90%
심화	모빌리티 DX 멘토단(3인) x 6회 (약 3개월)	

* 멘토 자격: 모빌리티 관련 기업 제조 현장 근무 또는 이에 따르는 경력, 모빌리티 스마트공장 구축 운영 및 제조 노하우 관련 전문 실무경험, 관련 학위 및 자격증 등

▍기대효과

○ 기업의 수준과 요구에 맞춤형으로 솔루션이 제공될 수 있어 단기/장기적인 문제해결이 가능함
○ 멘토링 결과에 관한 우수 사례를 도출하여 모빌리티 DX 문제해결 매뉴얼로 활용이 가능함

나. (3-1-2) 디지털 제조데이터 퍼실리테이터 양성

실행 시기	즉시 적용	단중기 (2~5년 이내)	장기 (5년 이상)

▌필요성 및 현황 진단

○ 기업체들은 AI 기술 도입의 어려움과 AI 생태계 활성화를 위해서 '전문인력 부족'을 언급하였으며, 전문인력 중 '실무형 기술 인력양성'(42.7%)이 가장 필요하다고 조사되었음 (AI에 대한 기업체 인식 및 실태조사(KDI, '21.1))

▌실행계획

○ 중소·중견 제조기업 재직자를 대상으로 인공지능·데이터 활용 교육을 지원하여 데이터 제조데이터 퍼실리테이터 전문가로 육성함

<제조데이터 퍼실리테이터 역할>

- 제조기업의 문제 진단 및 인공지능 기반 문제해결 방안 도출
- 제조 AI에 대한 이해 및 제조 현장 적용 가능성 판단
- 문제해결을 위한 제조데이터를 식별하고 AI 모델 결과 검증 및 결과 해석, 현장 실증 적용

○ 지원내용 및 지원 대상
 - 지원 대상: 인공지능 솔루션 실증, 스마트공장 구축 및 고도화 사업으로 선정 구축·진행 중인 중소·중견기업의 재직자
 - 지원내용: 생산공정 최적화, 품질 예측, 설비고장 사전진단(예지보전) 등 제조 현장 적용 중심의 인공지능·데이터 활용 교육 지원

○ 양성과정 내용
 - (1단계) KAMP(Korea AI Manufacturing Platform) 콘텐츠 기반 제조 AI 이론 및 실습 중심 제조 특화 인공지능 비대면 교육 8주
 - (2단계) 전문가 1:1 멘토링을 통한 현장 공장 제조 AI 실습 프로그램 24주
 - (3단계) 우수현장 견학을 통해 현장 공장에 제조 AI 기술을 적용한 우수기업을 섭외하여 교육생을 대상으로 우수기업 현장 견학 및 목소리 청취 진행

▌기대효과

○ 기업 재직자를 대상으로 현장에 바로 적용할 수 있는 교육프로그램 운영이 가능함

○ 양성과정으로 배출된 우수 퍼실리테이터 전문가는 향후 전문 멘토로 활동할 수 있어 핵심 인력 확보를 위한 선순환 구조로 전환이 될 것으로 기대됨

제7장. 제조·모빌리티 디지털 전환 발전전략

다. (3-1-3) 스마트 제조혁신 DX 성과 국민 공감대 형성

실행 시기	즉시 적용	단중기 (2~5년 이내)	장기 (5년 이상)

| 필요성 및 현황 진단

- 우수한 스마트 제조혁신 현장에 관한 성과 사례를 공유할 수 있는 플랫폼이 단순 웹사이트나 홍보 동영상에 치중되어 있어 중장기적인 성과 관리 및 확산체계가 부족함

| 실행계획

- 청년 및 관련 예비 전문인력들의 스마트 제조혁신 현장을 체험하고 이를 컨텐츠화하여 홍보에 활용함
  - 스마트 제조혁신 DX 성과를 전공자와 비전공자 관점에서 취재, 홍보하여 일하고 싶은 스마트중소기업에 대한 공감대를 형성함
- 참여 대상 및 현장 체험내용
  - 취업을 준비 중인 청년 3~4인으로 팀을 구성하여 참여
- 현장 체험내용
  - 5개 권역별로 구분하여, 스마트공장 DX 현장 체험과 홍보를 진행함
  - 인공지능(AI)·데이터 기반의 스마트 제조혁신을 통한 생산성 향상, 근로자 삶의 질 개선 등 일터 혁신, 클라우드 기반 원격·비대면 모니터링 시스템 구축 등 스마트공장 내 DX 과정 전반에 대해 혁신성과는 체험하고 현장 인력들의 인터뷰 등을 담은 영상물을 제작함
- 참여 절차
  - (참여 신청) 권역별 팀 소개 영상 제출 (현장 체험 활동 계획 및 아이디어 포함)
  - (참여팀 선발, 매칭) 권역별로 청년체험단을 3개 내외(총 15개 내외)로 선발하고 체험을 진행할 스마트공장과 청년체험단을 매칭 (팀별 체험활동비 지급)
  - (체험·홍보 컨텐츠 제출) 스마트공장을 방문 체험하고 영상으로 제작·배포
  - (선정) 우수 혁신체험단 선정

| 기대효과

- 취업을 준비하고 있는 전공자들의 현장 체험과 연계함으로써 국민 공감대 형성과 우수인력 확보를 위한 교두보가 마련될 수 있을 것으로 보임

모빌리티 디지털전환 이해

라. (3-2-1) 디지털 제조혁신 전문인력 양성

실행 시기	즉시 적용	단중기 (2~5년 이내)	장기 (5년 이상)

▌필요성 및 현황 진단

- 핵심 기술 분야(AI, 양자 등)의 기술격차는 선도국 대비히여 여전히 낮은 수준임
  *선도국 대비 ICT 기술 수준('15→'20) : 80.3(1.6년) → 88.6(1.2년)
  ** AI : (美) 100 〉(中) 91.8 〉 (日) 88.2 〉 (韓) 87.4 / 양자 : (美) 100 > (中) 99 〉 (韓) 83.3

- 디지털전환 가속화에 따라 기업들의 디지털 인력난이 심화하고, 특히, 기술 패권 경쟁에 대응할 세계 최고 수준 인재 확보가 시급함
  *디지털 인재 수요(~'26년) 73.8만 명, 취업률(약 70%) 고려 시 100만 명+∝ 공급 필요(출처: 한국직업능력)

▌실행계획

- 4차 산업혁명 시대 제조산업과 제조와 연관된 전후방 서비스 산업을 발전시킬 산업 인공지능 분야의 융합형 석박사 R&D 전문인력 양성을 목표로 함
  - 특히, 산업별 특화 산업 인공지능 교과과정 및 공통 및 실습 운영과목을 개발하여 스마트공장 특화 석·박사 전문인력을 별도로 배정하고 양성함

- 대한민국 디지털 전략 수립에 따른 '기업 주도, 대학 협력, 정부 지원' 인재 양성의 본격화
  - 교육-채용이 연계되는 민·관 협력형 교육과정 확산
  - 전문가 육성을 위한 혁신형 전문교육 신설·확산
  - 디지털 선도기업 및 벤처기업 협·단체 등 민간주도형 인재 양성 확대

▌기대효과

- 기업 주도로 인력 수요를 대학이 공급하는 구조로 지역 기반 대학들의 취업률 증가에 효과가 있을 것으로 기대됨
- 대학에서 다양한 방식의 혁신적 교수법과 학생참여형 전공 과정(융합캡스톤 등)이 개발되고 있어 기업 연계 캡스톤 전공과정도 연계가 가능할 것임

마. (3-2-2) 고급인력의 외부 지원

| 실행 시기 | 즉시 적용 | 단중기 (2~5년 이내) | 장기 (5년 이상) |

▎필요성 및 현황 진단

- ○ 중소벤처기업 CEO 또는 임직원 456명을 대상으로 스마트공장 도입에 대한 설문조사를 한 결과, 스마트 공장 도입 시 문제점은 ▲초기 투자 비용(43.3%) ▲전문인력 확보(25.3%) ▲사후관리 비용(18.8%) 순으로 나타났음(중소기업진흥공단 2018년 실시)
- ○ 대부분 스마트공장을 도입한 기업의 장기적인 문제점으로 투자에 대한 비용적인 부담과 관련 전문인력 확보라는 두 가지 문제를 동시에 가지고 있을 가능성이 커 적절한 수준의 스마트공장 운영을 전제로 전문인력 양성을 넘어 직접적인 확보를 위한 재정적인 지원이 뒷받침될 필요가 있음

▎실행계획

- ○ 스마트공장 수준 확인제도를 확인하여 스마트공장을 구축한 중소중견 기업 및 기구축 후 자체 구축을 통해 수준이 상승한 기업을 대상으로 필요한 인력에 대한 재정적인 지원을 해주는 것을 목표로 함
  - 스마트공장 수준 확인제도 진단에는 추진전략(리더십과 전략), 프로세스(제품개발, 생산계획, 공정관리, 품질 관리, 설비관리, 물류 운영), 정보 시스템과 자동화(정보 시스템, 설비 자동화), 성과 등 4개 영역으로 구분됨

등급	수준단계	특성	조건(구축수준)	점수
Level 5	고도화	맞춤 및 자율 (Customized & Autonomy)	모니터링부터 제어, 최적화까지 자율로 운영	950점 이상
Level 4	중간2	최적화 및 통합 (Optimized & Integrated)	시뮬레이션을 통한 사전대응 및 의사 결정 최적화	850~950점
Level 3	중간1	분석 및 제어 (Analysed & Controled)	수집된 정보를 분석하여 제어 가능	750~850점
Level 2	기초2	측정 및 확인 (Measured & Monitored)	생산정보 실시간 모니터링 가능	650~750점
Level 1	기초1	식별 및 점검 (Indentified & Checked)	부분적 표준화 및 실적정보 관리	550~650점
Level 0	ICT 미적용	미인식 및 미적용	미인식 및 ICT 미적용	550점 미만

  - 기존 수준에 따라 지원되는 항목으로 공공 구매/R&D/정책자금/KCL 인증 등 이외에 직접적인 인력 재정비용 지원에 대한 검토가 가능하겠음(취업 관련 청년인턴제도 등과 연계도 가능함)

▎기대효과

- ○ 현재 스마트공장 DX 수준에 대한 조사는 자발적으로 이루어지고 있어 해당 인센티브 확대에 따라 기업 전반적인 디지털전환 활성화가 기대될 수 있음

제3절 제조업 및 모빌리티 산업 디지털 전환 중장기 로드맵

1. 제조 및 모빌리티 분야 중장기 로드맵

제조 중소기업 지원 로드맵

- 단계별 로드맵을 통해 제조 중소기업의 디지털 혁신 체계를 지원
- 단기 전략은 정부 사업 지원 중심의 사업으로 구성
- 중기 전략은 기업의 혁신 역량 제고 및 기업 자체 재원 투입
- 장기 전략은 네트워크 및 디지털 기술 분야까지 혁신을 추진

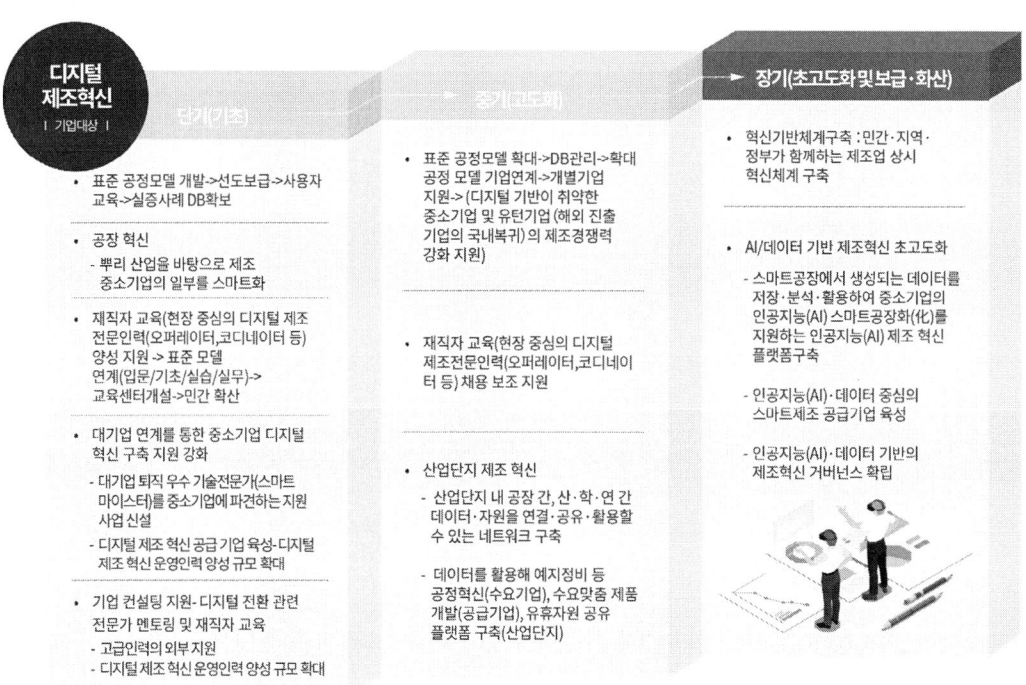

제조 분야 신산업 전환 지원 로드맵

- 중소기업 중 일부는 미래 산업 및 신산업으로의 산업전환이 필요
- 단기 전략은 규제 지원 및 세제 혜택 등 산업 전환의 초석을 지원
- 중기 전략은 신산업 발굴에 따른 기업 지원 전략을 제안
- 장기 전략은 신산업 및 미래유망 산업으로의 전환 이후 기업 체질 개선을 지원

제7장. 제조·모빌리티 디지털 전환 발전전략

산업전환 대비책
| 정책 및 기업지원 |

- 기존 경북지역 제조업 기업의 신사업 발굴 및 산업전환을 유도하기 위한 희망 기업 대상의 자유공모 및 지원
  (요소기술 개발 규모, 국내 시장 검증 지원)

- 산업전환 기업에 대한 세제 혜택 지원

- 규제 샌드박스
  - 실증특례 실시를 통해 산업전환에 대한 유연한 대비책 마련 및 산업전환 유도

- 규제 개선
  (규제 혁신 로드맵 작성 및 혁신 포럼 구성을 통한 산업전환 목표 세분화)

- 기존 경북지역 제조업 기업의 신사업 발굴 및 산업전환을 유도하기 위한 희망 기업 대상의 자유공모 및 지원
  (시스템 단위 개발 규모, 글로벌 시장 검증 지원)

- 시스템 단위 산업전환 기업에 대한 금융 혜택 연계 지원

- 시스템 단위 산업전환 기업에 대한 매출 보장 제도 운영
  (우선구매대상등록, 정부 매입보장 등의 혜택)

▶ 장기(초고도화 및 보급·확산)

- 연쇄적 산업전환의 지속을 통한 경북 지역 산업의 체질 개선

- 산업전환 지원 및 제품 수출 지원
  - 국가별 산업특성을 고려한 유망시장 맞춤형 수출지원 및 해외 진출을 위한 인증지원
  - 중소기업 및 유턴기업의 도입단계, 사업장 규모 별 정부 지원 프로그램 및 상품·서비스 등 개발

▌ 경북 모빌리티 분야 지원 로드맵

모빌리티
| 정책 및 지원사업 |

- 경북지역 자율주행 및 친환경 자동차(xEV) 산업 육성을 위한 특화 분야 선정 및 육성 로드맵 구축

- 경북 지역 친환경 자동차(xEV) 부품 및 플랫폼 생산 기업 육성 및 관련 기업 유치 (스타트업 포함)

- 모빌리티 분야 AI/IT/ICT/IoT/소프트웨어 기업 및 관련 기업유치(스타트업 포함)

- 경북지역 모빌리티 특화 산업 인식 제고
  - 서비스 모빌리티 및 경북 특화 모빌리티 산업 활성화를 위한 홍보/교육 강화
    -> 모빌리티 신산업 부정적인식 개선
    -> 필요성 인식(사업자)혹은 일자리 소실에 대한 두려움 타파(노동자)

- 경북지역 자율주행 및 친환경 자동차(xEV) 산업 활성화를 위한 특화분야 산업단지 조성
  - 경북지역 xEV 제조 및 튜닝 기업 육성 (시스템 단위)
  - 경북지역 자율주행 모빌리티 센서 및 소프트웨어 기업 육성

- 경북지역 서비스 모빌리티 활용 모델 개조·개량 지원

- 수요 맞춤형 개발 보급
  - 서비스 기업과 모빌리티 기업 공동으로 수요자 문제 해결을 위한 서비스 모빌리티 활용 모델 발굴
    (산업/상업/의료/공공/기타)

▶ 장기(초고도화 및 보급·확산)

- 경북지역 자율주행 및 친환경 자동차(xEV) 산업단지의 글로벌 가치사슬 (Value Chain) 구축

- 경북지역 자율주행 및 서비스 모빌리티 실증·보급

— 217

모빌리티 디지털전환 이해

- 정책 및 지원사업을 중심으로 경북 모빌리티 분야 디지털 전환의 로드맵을 수립
- 단기 전략은 경북 지역 자동차 및 모빌리티 분야 산업 육성 및 기업 유치를 중심으로 수립
- 중기 전략은 수요 맞춤형 기업 육성 전략을 제안
- 장기 전략은 모빌리티 산업 단지 및 실증 테스트 배드 구축 전략을 제안

2. 세부 추진 사업 제안

▎기술 습득 및 기술개발 지원

- 기존 제조업의 미래지향적 디지털전환을 위한 빅데이터, 사물인터넷(IoT), 로봇공학, 3D프린팅, 블록체인, 가상/증강현실(VR/AR), 클라우드, 인공지능(AI) 등의 기술에 대한 교육 지원 및 기술개발 지원

▎대기업(원청)협력 지원

- 기존 제조기업이 원청의 지원을 받을 수 있을 때까지 기업 경쟁력을 높일 수 있도록 기술 교육 및 개발을 지원하며 원청의 원활한 지원 구도가 형성되도록 '상생협력형 산업단지' 구축

▎스타트업의 신기술 연계

- 경북지역 스타트업플랫폼 구축 및 이를 활용한 기존 제조기업과 스타트업의 연계 활성화
- 신기술을 제공하는 스타트업에 대한 지원 체계 구축
- 기존 제조업 기업의 스타트업 신기술이 연계된 생산물의 가치평가 체계 및 시장 진출 지원

▎신산업으로의 전환 지원

- 기술력이 뛰어나고 높은 성장의지와 잠재력을 갖춘 중소기업을 발굴하여 제품혁신을 통한 신시장 발굴 및 신기술 개발까지 사업화 지원을 통해 강소기업으로 육성
- 제품혁신·시장개척분야 스마트혁신분야 지원(소요비용의 70% 지원금 지급, 지원금 총액 최대 76백만원) (예상)
    - ※ 매칭 투자 시·군(전북지역) 기업당 76백만원 이내 (예상)
    - ※ 미참여 시·군내 소재(전북지역 외) 기업당 38백만원 (예상)
    - ※ 제품혁신 : 시제품개발 디자인개발, 지식재산권 획득, 제품규격인증 획득, 기술사업화 자율과제

※ 시장개척 : 국내·외 전시회 참가, 홍보판로개척
※ 스마트혁신 : 스마트 팩토리 구축, 비대면 근무시스템, 온택트 홍보판로개척

기존 제조업의 디지털전환을 위한 전문가 지원

○ 경북지역 제조업 기업을 대상으로 디지털전환 관련 학계 및 산업계 전문가의 멘토링 지원

○ 6개월 단위 지원으로, 월 2~3회 전문가 멘토링 지원

○ 디지털전환 전문가 협력을 통해 실제적인 디지털전환을 위한 전략 수립 및 각 기업의 상황에 적합한 디지털전환 시행 방법론 구축

금융지원 및 세제 지원

○ 경북지역 제조업의 디지털전환에 따른 사업재편 기업에도 등록면허세 50%를 감면 (예상)

○ 경북지역 제조업의 디지털전환 승인기업에 대한 재산세·취득세 50% 감면 (예상)

인력 보조금 지원

○ 지원금액 : 경북지역 제조업의 디지털전환 기업에 대해 신청인원 1인당 300만원 이내 (예상)
　※ 예산 사정상 실제 지원 금액이 축소될 수 있음

○ 지원한도 : 동일 회계연도 내 1개 기업 당 최대 5명 이내 (예상)
　※ 채용 후 6개월 고용 유지

참고자료

에듀컨텐츠·휴피아
CH Educontents Huepia

◆ 참고문헌

규제샌드박스 컨설팅 보고서

절 | 규제 샌드박스 컨설팅 진행 개요

1. 추진 방향 설정

- 본 컨설팅은 기업이 추진중에 있는 기술 개발 결과물을 시장에 진입시키기 위해 필요한 규제에 대응하기 위한 분석 컨설팅으로 수행
- 규제 샌드박스 수요자인 기업의 구체적인 현안 및 쟁점질문에 빠르게 대응할 수 있도록 기술서비스 및 법률 관련 전문상담 진행
- 규제 샌드박스 절차상 사전검토위원회, 신기술서비스 심의위원회의 원활한 심의를 위한 기업의 규제 샌드박스 신청서 작성 지원 컨설팅 추진
- 기업의 기술개발, 시장현황, 산업 분석등을 통해 현 개발 기술에 대한 시장 진입 가능성을 분석
- 이에 따른 규제, 법률적 제약 사항을 분석하고 이를 위한 규제샌드박스 제도를 활용한 시장 진입 가능성 확보

2. 추진 전략 수립

- SW융합클러스터 2.0 지원기업 대상 규제 샌드박스 전문심화 상담
- (맞춤형 전문상담) 기업 대상 법률 및 기술서비스 맞춤형 전문상담을 통해 기업에 필요한 이슈를 도출
- 규제 샌드박스 신청대상 여부,분석하고 신청분야(신속처리, 규제특례, 임시허가 등) 선정을 위해 상담 진행
- 사업모델별 법적쟁점 부분 분석을 위한 상담 진행
- 구체적인 대응전략 마련 등 규제 샌드박스 접수를 위한 기업의 심화상담
- (과제발굴) 상담내용이 규제 샌드박스 신청에 적합할 경우, 규제 샌드박스 신청서 작성 지원으로 연계하여 사업화 과제 발굴을 추진
- (상담인력) 기업에 실질적으로 도움이 되는 상담지원을 위해 상담인력은 ICT 기술서비스분야에 전문지식이 있고, 기술법률 해석이 가능한 법률 전문가로 인력을 배치
- SW융합클러스터 2.0 지원기업 대상 규제 샌드박스 신청서 컨설팅 지원
- SW융합클러스터 2.0 지원기업 대상 규제 샌드박스 신청서 작성을 지원

- 기업의 규제 샌드박스 사전 신청 단계에서 ① 신청대상 여부 및 신청분야 적합성, ② 신청서 작성방법 등 규제 샌드박스 신청의 적정성을 검토
- 기업의 신기술서비스사업(사업모델) 검토 후 신기술서비스 사업화 범위 확정, 법률 검토 등을 통해 컨설팅 지원영역을 식별하고, 규제 샌드박스 신청서, 제출서류 작성을 지원
- (신청서 작성 지원 인력) 신기술·서비스(모빌리티 관련 기술분야) 및 사업비즈니스모델, 법률/특허, 기술사업화 투자 전문가로 구성된 컨설팅 그룹을 운영하여 기업에 신청서 작성을 위한 종합적인 컨설팅 제공
- △(신청단계) 신청 희망 기업에 전문가를 배정하여 기술, 비즈니스, 법률/특허 및 사업화 검토를 통해 신청서 작성 지원 △(접수단계) 기업이 제출한 서류의 내용점검 및 적정성 검토 후 추가 맞춤형 신청서 작성 지원

3. 규제 샌드박스 신청

- 사업자는 컨설팅을 거친 후 분야별 전담기관을 통해 규제샌드박스 담당 부처에 특례를 신청
- 규제자유특구는 시·도지사가 담당 부처에 신청분야 구분이 모호할 경우 사업자가 어느 전담기관에 문의하거나 신청하여도 적합한 기관으로 이관하여 처리될 수 있도록 하여 사업자들의 불편을 최소화하고 있음
- 특히, 2020년 5월부터는 대한상공회의소에 '규제샌드박스 지원센터'를 설치·운영하고 있어, 기업은 기존의 전담기관은 물론 대한상공회의소를 통해 신청·접수할 수 있음사업자는 컨설팅을 거친 후 분야별 전담기관을 통해 규제샌드박스 담당 부처에 특례를 신청

4. 규제 샌드박스 심의

- 전문 분과위에서 관계부처와의 쟁점 협의·조정 후, 민간 전문가가 과반수 이상 참여하는 규제특례심의위원회에서 최종심의·의결
- 위원회는 신청 사업의 혁신성, 이용자의 편익과 함께 사업으로 인해 발생할 수 있는 위험 등도 함께 심의하여 특례 부여 여부를 결정
- 심의위원회의 심의에 대응하기 위하여 기대효과, 기술개발 활용 가능성, 시장 확대 가능성등을 제안

◆ 참고문헌

신청·접수	규제부처 협의	특례 심의

전담기관

- ICT융합 — 정보통신산업진흥원
- 산업융합 — 한국산업기술진흥원
- 혁신금융 — 핀테크지원센터
- 규제자유특구 — 한국산업기술진흥원, 중소벤처기업연구원, 중소벤처기업진흥공단
- 스마트도시 — 국토교통과학기술연구원
- 연구개발특구 — 연구개발특구진흥재단

민간접수기구
- ICT융합·산업융합·혁신금융·스마트도시
- 대한상의

협의지원
- ICT — 과기부
- 산업 — 산업부
- 금융 — 금융위
- 스마트도시 — 국토부
- 대한상의

- 규제자유특구 — 중기부
- 연구개발특구 — 과기부

- ICT융합 — 신기술·서비스 심의위원회 (위원장: 과기부장관)
- 산업융합 — 산업융합규제특례 심의위원회 (위원장: 산업부장관)
- 혁신금융 — 혁신금융심사위원회 (위원장: 금융위원장)
- 규제자유특구 — 규제자유특구 규제특례등 심의위원회 (위원장: 중기부장관), 규제자유특구위원회 (위원장: 국무총리)
- 스마트도시 — 국가스마트도시위원회 (위원장: 국토부장관)
- 연구개발특구 — 연구개발특구위원회 (위원장: 과기부장관)

모빌리티 디지털전환 이해

출처 : 국무조정실·규제개혁위원회, 「2020 규제개혁백서」, 규제개혁위원회, 2021, 49쪽.

절 ICT 융합 규제 샌드박스(과학기술정보통신부/NIPA) 개요

1. ICT 규제 샌드박스 정의

- 인공지능(AI), 5세대 이동통신(5G), 사물인터넷(IoT) 등 정보통신기술(ICT) 기반 융복합 기술이 빠르게 발전하고 있지만, 기존 규제에 막혀 신속하게 현실화할 수 없는 사례들이 발생하고 있음

- 'ICT 규제 샌드박스'는 기존 규제의 한계를 보완하고, 변화하는 시대에 발 빠르게 대응하기 위해 마련된 제도로 ICT 신기술·서비스가 국민의 생명과 안전에 저해되지 않는다면 일정 기간 기존 규제의 일부 또는 전체를 적용받지 않고, 시장 출시나 실증 테스트를 할 수 있음

> **ICT 규제 샌드박스 관련 법률(정보통신융합법)**
> - ICT 분야 규제 샌드박스를 도입하고 '신속처리', '임시허가' 제도를 개선하는 '정보통신진흥 및 융합활성화 등에 관한 특별법(이하 '정보통신융합법')' 개정안이 2018년 9월 20일(목) 국회 본회의를 통과했다. 개정된 정보통신융합법은 네거티브 규제원칙을 대원칙으로 하며, 시장에 실제로 적용할 수 있도록 구체적 규제혁신제도를 마련했다. ICT 신기술·서비스가 국민의 생명과 안전에 저해되지 않는다면, 기존 법령의 미비나 불합리한 규제에도 실증(실증규제특례) 또는 시장 출시(임시허가) 될 수 있는 계기가 마련되었다는 점에 입법의 의의가 있다.

2. ICT 규제 샌드박스 관련 제도 개요

○ 신속처리
  - 신기술·서비스가 법령 적용 여부나 허가 등을 받아야 하는지 확인해주는 제도로 사업자는 사업에 적용되는 각종 규제 및 필요한 인허가 사항을 손쉽게 확인할 수 있음
  - 신청 절차
    ❶ 사업자가 신속처리를 신청 ❷ 과기정통부는 중앙행정기관을 비롯해 지방자치단체에 해당 신속처리 신청 내용을 통보. ❸ 과기정통부의 통보를 받은 관계기관은 30일 이내에 소관업무 해당 여부 및 허가 등의 필요 여부를 회신, ❹ 과기정통부는 신청기업에 결과를 통보

○ 임시허가
  - 신기술·서비스에 대한 근거법령이 없거나 명확하지 않을 때, 신속한 사업화가 가능하도록 임시로 허가하는 제도
  - 이미 상용화를 할 수 있을 정도로 기술과 서비스가 완성되었음에도 각종 규제로 인하여 해당 기술 및 서비스를 이용해 사업을 영위하는 것이 어렵다면 임시허가를 통해 신기술 및 서비스를 시장에 진입시켜 출시를 앞당길 수 있음

○ 실증규제특례
  - 신기술·서비스가 관련 법령에 따라 금지되어 있거나 안전성이 불확실할 때, 안전하고 기존 시장 상황을 고려한 수준에서 조건부로 테스트할 수 있는 제도
  - 즉, 기존 규제의 적용을 받지 않는 실증 테스트를 통해 신기술·서비스를 검증하는 제도
  - 심사기준
    • 해당 기술·서비스의 혁신성
    • 관련 시장 및 이용자 편익에 미치는 영향 및 효과
    • 국민의 생명·안전의 저해 여부 및 개인정보의 안전한 보호·처리
    • 실증을 위한 규제특례의 적정성
    • 그 밖에 실증을 위한 규제특례의 지정에 필요한 사항
    • 관련법령 : 정보통신융합법 제38조의2 제6항 각 호

모빌리티 디지털전환 이해

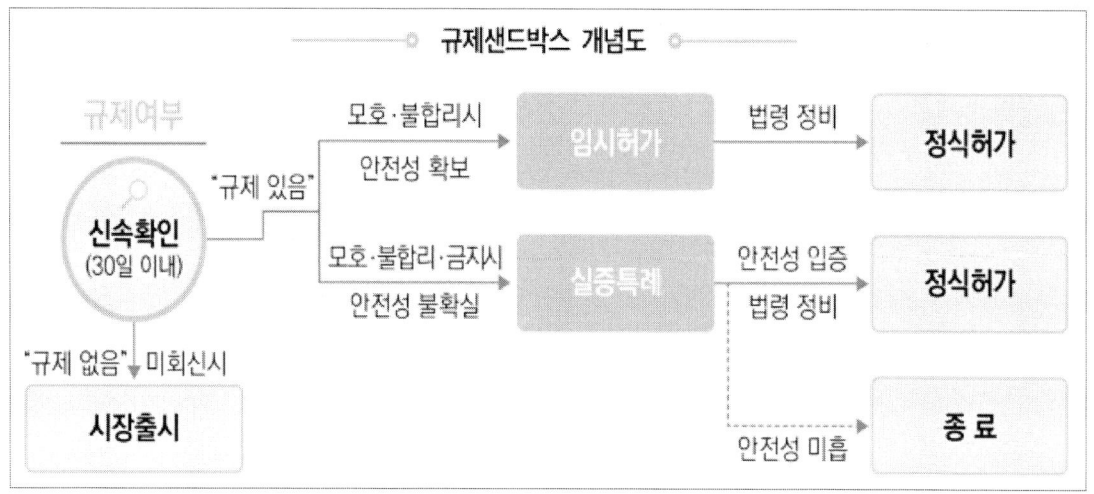

출처 : 국무조정실·규제개혁위원회, 「2020 규제개혁백서」, 규제개혁위원회, 2021, 47쪽.

○ 신속처리 관련 운영 절차
  - 신속처리 제도의 경우 '과제신청', '과제컨설팅(신청인의 애로사항 해소를 위한 임의적 절차)', '과제접수', '소관부처 검토 후 회신', '결과 통지'의 순서로 운영

◆ 참고문헌

신속처리 신청서 예시	기술·서비스에 대한 설명서
(신속처리신청서 양식)	(신규 정보통신융합등 기술·서비스에 대한 설명서)

○ 임시허가 관련 운영 절차
  - 임시허가 제도의 경우 '과제신청', '과제컨설팅(신청인의 애로사항 해소를 위한 임의적 절차)', '과제접수', '소관부처 검토 후 회신', '사전검토위원회', '심의위원회', '임시허가', '운영', '제도개선'의 순서로 운영

모빌리티 디지털전환 이해

임시허가 신청서 예시	임시허가를 위한 사업계획서
(임시허가신청서 양식 이미지)	(임시허가를 위한 사업계획서 양식 이미지)

○ 실증규제특례 관련 운영 절차
  - 실증특례 제도의 경우 '과제신청', '과제컨설팅(신청인의 애로사항 해소를 위한 임의적 절차)', '과제접수', '소관부처 검토 후 회신', '사전검토위원회', '심의위원회', '실증특례 지정', '운영', '제도개선'의 순서로 운영

◆ 참고문헌

실증규제특례 신청서 예시	실증규제특례 실증계획서

3. CT 및 모빌리티 산업 규제샌드박스 분석 및 사례

○ **ICT 관련 핵심 혁신 분야)모빌리티(Mobility)**
  - 모빌리티는 전통적인 교통수단에 ICT 기술을 결합한 신개념을 담아낸 용어이며 미국 우버, 중국 디디추싱, 싱가포르 그랩과 같은 차량 호출 서비스가 대표적인 모빌리티 서비스에 해당
  - 국내에서는 대표적으로 카카오 모빌리티에서 제공 중인 카카오T가 모바일 애플리케이션을 통한 택시 호출, 결제 서비스 연계 등 편의성을 인정받아 단기간에 많은 고객을 확보
  - 이 밖에도 2019년 ICT 규제 샌드박스 제도를 통해 GPS·지리정보·맵 매칭 기술을 활용한 GPS 기반의 앱 미터기가 임시허가에 지정되면서 모빌리티 서비스 활성화를 위한 다양한 서비스가 창출되리라 기대

○ **공유경제(Sharing Economy)**
  - 플랫폼 등을 활용하여 자산·서비스를 타인과 공유하여 사용함으로써 효율성을 제고하는 경제 모델을 말하며, 개인이나 기업·공공기관 등이 유휴자원을 일시적으로 공유하는 활동 등이 포함

모빌리티 디지털전환 이해

- 특히 1인 가구의 증가로 소비 패러다임이 '소유'의 개념에서 '공유' 개념으로 바뀌고, 온라인 플랫폼을 통한 P2P 거래 증가와 같은 이유로 공유경제가 확산
- 협업 소비를 기본으로 하는 이러한 사회적 경제 모델은 우리 생활 속 다양한 영역에서 변화를 가져올 것으로 기대
- 대표적인 사례로는 숙박 공유 서비스인 에어비앤비와, 승차 공유 서비스인 우버가 있다
○ O2O(Online to Offline) 서비스
- ICT 융합 기술을 활용하여 오프라인상의 상품·자산·용역의 거래 등 경제 활동 전반을 온라인 중계 플랫폼에서 구현하는 서비스를 의미
- 미국의 경우 O2O 기업을 플랫폼과 스마트폰 App 등을 활용하여 서비스 공급자와 이용자 간 신뢰수준을 보장하며 전자거래를 지원하는 기업으로 정의하고, EU는 공개시장을 기반으로 개인이 제공하는 상품과 서비스를 공유하는 협업 플랫폼 기반의 비즈니스 모델로 정의하며 O2O는 공유경제의 개념을 포괄하고 있다고 설명
- 국내 대표적인 사례는 온라인(응용프로그램)을 통해 음식을 주문하고 오프라인으로 음식을 받는 '배달의민족'과 임차인과 임대인을중개하는 부동산 정보 서비스 '직방' 등이 있음

4. 모빌리티 산업 관련 규제 샌드박스 적용 사례

○ (공유경제 / O2O - 모바일 기반 폐차 견적 비교 서비스) 조인스오토
- 노후된 자동차를 폐차하고 싶지만 시세에 비해 너무 싼 가격을 받지 않을까 망설이다가 결국 계속 운행을 이어가는 경우가 종종 있음
- 자동차를 구입하는 것에 대한 정보에 비해, 폐차에 대한 정보는 상대적으로 부족하기 때문
- 이에 조인스오토는 폐차를 원하는 차주와 합법적인 폐차업계를 중개하는 서비스에 대해 실증규제특례를 신청
- 그러나 현행법상 조인스오토의 신청내용은 허가가 불가능
- 현행 자동차관리법상 자동차해체재활용업에 등록하지 않은 자는 폐차 대상 자동차 수집 및 알선이 금지되어 있기 때문에 자동차해체재활용업자가 아닌 자는 단순한 폐차 중개·알선 서비스도 할 수 없었음
- 즉, 조인스오토는 등록된 자동차해체재활용업자가 아니기에 법적으로 허용할 근거가 부재했던 것
- (실습 규제특례 제도 적용) 국민들에게 다양한 선택권이 주어지는 긍정적인 영향을 반영하여, 조인스오토의 '모바일 기반 폐차 견적 비교 서비스'는 ICT 규제 샌드박스를 통해 실증규제특례를 부여

◈ 참고문헌

- 다만, 우리나라의 연간 전체 폐차 처리 건수 약 88만대의 2% 수준인 35,000대 이내 범위에서 서비스를 운영할 수 있게 되었음
- 또한, 사업 개시 전 차주가 모바일 본인확인을 한 후 직접 폐차차량을 등록하도록 시스템을 마련해야 하고, 거래 후에는 폐차업체로부터 자동차말소등록사실증명서를 제출받는 체계를 마련해야 함
- 이러한 조건을 붙인 이유는 폐차시장에 허위매물이 중개되거나, 폐차대상 차량이 중고차로 둔갑해 불법 유통될 우려가 있으므로 부작용을 최소화 하기 위해서임

	추진방안/개선사항
▶ 자동차관리법상 자동차해체재활용업에 등록하지 않은 자는 폐차 대상 자동차 수집 및 알선이 금지. 따라서 자동차해체재활용업자가 아닌 자는 단순한 폐차 중개·알선 서비스를 할 수 없음	▶ 조인스오토의 '모바일 기반 폐차 견적 비교 서비스'에 대해 2년간 실증규제특례를 부여. 특례 기간 중 최대 35,000대 이내 범위에서 폐차 중개를 허용

 폐차
차량의 사용을 정지하고 차적(車籍)에서 빼는 것

출처 : http://sandbox.korcham.net/front/Notice/appl/ReportDetail.asp

○ (모빌리티 - GPS 앱미터기) 티머니·리라소프트·SK텔레콤·카카오모빌리티·우버코리아테크놀로지
- 택시에 부착된 '기계식 미터기(이하 택시 미터기)는 1960년대 부터 상용화되기 시작됐고, 택시의 바퀴 회전수를 기반으로 요금이 산정
- 하지만 60년 가까이 요금 조정 때마다 미터기를 일일이 떼어내 프로그램을 설치해야 하는 등 번거로움이 있었음

- 현행 자동차관리법상 택시 미터기는 전기로 작동하는 방식(기계식)만 규정하고 있고, GPS 기반 앱 미터기에 대한 기준이 부재
- 따라서 앱 미터기를 일반 택시에 적용하거나 시장출시를 할 수 없는 상황이었음
- 비록 앱 미터기 기준이 부재하지만 택시 미터기 요금 변경의 번거로움을 해결하고, 유지관리 비용을 절감할 수 있도록 티머니와 리라소프트는 'GPS와 OBD를 결합한 하이브리드형 앱 미터기'를, SK텔레콤·카카오모빌리티·우버코리아테크놀로지(이하 신청기업)는 'GPS 기반 앱 미터기'에 대해 임시허가를 신청
- (임시허가 제도) 과기정통부는 앱 미터기의 시장도입이 시급성과 공정경쟁 필요성 등을 공감하여 신청기업의 '앱 미터기'에 각각 임시허가를 부여
- 단, '앱 미터기 임시 검정 기준' 부합 여부에 대해 국토교통부 확인을 거쳐 사업을 개시할 예정
- 향후 '택시 앱 미터기'가 보급되면 요금을 개정할 때마다 미터기 유지를 위해 사용된 관리비용이 대폭 절감될 것으로 보임
- 또한 GPS에 기반한 서비스인 만큼 다양한 모빌리티 서비스와 연계한다면 새로운 부가가치를 창출할 수 있을 것으로 기대하고 있음

관련규정현황	추진방안/개선사항
▶ 현행 자동차관리법상 택시 미터기는 전기로 작동하는 방식(기계식)만 규정 ▶ GPS 기반의 앱 미터기 기준은 없어 택시 앱 미터기를 시장에 출시하거나 운용할 수 없음	▶ 신청기업별 '택시 앱 미터기'가 시장에 출시할 수 있도록 임시허가를 부여 ▶ '앱 미터기의 시장 도입 시급성'과 '관련 업계의 치열한 경쟁상황에 따른 공정경쟁 환경 마련 필요성'을 종합적으로 고려함

OBD(On-Board Diagnostics)
바퀴 회전수 등을 기반으로 운행거리 측정하는 방법. GPS 미 수신지역에 사용할 수 있다.

기존의 택시요금 개정비용 및 방법
서울시 택시의 경우 요금 개정(3~5년 주기) 시 약 40억 원이 소요된다. 택시기사는 지정 장소에 직접 방문해 요금계측기를 택시에서 떼어 내 조정해야 한다.

택시업계 미터기 유지관리비
서울시 기준 매년 평균 72억원

출처 : https://www.sandbox.or.kr/board/designated_case_edit.do

○ (모빌리티 - 앱 기반 자발적 택시동승 중개 서비스) 코나투스
- 심야시간 귀가길에 택시를 잡는 어려움과 이로 인한 불편을 해소하기 위해, 국내 스타트업 기업 '코나투스'는 밤 10시부터 새벽 4시에 한해 이용자가 원할 경우 이동경로가 비슷한 승객들(1인+1인) 동승할 수 있도록 매칭해주는 앱(App)을 개발했음
- 하지만 현행법상 택시 합승은 불법이기에 해당 서비스를 실질적으로 이용자에게 선보이는데는 어려움이 있었고, 현행 택시발전법상 '자발적 택시동승 중개 서비스'가 '택시 합승'으로 해석되는지 여부는 불명확했음

- 또한 '단일 승객 호출 플랫폼'에 적용되는 '서울시 호출료 기준'을 그대로 적용할 경우 택시기사가 해당 서비스를 이용함으로써 얻는 이득이 적어 사실상 시장에서 활성화가 이뤄질 수 있을지 한계가 우려됐음
- (실증규제특례 제도) ICT 규제 샌드박스 제도를 통해 실증규제특례를 부여하여, 코나투스가 서울시 택시를 대상으로 2년 동안 심야 승차난이 심한 시간에 특정 지역(강남·서초, 종로·중구, 마포·용산, 영등포·구로, 성동·광진, 동작·관악)에서 비즈니스 모델을 시험할 수 있게 했음
- 사업 개시 전, 코나투스는 승객의 안전성을 위한 체계를 구축해야 하며 불법행위 방지 및 관리 방안을 마련해야 함

쟁점사항	추진방안/개선사항
▶ '서울시 호출료 기준'을 '자발적 동승 중개 플랫폼'에 그대로 적용할 경우, 택시기사가 해당 서비스를 이용할 인센티브가 적어 사실상 해당 서비스의 실증 및 활성화가 어렵다는 한계가 있음 ▶ '자발적 택시동승 중개 서비스'가 택시발전법상 금지되는 '택시 합승'으로 해석되는지 여부 불명확	▶ 서울시 택시에 한정해 2년간 실증규제특례를 부여 ▶ 이번 결정이 승객의 자발적인 의사에 따른 택시 동승 중개 서비스에 대한 테스트를 허용하는 것일 뿐, 기사가 임의로 승객을 합승시켜 요금을 각각 수령하는 '불법적 택시 합승'을 허용하는 것은 아님을 분명히 함

코나투스 호출료
22시~24시 : 4,000원(1인당 2,000원) / 00~04시 : 6,000원(1인당 3,000원)

합승 vs 동승 ?
합승: 다른 승객이 있는 택시를 함께 탐 ▶ 택시기사가 주체 (1982년 전면금지)
동승: 경로가 비슷한 사람과 함께 가겠다고 표현함 ▶ 승객이 주체

출처 : https://www.sandbox.or.kr/board/designated_case_edit.do

○ **(모빌리티 - 수요응답 기반 커뮤니티형 대형승합택시) KST모빌리티·현대자동차**
- 승용차 이용률이 계속 증가하면서 특히 도로 이용률이 높은 출퇴근 시간은 언제나 교통정체로 직장인들이 어려움을 겪음
- 또한 마트에 장 보러 갈 때나 아이들이 학원을 갈 때에도 주차난 때문에 승용차 이용이 쉽지가 않음
- 이러한 이용자를 위해 KST모빌리티와 현대자동차는 대도시 특정 지역으로부터 2km 내외 거리에서 7시~24시까지 이용자가 신청하면 여러 명이 함께 택시를 타고 이동할 수 있는 '수요응답 기반 커뮤니티형 대형승합택시' 서비스에 대해 실증규제특례를 신청했음

모빌리티 디지털전환 이해

- 해당 서비스는 월 구독형 요금제를 적용한 플랫폼 기반 모빌리티 서비스로, 단발성 이용자가 아닌 정기적 이용자를 대상으로 함
- 합승하는 승객들의 목적지가 달라 동선이 불필요하게 늘어나는 것이 우려될 수 있으나 해당 서비스가 실시간 호출 기반 합승 알고리즘(Dynamic Routing)을 적용한다는 점에서 최적경로를 이동할 수 있음
- (실증규제특례) 해당 서비스는 여러 명의 승객이 함께 탑승한다는 점에서 기본적으로 '승합'의 개념을 기저에 두고 있으므로 현행법과 충돌하는 지점이 있음
- 현행 택시발전법상 택시의 승객을 합승하는 행위는 금지하기 때문임
- 그럼에도 해당 서비스가 실시되면 다양한 이점이 있을 것으로 여겨, KST모빌리티와 현대자동차는 신청서비스에 대해 실증규제특례를 부여 받았음
- 단 이용자 보호를 위해 초기에는 은평구(뉴타운) 지역에서만 100명의 고객(1인당 3명까지 추가 가능)과 차량 6대를 대상으로 3개월간 운영한 후, 체계를 구축한 다음에 사업을 개시할 수 있게 했음
- 이러한 실증 결과를 바탕으로 추후 적용 지역을 늘려 고객수와 차량수 등을 국토부 및 지자체와 협의해 추진할 예정

관련규제현황	추진방안/개선사항
▶ 현행 택시발전법상 택시의 승객을 합승하는 행위는 금지. 따라서 다수 승객의 콜에 응답하여 합승하는 서비스 제공은 불가능.	▶ KST모빌리티와 현대자동차의 서비스에 대해 실증규제특례 부여.

 '월 구독형 요금제' 등 대형승합택시 요금 관련 사항은 시·도지사에 신고 필요

출처 : https://www.sandbox.or.kr/board/designated_case_edit.do

○ 개인형 이동장치 및 전기자전거 충전·주차 스테이션 (포인테크)
- 개인형 이동장치(PM), 전기자전거를 충전·주차할 수 있는 스테이션을 설치하고, 모바일 어플리케이션을 사용한 큐알코드 방식으로 충전 서비스 제공
- 전기사업법·전기생활용품안전법상 개인형 이동장치·전기자전거 관련 충전사업 등록 규정이 부재하여 사업자 등록 불가, 충전스테이션 인증기준 불명확, 전기재판매사업 관련 규정 부재
- (기대효과) PM·전기자전거 방치로 인한 안전사고 예방 및 이용환경 개선, 공유사업자의 효율적인 충전·유지보수 프로세스 구축

◆ 참고문헌

○ 차량주차 시 무선충전할 수 있는 서비스(현대자동차 컨소시엄(현대자동차/현대엔지니어링/그린파워))
  - (신청 내용) 현대자동차 컨소시엄(현대자동차/현대엔지니어링/그린파워)은 전기차에 무선충전장치(수신부)를 장착하고, 주차장 주차면에 무선충전기(송신부)를 설치 차량주차 시 무선충전할 수 있는 서비스에 대해 실증특례를 신청
  - 대용량 전기에너지를 무선으로 안전하게 전달할 수 있는 원천기술(자기유도방식 무선충전기술)을 활용하여 전기차가 주차 중에 충전 가능□ (현행 규제) 전파법상 85kHz주파수 대역이 전기차 무선충전용으로분배되지 않아 실증이 어려웠고 주파수분배가 전제된 방송통신기자재 등의 적합성평가도 불가능하였음
  - 또한, 계량에 관한 법, 전기용품 및 생활용품 안전관리법상 무선충전기의 형식승인 요건, 안전확인대상제품 여부가 불명확하였음
  - (심의 결과) 심의위원회는 안전성 확보 등을 위한 부가조건* 충족을전제로 현대차 주요 전시·판매 거점에서 제네시스 전기차 85대로동 서비스를 실증해 볼 수 있도록 실증특례를 부여하였음
  - (부가조건) 무선국 운용 전 실사용 환경에서 타대역 서비스에 영향 없음을확인, 기존 이용자들에 혼·간섭 줄 경우 즉시 운영 중단, 관계기관(국표원)·시험기관등과협의해 안전성 확보방안 마련, 공인시험기관의 시험성적서 제출 등
  - (기대 효과) 전기차의 충전 편의성을 크게 향상시켜 전기차 및무선충전 인프라 관련 산업의 활성화가 기대됨
    출처 : https://www.sandbox.or.kr/board/designated_case_edit.do

모빌리티 디지털전환 이해

 ICT 모빌리티 산업 현황

1. 3.1 산업 현황

1.1. 기술개발 현황

- 정부의 친환경 정책으로 2005년에 3개 업체로 시작했던 전기이륜차 보급사업 참여업체가 2022년 9월 기준으로 41개로 늘어나게 되었고, 제품도 100여 개에 이르고 있음
- 전기이륜차 시장의 확대는 대기업군에 속한 업체들의 참여도 가속화되고 있으며 현대케피코, LG에너지솔루션, 대동공업 등의 기업군에 속한 업체들의 참여도 가속화 하는 실정임
- 전기이륜차 시장의 성장과 함께 배터리교환스테이션(BSS, Battery Swapping Station) 개발에도 경쟁 심화되고 있음
- 한국스마트이모빌리티협회에 따르면 올해 글로벌 전기이륜차 시장 규모는 약 7400억원, 운영 대수는 100만대를 돌파
- 친환경 전동화 추세에 따라 2027년 전기이륜차 해외 시장은 1조원 가까이 커지고 약 600만대 전기이륜차가 일상에 자리 잡을 것으로 관측

1.2. 정부 정책 현황

- 국토교통부가 2020년 5월 22일에 입법 예고하고 2022년 12월 25일 시행을 앞두고 있는 전기이륜차 안전기준에 따르면 배터리교환방식의 전기이륜차 운행은 불가능(전기이륜차 배터리(고전원전기장치)의 분리를 금지)
- 환경부는 국내 판매 이륜차를 2030년까지 모두 전기 이륜차로 전환할 계획
- 정부와 지방자치단체는 전기차에 보조금을 주듯 전기 이륜차에도 출력에 따라 85만~300만원의 보조금을 지급하여 서울 등 주요 지자체의 전기 이륜차 보조금은 이미 동이 남
- 정부의 친환경 정책으로 배달 종사자들은 2025년부터는 전기이륜차로만 배달이 가능하나, 2022년 9월 현재 국내 150만 대의 배달용 이륜차 중 5%만이 전기이륜차임
- 정부의 전기이륜차 시장 활성화와 취약계층 노동자에 대한 지원으로 2021년부터 배터리교환스테이션 설치비용을 지원하고 배터리교환스테이션을 이용하는 배달 종사자들에게는 이용요금 일부를 지원
  - 2021년 서초구 배달 종사자 배터리교환스테이션 이용요금 50% 지원
  - 2022년 산업부는 배터리교환스테이션 실증사업 52억원 진원

◆ 참고문헌

- 2022년 환경부도 배터리교환스테이션 설치 보조금 30억원 지원
- 2022년 서울시 배터리교환스테이션 설치지원 30억원 편성

○ 정부와 업계가 눈여겨보는 건 배터리 교환식 충전소임

○ 배터리 교환소에서 방전 배터리를 완충 배터리로 바꾸는 방식임

○ 산업통상자원부는 배터리 교환소 실증사업을 위해 올해 예산 52억원을 투입하기로 하며, DNA 모터스는 공공기관, 편의점, 공중전화 부스 같이 접근성 좋은 장소에 배터리 교환소를 설치

○ 이미 서울과 수도권에 15개 정도 마련했고 연말까지 약 200개를 추가 설치할 계획으로 젠트로피도 배터리 교환식 전기 오토바이 '젠트로피Z'를 출시하고 올해 안에 수도권에 배터리 교환소 100여 곳을 세울 계획

○ 하지만 업체들의 배터리 크기와 전압 등이 상이한 상태로 각자 배터리교환스테이션을 구축하고 있어 중복 투자가 예상되어 정부는 배터리교환스테이션 인프라 구축에 중복 투자를 막고 빠른 전기이륜차 전환을 유도하기 위해 산업부와 국가표준기술원(이하 국표원)에서 국가표준을 제정

○ 국립표준원은 공용으로 사용하도록 정한 공칭전압을 36V, 48V로 각각 표준 전압으로 정하고, 또 정격용량은 최소 1.4kWh 이상, 배터리 팩 1기의 무게는 10kg 이하로 명시

○ 세계 최대 전기차 시장 중국은 2017년 친환경자동차 생산·판매량이 각각 79만4000대와 77만 7000대로 집계돼 내년부터 폭발적인 전기차 배터리 교체기

○ 중국자동차기술연구센터는 2025년 국내에서 발생되는 폐배터리가 35만톤에 이를 것으로 예측되며 중국배터리연맹에 따르면 올해 폐배터리 재활용 산업은 약 65억 위안(한화 1조1000억 원)에 이름

○ 중국 정부는 전기차 판매업체가 배터리 회수에 관한 모든 책임을 지도록 하고, 폐배터리 재활용 체계 구축에 나섬

○ 수십만 톤 규모의 폐배터리 회수 및 재활용을 관리하기 위해 중국 정부는 시범사업을 시행하고 가이드라인을 제시하는 등 다방면에서 노력

○ 산시성, 상하이시 등 17개 성·시를 시범지역으로 정해 각 지역마다 재활용센터를 세우고 배터리 제조사 및 중고차 판매상, 폐기물 회사와 공동으로 회수 및 재사용이 가능한 시스템을 구축

○ 독일의 경우, 일찍이 2009년부터 배터리 수거 의무를 규정하는 신배터리법을 도입

○ 배터리 제조업체 및 수입업체, 유통업체에 노후한 배터리의 회수와 재활용에 대한 의무를 지움

○ 미국도 폐배터리 재활용에 손을 걷어붙였음

- 조 바이든 대통령의 '전기차 강국' 전략에 국내 배터리 재활용 촉진이 포함될 것이라는 정부 관계자의 언급을 보도
- 폐배터리 재활용 연구는 미국 에너지부 산하 아르곤 국립연구소의 주도로 이뤄질 것으로 보임
- 아르곤 연구소는 배터리 음극과 다른 배터리 부품을 재활용하는 것을 중점으로 연구
- 우리나라는 정부가 지난해 말 폐배터리를 지방자치단체에 반납해야 하는 의무를 폐지하면서 올해부터 폐배터리를 빌려쓰거나 재활용하는 사업도 급물살을 탈 것이란 전망을 예측
- 시장조사업체 네비건트 리서치는 향후 중고 배터리 거래가 활성화될 경우 관련 시장 규모가 2035년에는 30억 달러(한화 약 3조5600억 원)까지 확대될 것으로 전망

1.3. 전기이륜차 제조업체 현황

- 전기이륜차 보급 초기 제품의 90%가 중국에서 제조되었음
- 현재는 배터리는 삼성SDI와 LG에너지솔루션 셀을 이용하여 국내에서 제작하고 차체는 중국 등에서 완제품을 수입하거나 부품을 수입하여 국내에서 조립(CKD/SKD)하는 형태로 변화
- 이륜차 시장과는 달리 전기이륜차는 현재 크게 두각을 나타내는 제조사나 제품이 존재하지 않으며, 여러 국내 중소업체들이 전기이륜차 시장에 뛰어들고 있음
- 제조업체 현황
  ① DNA모터스

- EM-1 : 96V 30Ah(배터리 내장형), 최대주행거리 60.4km
- EM-1S : 48V 30Ah 2개(배터리 교환식, 직렬방식)
    최대 주행거리 55.5km

- DNA모터스의 초기 모델 EM-1의 경우 주행거리는 60km가 가능하였으나, 배터리 무게 때문에 교환방식의 서비스는 불가능함
- 두 번째 모델인 EM-1S는 배터리를 기존 내장형 배터리인 96V 30Ah를 48V 30Ah 2개로 나누어 교환이 가능하게 하였으나 주행거리는 줄어듦

◆ 참고문헌

② MBI

- MBI-S : 37V 31Ah 2개(배터리 교환식, 직렬방식)
- MBI-X : 37V 57.6Ah 2개(배터리 교환식, 직렬방식)

- MBI는 초기 모델 MBI-S부터 배터리 교환방식을 채택하였고, 쉬운 배터리 교환을 위해 37V 31Ah의 직렬방식을 채택하여 개당 10kg의 무게를 확보하였으나 짧은 주행거리가 단점임
- 후속모델인 MBI-X는 단점인 주행거리를 늘이기 위해 37V 57.6Ah를 채택함. 그러나 반대로 무게가 10kg 이상으로 늘어나 손쉬운 배터리 교환에 문제발생

③ KR모터스

- E-LuTion : 48V 30Ah 2개(배터리 교환방식, 직렬방식, LG에너지솔루션 21700Cell) 체인 타입
- DNA모터스와 MBI를 벤치마킹한 KR모터스는 배터리 교환방식의 최적화를 위해 48V 30Ah를 채택하여 10kg 미만의 무게와 일정 출력을 확보함
- 배터리 문제와는 별도로 중앙식모터(체인방식)를 사용하여 등판 문제를 해결, 하지만 배달라이더들이 원하는 출력에는 못 미침

출처 : 유로모터스 사업계획서

1.4. 시장 현황

○ 보급사업의 경우 매년 보조금액은 감소할 것이고 조만간 보조금 정책은 사라지게 될 것이지만, 내연기관 이륜자동차 운행제한과 같은 정책이 보조금보다 더 중요한 변수가 될 수 있음

○ 국내 내연기관 이륜자동차 생산중단 선언, 내연기관 이륜자동차 사용신고 제한 정책 등은 자연스럽게 대중들에게 전기이륜차를 필연적으로 사용해야 한다는 생각을 심어주게 될 것이고, 더 이상 보조금 지원이 없어도 전기이륜차를 구매하도록 유도할 수 있음

○ 서비스 융합: 기존의 제작·수입사 위주의 전기이륜차 시장이 서비스 업체 중심으로 재편될 수 있다는 것, 단순 리스·렌탈 서비스가 아닌 이동/운송과 연계된 편의성을 제공해주는 서비스가 전기이륜차 시장의 새로운 대규모 수요처로 성장

○ 스윙(Swing)에서 진행 중인 "오늘은 라이더" 서비스가 대표적이라고 볼 수 있으며, 제작·수입사에서 제품의 디자인, 성능 등을 분석하여 신제품을 개발하는 것이 아니라 대규모 수요처에서 요구하는 사양, 가격 등을 따라 갈 수 밖에 없는 상황이 될 수도 있고, 극단적으로는 서비스 업체의 OEM사로도 전락할 수 있다는 의미

- 전기이륜차 안전기준 강화: 국토교통부의 「자동차 및 자동차부품의 성능과 기준에 관한 규칙」 개정(안)의 시행에 따라 배터리팩과 전원관리 기준이 강화로 이에 대한 대응이 늦을 경우 국내 시장에서 더 이상 판매가 불가능할 수 있으므로 개별 업체 대응보다는 협회를 중심으로 협력하면서 해결해야 할 부분이며, 이를 토대로 부품 공용화, 단체표준 제정 등으로 국내 전기이륜차 부품업체들과 상생할 수 있도록 지원
- 국내 산업생태계 구축: 현재 내연기관 이륜자동차 부품 업체들은 국내에 많지 않지만, 전기이륜차의 경우 새로운 산업 생태계를 구축할 수 있으므로 제작수입사, 중앙부처 등이 협력하여 노력해야 하는 부분으로 아직은 많은 부분을 중국 등 해외에 의존해야 하겠지만, 조그마한 노력을 시작으로 가능
- 국내 이륜차 시장현황
  - 전 세계 완성차 생태계는 내연기관차에서 전기차로 급격하게 중심축을 옮기고 있음
  - 인류가 지속가능하려면 무엇보다 환경을 최우선 가치로 둬야 한다는 공감대를 형성, 하지만 이륜차(오토바이)는 완성차와 비교해 상대적으로 전동화 전환이 더뎌짐
  - 코로나19 팬데믹 이후 이륜차 시장이 빠르게 커지면서 정부와 제조사를 중심으로 전동화 전환을 본격화

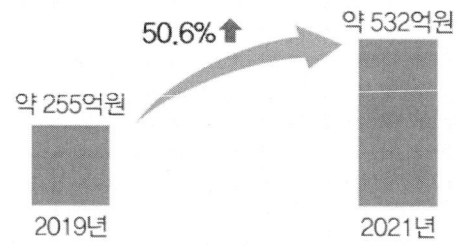

<그림> 전기 오토바이 시장 성장세

출처 : https://m.kmib.co.kr/view.asp?arcid=0924265870

  - 국내 이륜차 시장은 1990년 이후 경제성장과 상업적인 수요 증가로 연간 30만 대규모로 지속적인 성장세를 보이다가 외환 및 금융위기로 큰 폭의 감소세를 나타내었으나 이후 지속적인 증가가 이루어졌고 최근 코로나로 인해 크게 성장하였음
  - 2021년 신규 이륜차 등록 대수를 보면 2020년 기준보다 대략 27% 성장한 것으로 볼 수 있음
  - 전기 이륜차의 최대 고객은 배달라이더로 업계 관계자는 "신규 이륜차 고객의 80%는 배달용"이라고 함
  - 지자체의 전기 이륜차 보급정책도 배달 이륜차에 초점을 맞추고, 서울시는 2025년까지 전기 이륜차 6만2000대를 보급할 계획인데, 이 가운데 3만5000대는 주5일 배달을 뛰는 전업 배달 라이더임

- 세종시는 2024년까지 배달용 이륜차를 전부 전기 이륜차로 전환하고, 주요 지점 60곳에 이륜차 충전시설을 설치할 계획
- 이는 코로나로 인해 음식 배달 수요가 증가하면서 이륜차(오토바이) 수요가 증가한 것으로 볼 수 있고, 앞으로도 배달수요의 지속적인 성장에 따라 함께 증가할 것으로 보임
- 등록 대수 2001년 170만 대 수준에서 2014년 214만 대 수준(국토교통부 통계 기준)으로 성장하였으며 2022년 현재 300만 대를 넘었음

○ 국내 전기차 충전기 개발 현황
- 대구시는 산업부와 함께 국내 주요 기업·연구기관과 컨소시엄을 구성해 배터리 교체형 전기 이륜차와 충전스테이션을 개발, 선광엘티아이가 주관하고 대구에서 그린모빌리티, HMG, DGIST, 지능형자동차부품진흥원이 참여
- 대구시와 산업부가 개발비를 지원, 전기이륜차 주행거리를 95km 이상으로 늘리고(기존 60km), 배터리 교체형으로 개발

- 전국의 공중전화부스를 관리하는 KT 자회사 KT링커스는 공중전화부스를 활용한 배터리 공유 스테이션을 개발, 충전 장치가 공중전화 부스 옆에 부착되는 방식
- 이를 위해 KT는 지난 4월 충남도, 광주 남구청과 MOU를 체결
- 배달의민족과 쿠팡이츠도 전기이륜차 도입을 추진하고 있는 상황
- 한전 경기본부-전기이륜차 업체와 협력, 한국전력 경기본부 전력사업처는 22일 이쓰리 모빌리티, 하나모터스 코리아와 '전기오토바이 충전 구축 기술개발을 위한 업무협약'을 체결하고 전기오토바이 충전 시연회를 개최

- 한전 경기본부는 이번 협약과 시연회를 통해 누구나 손쉽게 이용할 수 있는 공용 충전소 설치를 위한 기반을 마련, 전기차 완속충전기 케이블을 전기이륜차 충전기에 연결하고 전기이륜차 케이블을 전기이륜차 배터리에 연결하면 인버터 역할을 하는 충전기가 전기이륜차 배터리에 충전이 가능하도록 전압을 조절

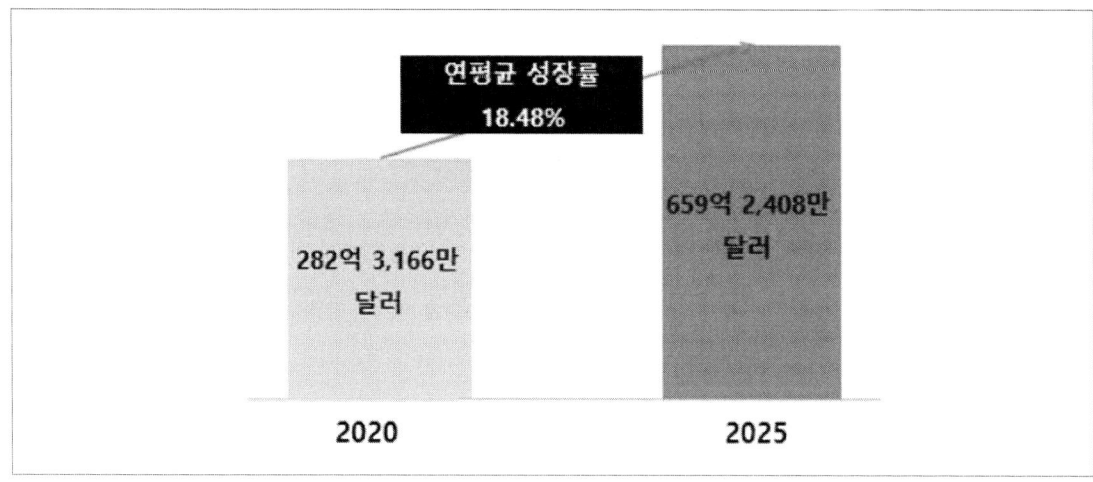

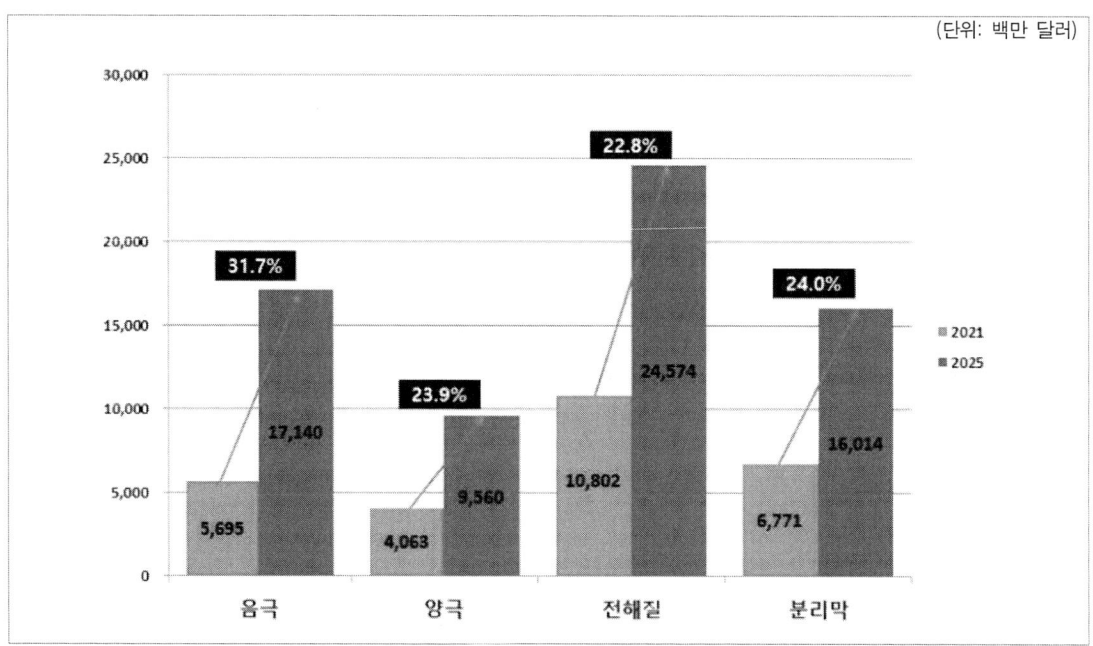

출처 : 글로벌 시장동향보고서 2021.06

◆ 참고문헌

○ EV 폐배터리 시장
- 2021년 전 세계 전기차(EV) 판매량은 전년 대비 2배 상승한 660만 대에 달함
- 특히 배터리 전기차(BEV)는 2040년에 2020년 대비 약 32배 증가한 1억 400만 대가 판매될 것으로 전망
- 2020년 전기차 리튬이온 배터리의 생산량은 160기가와트시(GWh)로 2019년 대비 33% 증가
- 전 세계적으로 폐기되는 전기차는 2025년 54만 대에서 2030년 414만 대, 2035년 1,911만 대, 2040년 4,636만 대로 급증할 전망
- 수명을 다한 폐배터리는 2025년 42GWh에서 2030년 345GWh, 2040년 3,455GWh로 80배 이상 증가할 전망
- 세계적으로 배터리를 환경 유해 물질로 지정하고 있고, 우리나라 국립환경과학원도 산화 코발트, 리튬 등이 1% 이상 함유한 전기차 배터리를 '유독물질'로 분류

○ 우리나라 폐 배터리 시장 상황

구분	기업	주요 사업 내용 요약
배터리 기업	LG에너지솔루션	• 북미 최대 배터리 재활용 업체 '라이-사이클' 지분 투자… • 재활용 니켈 중장기 공급계약 체결
	삼성SDI	• 폐배터리 재사용으로 만든 전기차용 충전 ESS 시스템 설치 • 천안 및 울산사업장 발생 스크랩 순환 체계 구축 • EV·ESS 사용후 배터리 리사이클링 산업화 추진 사업
	SK이노베이션	• 신성장 동력으로 BMR 사업 선정… 2019년 최초 개발한 수산화리튬 추출 기술 앞세워 고순도 광물 추출 • 배터리 직접 제조하는 SK온 뿐 아니라 SK에코플랜트, SK렌터카 등과 협력해 전 그룹 차원에서 배터리 전 생애에 걸친 생태계 구축 시도
소재 기업	에코프로씨엔지	• 고순도 수산화리튬 추출 기술 활용해 폐배터리에서 주요 유기금속 회수해 재활용
	엘앤에프	• 미국 폐배터리 재활용 기업 레드우드머티리얼즈에 투자… 사업 협력 진행
	고려아연	• 기존 제련 기술력 토대로 폐배터리 재활용시 건·습식 공정 모두 적용… 효율적이고 친환경적으로 재활용

출처 : https://news.mt.co.kr/mtview.php?no=2022061015000864565

- 정부 산하 연구개발특구진흥재단의 조사에 따르면 국내 배터리 재활용 시장은 2020년 1.7억 달러(약 1,990억 원)에서 연평균 성장률 6.1%로 증가하여, 2025년에는 2.2억 달러(약 2,650억 원)에 이를 것으로 전망

- 글로벌 폐배터리 시장 규모는 2019년 기준 1조6500억원에서 2030년 약 20조2000억원, 2050년에는 600조원 규모로 커질 것으로 추산
- 2025년까지 성장률이 한자리 수에 머무는 이유는, 전기차 확산 시기 등을 고려 시 폐배터리가 본격적으로 증가하는 시점이 2025년 이후
- 국내 전기차 폐배터리 배출은 2019년 1백 대에서 2029년 7.9만 대로 증가할 것으로 추정, 2025년 이후 폐배터리 시장은 큰 폭의 성장이 예상
- 중국의 경우 2018년부터 전국적으로 폐배터리 재활용 시범사업에 나섰고, 독일 폭스바겐과 BMW는 ESS 생산라인 구축 등 재활용에 팔을 걷어붙였음
- 이에 배터리 3사를 필두로 완성차, 철강, 중공업 등 주요 산업계에서도 폐배터리 사업을 잇따라 추진하며 잰걸음
- SK이노베이션은 수리(Repair)·렌탈(Rental)·충전(Recharge)·재사용(Reuse)·재활용(Recycling) 등 '5R'을 중심으로 한 폐배터리 재활용 방안을 연구 중
- 올 하반기 출시 예정인 기아의 첫 전용 전기차 EV6에 배터리 재활용 순환모델을 적용, SK렌터카 등과 사업 협력을 통해 배터리 렌탈·충전·재사용·재활용 등을 통한 배터리 순환 경제 구축을 목표로 하는 배터리 서비스인 'BaaS(Battery as a Service) 사업'도 추진
- LG에너지솔루션은 세계 최대 전기차 배터리 생산 능력 확보와 함께 폐배터리 사업에도 박차를 가하고 LG에너지솔루션은 제너럴모터스(GM)와 합작 법인인 얼티엄셀즈를 통해 폐배터리 재활용 사업
- 삼성SDI는 2019년 폐배터리 재활용 전문 기업 피엠그로우에 지분 투자했고 성일하이텍 등 한국의 재활용 업체들과도 협력, 성일하이텍은 세계에서 폐배터리 재활용을 통한 희귀 금속 회수 기술을 가진 몇 안 되는 기업 중 하나로, 미국·중국·말레이시아·인도·헝가리 등 해외에서도 사업장을 갖춤
- 두산중공업은 폐배터리에서 화학제를 사용하지 않고 탄산리튬을 회수하는 기술 개발에 성공, 올해 하반기부터 1500t을 처리할 수 있는 설비 실증을 거쳐 본격적으로 사업화에 나설 방침
- 송용진 두산중공업 부사장은 "이번 기술 개발로 광산 등 자연에서 리튬을 채굴하는 방식보다 온실가스 발생량을 대폭 줄이고 자원을 절약할 수 있는 친환경 처리 기술을 확보

2. 한계점

○ 기술적 한계
- 전기이륜차는 구조상(급속충전시 과전류방지를 위한 여러 컨버터장치를 장착할 공간 부족) 급속충전이 불가능하여 완속충전을 해야 하는데 이는 충전시간이 오래 걸리는 단점이 있음
- 그리고 주행거리를 늘리기 위해서는 배터리 용량을 늘려야 하지만, 이로 인해 무게가 늘어나는 단점과 구조상 배터리 탑재 공간의 한계도 존재
- 전기이륜차의 경우 배터리 충전 시간이 평균 2~3시간으로 엔진이륜차(평균주유시간 3분~5분)에 비해 많이 걸리고, 1회 충전 시 주행거리도 짧으며 전기이륜차 업체들은 배터리 교환의 편의성을 높이기 위해 다양한 장소에 배터리교환 스테이션을 구축하고 있는 실정임
- 전기이륜차의 낮은 보급률은 엔진이륜차에 비해 크게 떨어지는 가성비가 원인으로 엔진이륜차와 같은 출력, 등판각도, 주행거리를 내기 위해서는 현재의 기술로는 한계가 있음
- 이를 극복하기 위해서는 전기이륜차의 배터리를 재사용 배터리로 교체하여 가성비를 높여야 함

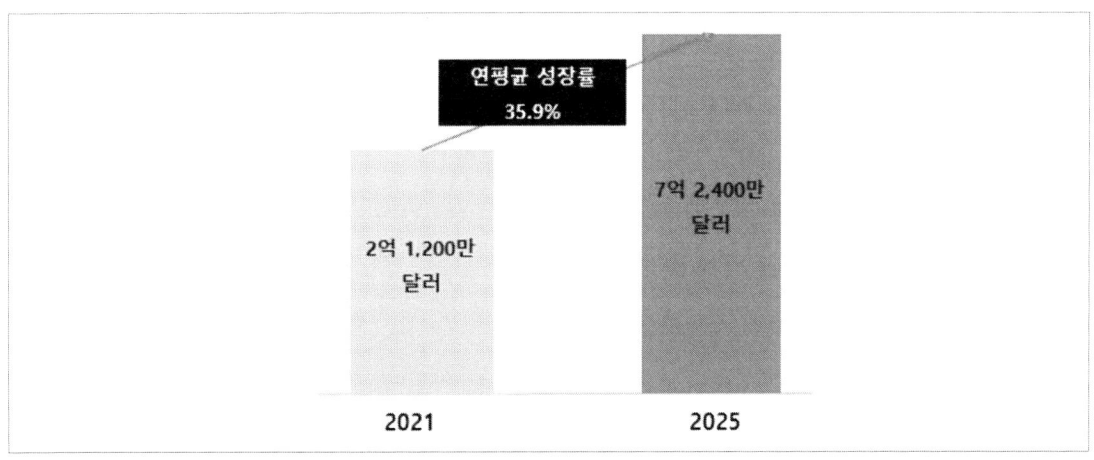

출처 : MarketsandMarkets, EV Battery Market, 2021

○ 시장 한계
- 국내 이륜차 시장은 최근 코로나로 인해 크게 성장
- 하지만 이러한 이륜차 시장의 가파른 성장에도 전기이륜차는 배달 산업 종사자들에게 외면 받아 왔음
- 이유는 배터리 용량이 적어 배달하기엔 주행거리가 부족했기 때문
- 이는 수익에 치명적일 수밖에 없으며 이륜차의 경우 배달업종 수요가 가장 높아 그들의 외면은 그동안 전기이륜차 보급에 큰 문제임

- 또한 국표원이 추진하는 교환형 배터리 팩 국가표준 기준을 기존 전기이륜차 시장의 주류인 중소업체들이 반대하고 있으며, 현재 전기이륜차 보급 활성화를 위해 정부가 보조금을 지원한 제품의 90% 이상은 작동 전압이 60V와 72V 제품
- 지난해 12월 기준으로 60V와 72V 전압이 적용된 제품이 4만 3401대로 전체 전기이륜차의 90% 이상
- 국내 전기이륜차 제조·수입 28개 사를 대상으로 한 조사 결과 표준화를 해야 한다는 정부의 정책에는 찬성하지만, 표준화 내용에 대해서는 이견이 있음
- 배터리 팩 제원 및 커넥터 표준에는 찬성의견이 많았지만, 대표 전압 표준화는 반대

○ 이륜차 국내 제조 기업의 한계
- 국내 판매되는 이륜차는 해외 기업 특히 일본 기업의 시장점유율이 높아 일본 기업(혼다, 야마하 등)이 판매 대수 1위를 차지하고 있으며 뒤를 이어 전통적인 오토바이의 강호 대림 오토바이(현 DNA모터스)가 2위를 차지
- 문제는 DNA모터스가 현재 판매하는 제품의 70%를 중국 현지 OEM(주문자 상표 부착방식)으로 생산
- 이러한 OEM 제품도 2005년 10만 대 판매를 정점으로 계속 하락하여 2019년엔 2만 9,105대로 바닥을 쳤고 그나마 2020년 경우 3만 1,385대를 판매한 것이 위안거리였을 정도
- 현재 국내 이륜차 시장은 해외 제품이거나, 해외 공장에서 주문생산된 제품(OEM)으로 형성된 시장으로 보임
- 여기에는 다양한 원인이 있을 수 있지만, 결국 가격 경쟁력과 기술 경쟁력에서 밀리기 때문임

○ 폐 배터리 개발 및 사용의 한계
- 국립환경과학원에 따르면 폐배터리는 산화코발트, 리튬, 망간, 니켈 등을 1% 이상 함유한 유독 물질로, 전기차에서 나오는 배터리를 그대로 폐기할 경우, 심각한 환경오염이 일어남
- 친환경이라는 기치 아래 시작된 전기차 산업이 오히려 또 다른 환경오염을 유발하는 촉매제로 작용 가능
- 미국 프라운호퍼 연구소는 미국에서만 올해까지 약 5억개의 리튬이온배터리를 폐기해야 하며, 우리나라의 경우, 친환경차 폐배터리가 2024년에 1만여개, 2040년에는 245만여개까지 늘어날 것으로 전망

◈ 참고문헌

<그림> 한국 폐배터리 배출개수 및 배출증량 전망

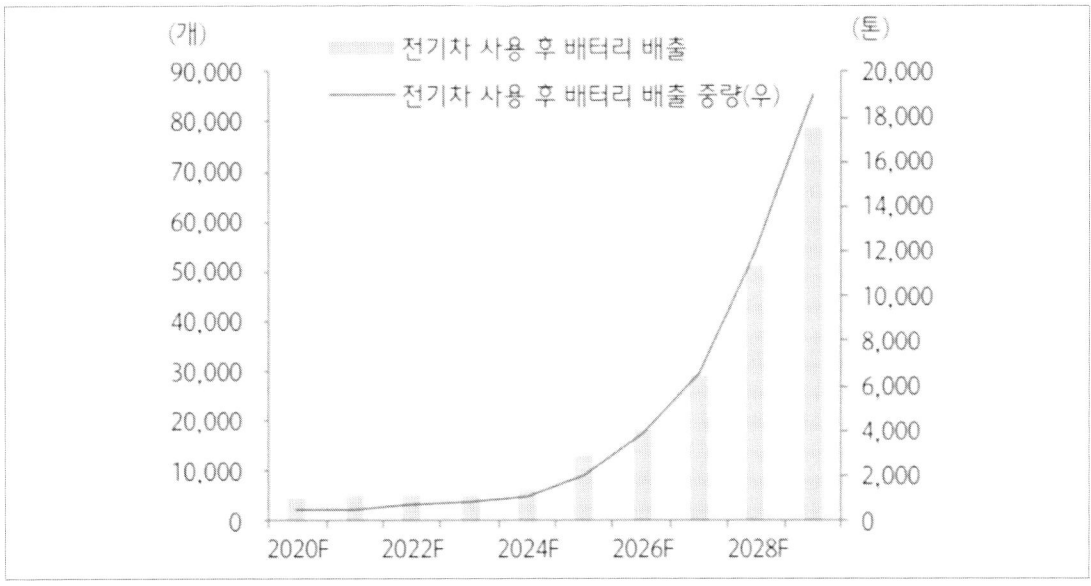

자료: 에너지경제연구원, 하나금융투자

모빌리티 디지털전환 이해

절 기업 분석 현황

1. 기업 현황

- 기업명 : 주식회사 유로모터스(대표자 : 김종현)
- 설립일 : 2020년 5월 21일(법인 3년차)
- 업종 : 제조업
- 고용인원 : 2명
- 주요 사업내용 : 전기 이륜차용 배터리팩 장착 구조 및 배터리 시스템 개발

2. 기술개발 현황

- 라이더들의 니즈를 반영한 배달에 적합한 전기 이륜차 개발

◈ 참고문헌

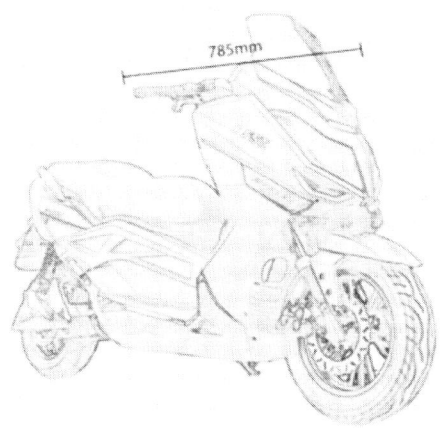

- 기존 배달용 전기 이륜차의 배터리 부족 현상, 충전에 따른 시간 지연 현상, 오르막길 이용 어려움등에 대한 문제를 해결할 수 있음
- 기존 IN-Wheel 방식 모터가 아닌 중앙식 모터(체인사용) 채용으로 시제품 제작 완성하였음
- 주요기능으로 급발진 방지, 우수한 핸들링, 주행의 안정성을 확보하였음
- 하이브리드 전기이륜차 구동방식(고정형+교환형) 적용 예정

○ 하이브리드 방식 이륜전기차 개발

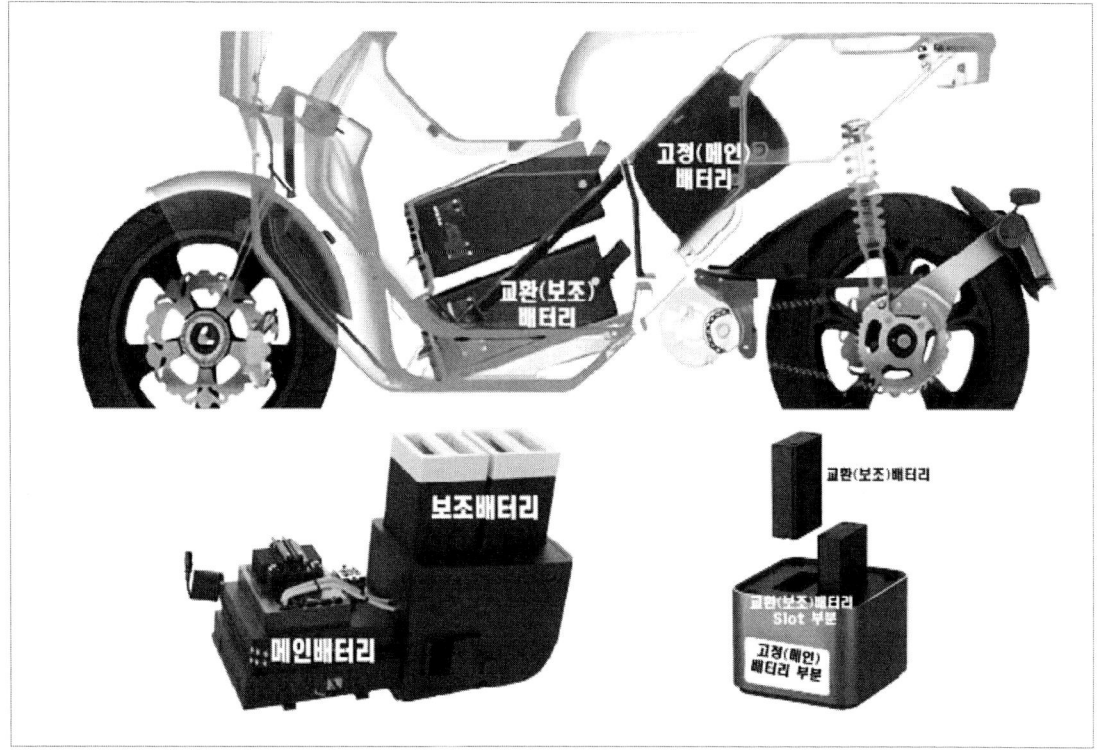

- 본 방식은 충전이 어렵고 오래걸리는 단점을 해결하기 위해 배터리교환시스템(Battery Swapping System) 개념이 등장
- 배터리 교환이 가능한 전기이륜차를 이용하여 배터리교환스테이션이 설치된 곳에서 방전된 배터리를 넣고 완충된 배터리를 꺼내서 장착, 실제 일반 충전기를 사용해 전기이륜차를 완충하려면 2~3시간 걸리지만 배터리교환스테이션을 이용하여 교환하는 경우 1분으로 가능함
- 고정(메인)배터리는 분리가 되지 않는 고정형으로 모터를 구동하고 교환(보조)배터리는 고정(메인)배터리의 충전을 보조하는 역할을 맡기면 국토교통부의 법을 준수하면서 배터리교환 방식의 장점을 살릴 수 있음
  - 고정(메인)배터리 1기와 교환(보조)배터리 2기를 함께 하이브리드교환방식
  - 교환(보조)배터리는 사람이 손쉽게 교환이 가능한 6kg(72V 15Ah) 무게 확보
  - 고정(메인)과 교환(보조)배터리 합쳐 1회 충전 주행거리 60Km 이상
  - 타사의 전기이륜차에도 적용 가능

◈ 참고문헌

<그림> 배터리교환스테이션 이용 개념도

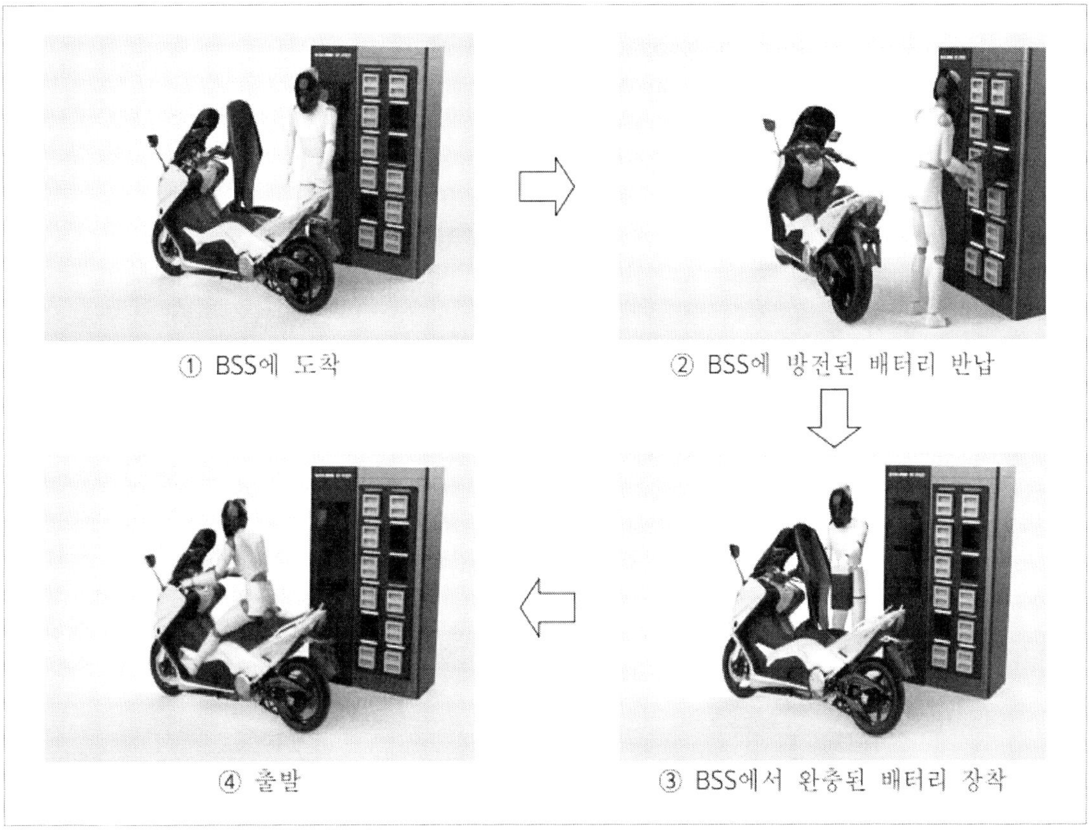

① BSS에 도착 ② BSS에 방전된 배터리 반납
④ 출발 ③ BSS에서 완충된 배터리 장착

○ 무선 배터리와 카트리지 개발

- 전기 이륜차의 배터리를 교체할 수 있는 무선 배터리와 카트리지 개발을 통해 전기 이륜차의 배터리 충전 시간을 줄일 수 있음
  - 범용 충전스테이션 통합제어시스템(기존 배터리, 재사용 배터리 동시 충전)
  - MBMS(Main BMS) 모듈 개발(NFC 통신방식 사용)
- 재사용 배터리 모듈들의 실시간 충전 제어 상태 기록/전달
- NFC 모듈을 통한 실시간 배터리 장·탈착 상태 및 보안상태 확인 가능
  - 손쉬운 재사용 배터리 장·탈착이 가능
- 모듈형 충전 Port 구조로 다수(#1~#n)의 슬롯으로 확장 가능
  - OBC(On-Board Charger) 개발
- 실시간 재사용 배터리 상태에 따른 충전량 조정
- 비정상적인 상황 발생 시 충전 차단

○ 폐 배터리를 이용한 보조 배터리 개발
- 폐 배터리를 이용하여 교체 가능한 보조 배터리를 개발하고자 함
- 기존 배터리의 경우 무게 문제와 규제에 따른 배터리 교체 방식 적용이 어려운 상황임
  - PHEV 모듈 2EA 직렬 적용
  - 60V 27.4Ah(16S1P) 구성으로 사용 후 배터리 적용
  - 전기이륜차에 적용 시 충전 후 30km 정도 운행 가능
  - 충·방전 상황 제어 및 교정(Calibration)
  - LTE-M1 망을 이용해 서버로 BMS DATA 송신(위치, 배터리 정보 확인 가능)

◆ 참고문헌

절 기업분석 결과

1. 기업분석 결과

- 유로모터스는 세계적인 온실가스 규제 강화로 전기차 판매에 대한 증가 추이를 예상하고 전기 모빌리티 및 배터리 개발을 진행중에 있음
- 기존 시장의 경우 정부 정책의 강화로 인하여 점차적으로 필요성은 높아지는 반면 대부분의 제조 생산은 중국 OEM 방식으로 진행중에 있음
- 국내 제조기업의 경우 대림, 그린모빌리티, 동양모터스등의 기업에서 국내 제조중에 있으나 전력양에 대한 한계점이 있음
- 또한 오토바이로 배달을 하는 배달라이더 시장의 경우 종사자수가 20만명에 육박하는 등 갈수록 늘어나는 배달용 이륜차의 친환경 전환과 배터리 표준화, 긴 충전시간에 비해, 짧은 주행거리 등의 문제를 해결이 필요함
- 이러한 문제를 해결하기 위하여 많은 기업들이 배터리 교체 방식의 충전 시스템을 개발중에 있으나 이 경우 주 배터리를 모두 교체하는 방식으로 배터리의 무게 때문에 장비 없이 교체할 수 없다는 규제가 있음
- 유로모터스는 기존의 이런 문제들을 해결하기 위한 본체와 분리된 형태의 보조배터리 카트리지를 개발하고 이를 장착 가능한 하이브리드형 전기이륜차를 함께 개발중에 있음
- 하이브리드 전기 이륜차의 경우 주 배터리는 기존 그대로 장착하여 사용하고 보조배터리를 추가 장착하는 방식으로 충전 카트리지에서 교체 가능한 배터리의 무게로 인한 교체 어려움을 해결할 수 있음

2. 애로 사항 분석 결과

- 기존 전기 이륜차 시장은 거의 대부분 독과점 형태로 진행되고 있으며 중국에서 제품의 70%를 중국 현지 OEM(주문자 상표 부착방식)으로 생산중에 있음
- 기존 배터리의 경우 배터리 수명, 잦은 충전, 그에 따른 많은 전기 이륜차의 확보 필요성등으로 인하여 배달 시장의 경우 그 비용이 높은편으로 보여짐
- 국내 생산이 열악한 상태로 중국에서 대부분 수입하는 상황이며 이에 따른 비용이 높은 편임
- 현재 전기 이륜차 개발 및 배터리 개발중에 있으나 규제로 인한 시장 적용이 어려움

모빌리티 디지털전환 이해

○ 이를 보완하기 위하여 추가적으로 보조 배터리 형식의 본 배터리 충전의 편의성 제고를 위한 제품을 개발중에 있으나 폐 배터리의 부족현상으로 인하여 실제 사업 시장적용 시점을 2025년 정도로 보고 있음

3. 기회 요인 분석 결과

○ 정부의 친환경 정책으로 배달 종사자들은 2025년부터는 전기이륜차로만 배달이 가능

○ 그런데도 2022년 9월 현재 국내 150만 대의 배달용 이륜차 중 5%만이 전기이륜차임

○ 낮은 보급률은 엔진이륜차에 비해 크게 떨어지는 가성비가 원인

○ 엔진이륜차와 같은 출력, 등판각도, 주행거리를 내기 위해서는 현재의 기술로는 한계가 있어, 이를 극복하기 위해서는 전기이륜차 가격의 50%를 차지하는 배터리를 재사용 배터리로 교체하여 가성비를 높여야 함

○ 전기이륜차 가격의 50%를 차지하는 배터리를 재사용 배터리로 바꾸면 배달 종사자들에게는 저렴한 가격의 전기이륜차 공급이 가능하고, 정부의 자원순환 정책에도 이바지하게 됨

폐배터리 재활용(Recycling), 재사용(Reuse)이란?
- 재활용(Recycling) : 재활용은 폐배터리를 셀 단위에서 분해하여 전극소재, 특히 코발트, 리튬, 니켈 등 고가 소재를 추출하여 재활용하는 방식을 말한다.
- [재활용 방식] 전기차 폐배터리 재활용은 방전, 물리적 해체 등의 전처리 공정과 건식제련, 습식제련 등의 후처리 공정을 통해 진행한다.
- 배터리를 재활용할 경우, 천연 광물 상태에서의 채굴보다 정제비용을 절감할 수 있으며, 배터리 종류별로 다양한 수익성 창출이 가능하다.
- 광산에서 발견되는 최고 등급의 리튬 농도는 2~2.5%의 농도(산화리튬)인 반면, 재활용으로 추출한 리튬의 농도는 이의 4~5배에 이르러 고농도 원료를 얻을 수 있다.

◆ 참고문헌

<그림> 전기차 배터리 재활용 흐름도

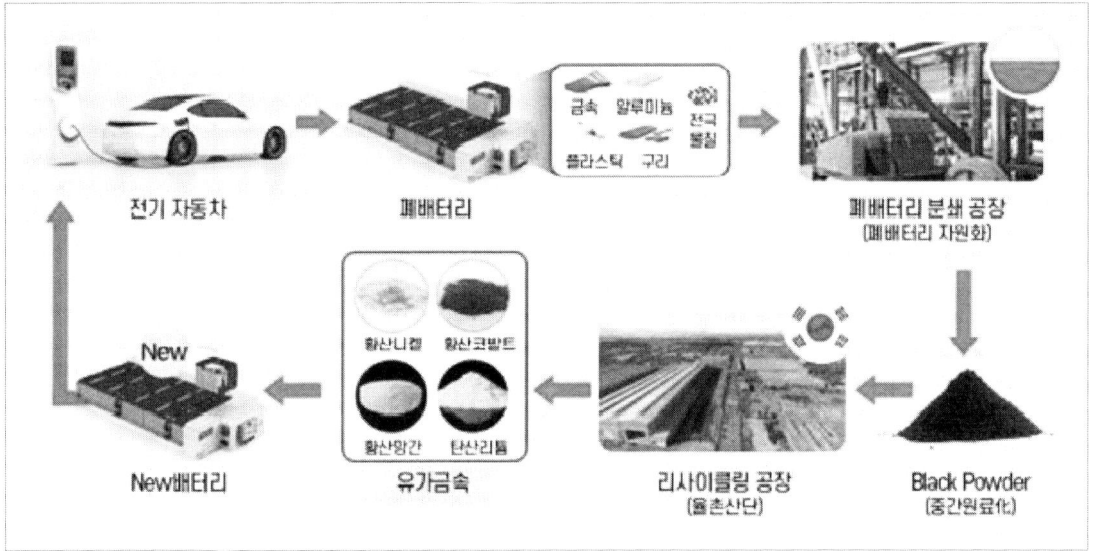

- 정부는 현 내연기관 오토바이를 2030년까지 전부 전기이륜차로 전환한다는 계획, 현재 전기이륜차를 구매할 경우 국비와 지자체에서 보조금을 지원
- 최근 정부는 배터리교환스테이션 인프라 구축에 중복 투자를 막고 빠른 전기이륜차 전환을 유도하기 위해 산업부와 국가표준기술원(이하 국표원)에서 국가표준을 제정
  * 국표원은 공용으로 사용하도록 정한 공칭전압을 36V, 48V로 각각 표준 전압으로 정했으며, 정격 용량은 최소 1.4kWh 이상, 배터리 팩 1기의 무게는 10kg 이하로 명시
- 환경부는 올해 전기 오토바이 2만대에 보조금을 지급, 경형은 85만~140만원, 소형은 165만~240만원, 대형·기타형은 최대 300만원까지 받을 수 있음

4. 규제 사항 분석

- 전기이륜차 배터리(고전원전기장치)의 분리를 금지 : 국토교통부가 2020년 5월 22일에 입법 예고하고 2022년 12월 25일 시행을 앞두고 있는 전기이륜차 안전기준에 따르면 배터리교환방식의 전기이륜차 운행은 불가능
- 하이브리드교환방식의 적용시 교환(보조)배터리 규격 표준화 필요 : 현재 제조업체 마다 배터리의 규격이 상이함
- 타사의 전기이륜차에 교환(보조)배터리 장착이 가능하도록 개조 규정 마련 : 보조 배터리 장착 방식에 대한 허가 규정 없음

모빌리티 디지털전환 이해

전기자동차 폐배터리의 분리·보관방법에 관한 세부규정
[시행 2021. 3. 8.] [환경부고시 제2021-46호, 2021. 3. 8., 제정]
환경부(자원재활용과), 044-201-7390

제1조(목적) 이 고시는 「전기·전자제품 및 자동차의 자원순환에 관한 법률 시행령」 별표 7 제1호카목에 따라 자동차해체재활용업자가 전기자동차 폐배터리를 분리 및 보관하면서 준수하여야 하는 세부사항을 정함을 목적으로 한다.
　제2조(전기자동차 배터리의 분리기준) ① **전기자동차의 배터리 분리는 다음 각 호의 어느 하나에 해당하는 방법에 따라 실시하되, 전기자동차의 배터리를 분리하는 자(이하 "분리 작업자"라 한다)는 분리작업에 필요한 준수사항을 사전에 숙지해야 한다. 이 경우 한국환경공단은 「전기·전자제품 및 자동차의 자원순환에 관한 법률」 제38조에 따른 운영관리정보체계(EcoAS 시스템)를 통해 매뉴얼 자료를 제공할 수 있다.**
1. 환경부가 제작·배포하는 매뉴얼
2. 「전기·전자제품 및 자동차의 자원순환에 관한 법률」 제12조제1항 단서에 따른 자동차의 재활용정보제공통신망(국제해체정보시스템, International Dismantling Information System)에서 제공하는 매뉴얼
3. 전기자동차의 제조사 또는 수입사가 제작한 매뉴얼
② 전기자동차 배터리를 분리하기 위해서는 **다음 각 호의 보호 장비를 반드시 구비해야 하고, 분리 작업자는 배터리 분리작업을 시작하기 전에 보호 장비의 손상 여부, 착용 상태 등을 미리 확인해야 한다.**
1. 고압전기 작업에 적합한 건조된 상태의 안전 고무장갑, 안전 고글, 안전 신발, 내산성 앞치마, 안전모, 안면보호구 등 개인보호장구
2. 접착 절연 테이프, 고압 절연 고무매트, 안전막, 고압 절연장비, 고압 절연봉 등의 장비
③ 분리 작업자는 배터리를 분리하기 전에 다음 각 호의 사항을 점검 및 조치해야 한다.
1. 전기자동차 배터리의 외관 및 기능의 손상 여부
2. 전기자동차 배터리가 손상이 확인된 경우 제조사 또는 수입사가 제공하는 지침 또는 국내 법규 등에 따라 처리
3. 배터리 분리작업장 주변에 "출입제한" 안내문 설치 및 차량에 "고압" 표지 부착
4. 배터리 내부에서 전해액의 누출 여부
④ 분리작업에 사용하는 장비는 다음 각 호의 사항을 갖추어야 한다.

◈ 참고문헌

1. 분리작업에 사용하는 장비는 절연처리가 되어있어야 함
2. 분리작업에 사용되는 절단 장비는 사전체크를 해야 하고, 절단 부분을 고정해서 작업자를 보호해야 함
3. 배터리 운반용 장비는 폐배터리의 하중을 충분히 견딜 수 있어야 함
⑤ 분리작업 장소는 다음 각 호의 사항을 갖추어야 한다.
1. 소방설비 등의 안전설비를 갖추어야 함
2. 바닥은 콘크리트 등으로 포장된 단단하고 틈이 없어야 하고, 전해액 등의 누출에 대비한 주변 오염방지 설비를 갖추어야 함
3. 건조하고 통풍이 잘 되어야 하며, 외부환경에 영향을 받지 않는 건물 내부이어야 함
⑥ 전기자동차 폐배터리의 분리작업은 안전한 회수, 해체, 보관시설과 장비를 구축한 자동차해체재활용업체가 하며, 자동차해체재활용업체 또는 관련 협회 등은 분리작업자에 대한 안전교육을 실시할 수 있다.

　제3조(전기자동차 배터리의 분리방법)　① 고전압 전기 장치의 해제는 다음 각 호의 순서에 따라 실시한다.
1. 점화 장치의 스위치를 끄고 키를 제거
2. 주 배터리와 보조 배터리를 분리한 후 모든 배터리 단자의 전기를 끊음
3. 보조 배터리 등의 전원 장치가 내·외부에 남아 있거나 차량에 점프 스타트나 충전 장비가 연결되어 있지 않은지 확인
4. 고전압 전기장치 차단스위치를 제거하거나 분리 스위치를 꺼서(제조업체마다 다름) 고전압시스템을 해제. 만일 서비스 플러그나 분리 스위치를 찾을 수 없거나 접근 또는 사용할 수 없는 경우에는 제조사 또는 수입사가 제공하는 정보를 참조하여 실시
② 고전압 배터리의 분리 및 제거는 다음 각 호의 순서에 따라 실시해야 한다.
1. 고압 케이블 터미널을 분리하기 전에 터미널간 전압이 0볼트 인지 확인
2. 고전압 배터리에서 고전압 배터리 연결 케이블을 분리
3. 절연 테이프를 사용하여 자동차의 고전압 배터리 연결 케이블을 절연처리
4. 누전 방지를 위해 고전압 배터리 단자를 절연 테이프로 밀봉. 일부 차량은 배터리 케이블 소켓에 절연 캡을 씌워야 할 수도 있으므로, 제조사 또는 수입사가 제공하는 정보를 참조
5. 고전압 배터리를 분리한 후 외관상 손상 여부를 확인
　제4조(전기자동차 폐배터리의 보관방법)　① 전기자동차 폐배터리를 보관할 때에는 다음 각 호의 사항을 준수해야 한다.

> 1. 폐배터리가 건조하게 유지될 수 있도록 환기가 잘되는 저온 저습한 장소에 보관
> 2. 고온·화기·직사광선이나 수분 등에 노출되지 않도록 주의
> 3. 과도한 충격이 가해지지 않도록 하고 바닥에 떨어지거나 기계적인 부하 또는 구멍을 뚫는 행위 등으로 인한 손상이 발생하지 않도록 주의
> 4. 폐배터리를 바닥에 보관하는 경우에는 고압 절연 고무매트를 바닥에 깔고 정상 설치된 방향으로 보관하며 뒤집어서 보관하지 않도록 주의
> 5. 폐배터리가 합선되지 않도록 절연 처리를 해야 하고, 필요시 고압 절연 고무매트로 폐배터리를 덮어서 보관
> 6. 폐배터리 보관장소에는 경고 표시를 하고, 외부인의 접근을 차단하고 파손이나 안전사고를 예방할 수 있도록 보안장치를 설치
> ② 전해액이 누출되는 등 파손된 배터리는 「폐기물관리법」 등 관련 규정에 따라 안전하게 처리해야 한다.

○ 환경친화적 자동차의 개발 및 보급 촉진에 관한 법률(친환경 자동차법-전기 이륜차가 포함되지 않아 전기자동차충전사업자로 등록이 불가능)

> 환경친화적 자동차의 개발 및 보급 촉진에 관한 법률 (약칭: 친환경자동차법)
> [시행 2022. 1. 28.] [법률 제18323호, 2021. 7. 27., 일부개정]
>
> 1. "자동차"란 다음 각 목의 어느 하나에 해당하는 자동차 또는 건설기계로서 대통령령으로 정하는 것을 말한다.
> 가. 「자동차관리법」 제2조제1호에 따른 자동차
> 나. 「건설기계관리법」 제2조제1호에 따른 건설기계
> 2. "환경친화적 자동차"란 제3호부터 제8호까지의 규정에 따른 **전기자동차, 태양광자동차, 하이브리드자동차, 수소전기자동차 또는 「대기환경보전법」 제46조제1항에 따른 배출가스 허용기준이 적용되는 자동차 중 산업통상자원부령으로 정하는 환경기준에 부합하는 자동차**로서 다음 각 목의 요건을 갖춘 자동차 중 산업통상자원부장관이 환경부장관과 협의하여 고시한 자동차를 말한다.
> 가. 에너지소비효율이 산업통상자원부령으로 정하는 기준에 적합할 것
> 나. 「대기환경보전법」 제2조제16호에 따라 환경부령으로 정하는 저공해자동차의 기준에 적합할 것
> 다. 자동차의 성능 등 기술적 세부 사항에 대하여 산업통상자원부령으로 정하는 기준에 적합할 것

3. "전기자동차"란 전기 공급원으로부터 충전받은 전기에너지를 동력원(動力源)으로 사용하는 자동차를 말한다.
4. "태양광자동차"란 태양에너지를 동력원으로 사용하는 자동차를 말한다.
5. "하이브리드자동차"란 휘발유·경유·액화석유가스·천연가스 또는 산업통상자원부령으로 정하는 연료와 전기에너지(전기 공급원으로부터 충전받은 전기에너지를 포함한다)를 조합하여 동력원으로 사용하는 자동차를 말한다.
6. "수소전기자동차"란 수소를 사용하여 발생시킨 전기에너지를 동력원으로 사용하는 자동차를 말한다.
7. 삭제 <2016. 12. 2.>
8. 삭제 <2016. 12. 2.>
9. "수소연료공급시설"이란 수소전기자동차에 수소를 공급하기 위하여 수소를 생산·저장·운송·충전하는 시설을 말한다.
10. "환경친화적 자동차 관련기업"이란 환경친화적 자동차와 관련된 사업을 영위하는 기업으로서 다음 각 목의 어느 하나에 해당하는 기업을 말한다.
가. 환경친화적 자동차 또는 부품을 제작·조립하는 기업
나. 환경친화적 자동차 충전시설 또는 수소연료공급시설을 생산하거나 설치·운영 서비스를 제공하는 기업
다. 그 밖에 대통령령으로 정하는 기준에 따른 기업
[전문개정 2011. 5. 24.]

기대효과

- 현재 국내 이륜차 시장은 결국 BSS 인프라 구축이 전기이륜차의 시장의 성패를 좌우할 것으로 예상되며, BSS 인프라 구축을 주도하는 업체가 시장을 주도할 것으로 보임
- 하이브리드교환방식의 BSS 표준화가 진행되면 타사 제품도 교환(보조) 배터리 슬롯만 장착하면 공용으로 사용할 수 있게 되어 경제적 측면과 자연스러운 표준화가 이루어질 것으로 예상
- 동남아 시장의 경우 전기이륜차 이용자의 대부분이 본인 소유의 배터리와 공유배터리가 혼용되는 것을 싫어하므로 배터리 교환 스테이션 이용률이 1%대로 낮은 실정임
- 하이브리드 교환방식은 이러한 문제를 해결할 수 있어 동남아 시장의 진출이 용이할 것으로 보이며 동남아 국가의 친환경 이모빌리티정책과 맞물려 시너지 효과를 가져올 것으로 예상됨

모빌리티 디지털전환 이해

0절 | 기술·서비스 내용

1. 가. 기술·서비스 세부 내용

○ 라이더들의 니즈를 반영한 배달에 적합한 전기 이륜차 개발

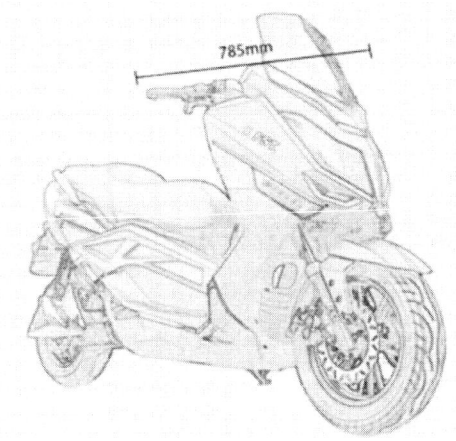

- 기존 배달용 전기 이륜차의 배터리 부족 현상, 충전에 따른 시간 지연 현상, 오르막길 이용 어려움 등에 대한 문제를 해결할 수 있음
- 기존 IN-Wheel 방식 모터가 아닌 중앙식 모터(체인사용) 채용으로 시제품 제작 완성하였음
- 주요기능으로 급발진 방지, 우수한 핸들링, 주행의 안정성을 확보하였음
- 하이브리드 전기이륜차 구동방식(고정형＋교환형) 적용 예정

◆ 참고문헌

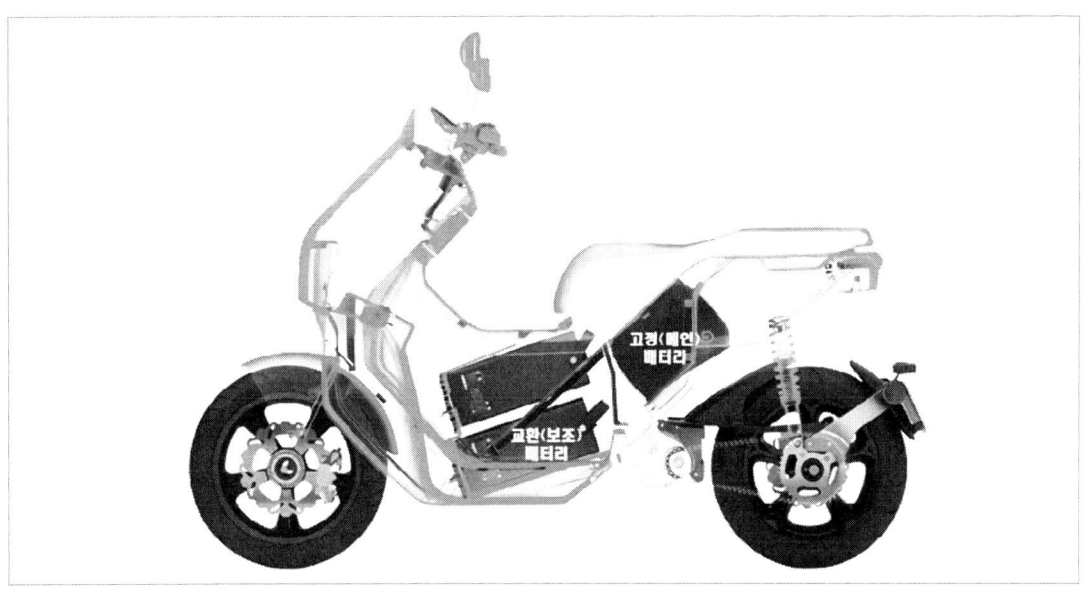

○ 하이브리드 방식 이륜전기차 개발

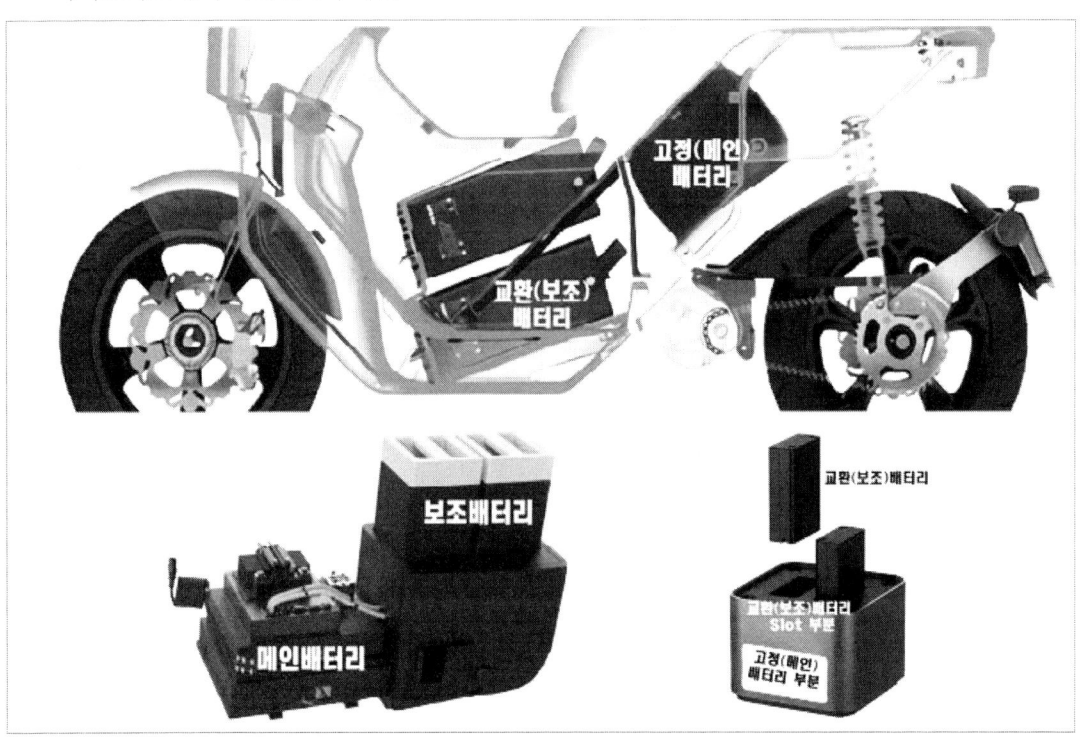

- 본 방식은 충전이 어렵고 오래걸리는 단점을 해결하기 위해 배터리교환시스템(Battery Swapping System) 개념이 등장

모빌리티 디지털전환 이해

- 배터리 교환이 가능한 전기이륜차를 이용하여 배터리교환스테이션이 설치된 곳에서 방전된 배터리를 넣고 완충된 배터리를 꺼내서 장착, 실제 일반 충전기를 사용해 전기이륜차를 완충하려면 2~3시간 걸리지만 배터리교환스테이션을 이용하여 교환하는 경우 1분으로 가능함
- 고정(메인)배터리는 분리가 되지 않는 고정형으로 모터를 구동하고 교환(보조)배터리는 고정(메인)배터리의 충전을 보조하는 역할을 맡기면 국토교통부의 법을 준수하면서 배터리교환 방식의 장점을 살릴 수 있음
  - 고정(메인)배터리 1기와 교환(보조)배터리 2기를 함께 하이브리드교환방식
  - 교환(보조)배터리는 사람이 손쉽게 교환이 가능한 6kg(72V 15Ah) 무게 확보
  - 고정(메인)과 교환(보조)배터리 합쳐 1회 충전 주행거리 60Km 이상
  - 타사의 전기이륜차에도 적용 가능

<그림> 배터리교환스테이션 이용 개념도

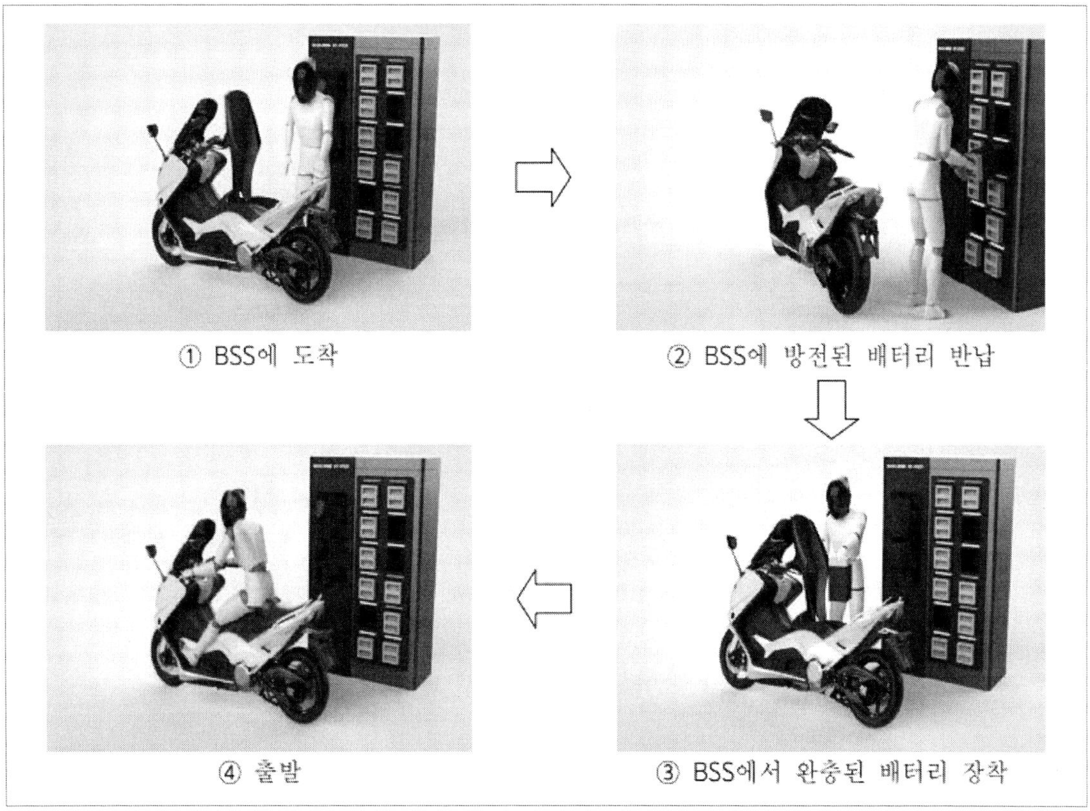

① BSS에 도착
② BSS에 방전된 배터리 반납
③ BSS에서 완충된 배터리 장착
④ 출발

○ 무선 배터리와 카트리지 개발
  - 전기 이륜차의 배터리를 교체할 수 있는 무선 배터리와 카트리지 개발을 통해 전기 이륜차의 배터리 충전 시간을 줄일 수 있음

◆ 참고문헌

- 범용 충전스테이션 통합제어시스템(기존 배터리, 재사용 배터리 동시 충전)
- MBMS(Main BMS) 모듈 개발(NFC 통신방식 사용)
- 재사용 배터리 모듈들의 실시간 충전 제어 상태 기록/전달
- NFC 모듈을 통한 실시간 배터리 장·탈착 상태 및 보안상태 확인 가능
  - 손쉬운 재사용 배터리 장·탈착이 가능
- 모듈형 충전 Port 구조로 다수(#1~#n)의 슬롯으로 확장 가능
  - OBC(On-Board Charger) 개발
- 실시간 재사용 배터리 상태에 따른 충전량 조정
- 비정상적인 상황 발생 시 충전 차단

○ 폐 배터리를 이용한 보조 배터리 개발
- 폐 배터리를 이용하여 교체 가능한 보조 배터리를 개발하고자 함
- 기존 배터리의 경우 무게 문제와 규제에 따른 배터리 교체 방식 적용이 어려운 상황임
  - PHEV 모듈 2EA 직렬 적용
  - 60V 27.4Ah(16S1P) 구성으로 사용 후 배터리 적용
  - 전기이륜차에 적용 시 충전 후 30km 정도 운행 가능
  - 충·방전 상황 제어 및 교정(Calibration)
  - LTE-M1 망을 이용해 서버로 BMS DATA 송신(위치, 배터리 정보 확인 가능)

<기술서비스 구성도>

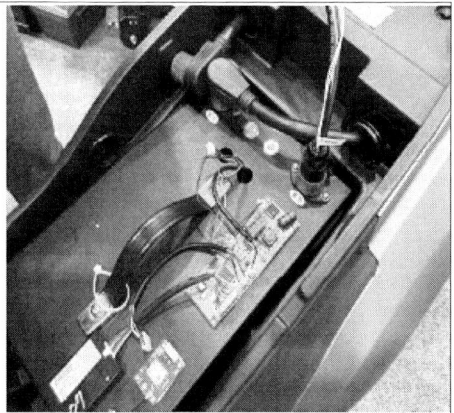

○ 기존 기술서비스의 차별성
- 일반적인 배터리교환방식의 전기이륜차는 손쉬운 배터리 교환을 위해 전기이륜차 상부에 배터리를 둠

- 이는 무게중심이 위에 있어, 주행 시 전복 위험이 있으나, 이를 하이브리드 교환방식을 적용하여 고정(메인)배터리를 차체 하부에 설치하면 전기이륜차의 기본적인 무게중심이 아래쪽에 있게 되며 안전한 주행에 큰 역할을 할 수 있음
- 앞으로 소비자는 더욱더 다양한 성능의 전기이륜차를 요구할 것이나 국표원의 배터리 공칭전압 표준을 따르면, 소비자가 요구하는 다양성을 만족시킬 수 없게 됨
- 예를 들어, 1500cc 이하의 소형 자동차 엔진을 3000cc 이상의 대형 자동치에 장착한다면 당연히 원하는 출력이 나오지 않기 때문임
- 이 때문에 제조사와 국표원 모두를 만족 시킬 수 있는 하이브리드교환방식이 필요
- 하이브리드 방식을 적용하게 되면 고정(메인) 배터리는 제조사가 원하는 사양으로 만들면 되고, 교환(보조)배터리는 국표원 표준 방식을 적용 가능함

2. 기술·서비스 관련 시장 현황 및 전망

2.1. 기술개발 현황

○ 정부의 친환경 정책으로 2005년에 3개 업체로 시작했던 전기이륜차 보급사업 참여업체가 2022년 9월 기준으로 41개로 늘어나게 되었고, 제품도 100여 개에 이르고 있음
○ 전기이륜차 시장의 확대는 대기업군에 속한 업체들의 참여도 가속화되고 있으며 현대케피코, LG에너지솔루션, 대동공업 등의 기업군에 속한 업체들의 참여도 가속화 하는 실정임
○ 전기이륜차 시장의 성장과 함께 배터리교환스테이션(BSS, Battery Swapping Station) 개발에도 경쟁 심화되고 있음
○ 한국스마트이모빌리티협회에 따르면 올해 글로벌 전기이륜차 시장 규모는 약 7400억원, 운영 대수는 100만대를 돌파
○ 친환경 전동화 추세에 따라 2027년 전기이륜차 해외 시장은 1조원 가까이 커지고 약 600만대 전기이륜차가 일상에 자리 잡을 것으로 관측

2.2. 정부 정책 현황

○ 국토교통부가 2020년 5월 22일에 입법 예고하고 2022년 12월 25일 시행을 앞두고 있는 전기이륜차 안전기준에 따르면 배터리교환방식의 전기이륜차 운행은 불가능(전기이륜차 배터리(고전원전기장치)의 분리를 금지)
○ 환경부는 국내 판매 이륜차를 2030년까지 모두 전기 이륜차로 전환할 계획

◆ 참고문헌

- 정부와 지방자치단체는 전기차에 보조금을 주듯 전기 이륜차에도 출력에 따라 85만~300만원의 보조금을 지급
- 서울 등 주요 지자체의 전기 이륜차 보조금은 이미 동이 남
- 정부의 친환경 정책으로 배달 종사자들은 2025년부터는 전기이륜차로만 배달이 가능
- 그런데도 2022년 9월 현재 국내 150만 대의 배달용 이륜차 중 5%만이 전기이륜차임
- 정부의 전기이륜차 시장 활성화와 취약계층 노동자에 대한 지원으로 2021년부터 배터리교환스테이션 설치비용을 지원하고 배터리교환스테이션을 이용하는 배달 종사자들에게는 이용요금 일부를 지원
  - 2021년 서초구 배달 종사자 배터리교환스테이션 이용요금 50% 지원
  - 2022년 산업부는 배터리교환스테이션 실증사업 52억원 진원
  - 2022년 환경부도 배터리교환스테이션 설치 보조금 30억원 지원
  - 2022년 서울시 배터리교환스테이션 설치지원 30억원 편성
- 정부와 업계가 눈여겨보는 건 배터리 교환식 충전소
- 배터리 교환소에서 방전 배터리를 완충 배터리로 바꾸는 방식임
- 산업통상자원부는 배터리 교환소 실증사업을 위해 올해 예산 52억원을 투입하기로 하며, DNA 모터스는 공공기관, 편의점, 공중전화 부스 같이 접근성 좋은 장소에 배터리 교환소를 설치
- 이미 서울과 수도권에 15개 정도 마련했고 연말까지 약 200개를 추가 설치할 계획으로 젠트로피도 배터리 교환식 전기 오토바이 '젠트로피Z'를 출시하고 올해 안에 수도권에 배터리 교환소 100여 곳을 세울 계획
- 하지만 업체들의 배터리 크기와 전압 등이 상이한 상태로 각자 배터리교환스테이션을 구축하고 있어 중복 투자가 예상되어 정부는 배터리교환스테이션 인프라 구축에 중복 투자를 막고 빠른 전기이륜차 전환을 유도하기 위해 산업부와 국가표준기술원(이하 국표원)에서 국가표준을 제정
- 국립표준원은 공용으로 사용하도록 정한 공칭전압을 36V, 48V로 각각 표준 전압으로 정하고, 또 정격용량은 최소 1.4kWh 이상, 배터리 팩 1기의 무게는 10kg 이하로 명시
- 세계 최대 전기차 시장 중국은 2017년 친환경자동차 생산·판매량이 각각 79만4000대와 77만7000대로 집계돼 내년부터 폭발적인 전기차 배터리 교체기
- 중국자동차기술연구센터는 2025년 국내에서 발생되는 폐배터리가 35만톤에 이를 것으로 예측
- 중국배터리연맹에 따르면 올해 폐배터리 재활용 산업은 약 65억 위안(한화 1조1000억 원)에 이름

- 중국 정부는 전기차 판매업체가 배터리 회수에 관한 모든 책임을 지도록 하고, 폐배터리 재활용 체계 구축에 나섬
- 수십만 톤 규모의 폐배터리 회수 및 재활용을 관리하기 위해 중국 정부는 시범사업을 시행하고 가이드라인을 제시하는 등 다방면에서 노력
- 산시성, 상하이시 등 17개 성·시를 시범지역으로 정해 각 지역마다 재활용센터를 세우고 배터리 제조사 및 중고차 판매상, 폐기물 회사와 공동으로 회수 및 재사용이 가능한 시스템을 구축
- 독일의 경우, 일찍이 2009년부터 배터리 수거 의무를 규정하는 신배터리법을 도입
- 배터리 제조업체 및 수입업체, 유통업체에 노후한 배터리의 회수와 재활용에 대한 의무를 지움
- 미국도 폐배터리 재활용에 손을 걷어붙였음
- 조 바이든 대통령의 '전기차 강국' 전략에 국내 배터리 재활용 촉진이 포함될 것이라는 정부 관계자의 언급을 보도
- 폐배터리 재활용 연구는 미국 에너지부 산하 아르곤 국립연구소의 주도로 이뤄질 것으로 보임
- 아르곤 연구소는 배터리 음극과 다른 배터리 부품을 재활용하는 것을 중점으로 연구
- 우리나라는 정부가 지난해 말 폐배터리를 지방자치단체에 반납해야 하는 의무를 폐지하면서 올해부터 폐배터리를 빌려쓰거나 재활용하는 사업도 급물살을 탈 것이란 전망을 예측
- 시장조사업체 네비건트 리서치는 향후 중고 배터리 거래가 활성화될 경우 관련 시장 규모가 2035년에는 30억 달러(한화 약 3조5600억 원)까지 확대될 것으로 전망

2.3. 전기이륜차 제조업체 현황

- 전기이륜차 보급 초기 제품의 90%가 중국에서 제조
- 현재는 배터리는 삼성SDI와 LG에너지솔루션 셀을 이용하여 국내에서 제작하고 차체는 중국 등에서 완제품을 수입하거나 부품을 수입하여 국내에서 조립(CKD/SKD)하는 형태로 변화
- 이륜차 시장과는 달리 전기이륜차는 현재 크게 두각을 나타내는 제조사나 제품이 존재하지 않음
- 이 때문에 여러 국내 중소업체들이 전기이륜차 시장에 뛰어들고 있음

◈ 참고문헌

○ 제조업체 현황
① DNA모터스

- EM-1 : 96V 30Ah(배터리 내장형), 최대주행거리 60.4km
- EM-1S : 48V 30Ah 2개(배터리 교환식, 직렬방식)
            최대 주행거리 55.5km

- DNA모터스의 초기 모델 EM-1의 경우 주행거리는 60km가 가능하였으나, 배터리 무게 때문에 교환방식의 서비스는 불가능함
- 두 번째 모델인 EM-1S는 배터리를 기존 내장형 배터리인 96V 30Ah를 48V 30Ah 2개로 나누어 교환이 가능하게 하였으나 주행거리는 줄어듦

② MBI

- MBI-S : 37V 31Ah 2개(배터리 교환식, 직렬방식)
- MBI-X : 37V 57.6Ah 2개(배터리 교환식, 직렬방식)

- MBI는 초기 모델 MBI-S부터 배터리 교환방식을 채택하였고, 쉬운 배터리 교환을 위해 37V 31Ah의 직렬방식을 채택하여 개당 10kg의 무게를 확보하였으나 짧은 주행거리가 단점임
- 후속모델인 MBI-X는 단점인 주행거리를 늘이기 위해 37V 57.6Ah를 채택함. 그러나 반대로 무게가 10kg 이상으로 늘어나 손쉬운 배터리 교환에 문제발생

③ KR모터스

- E-LuTion : 48V 30Ah 2개(배터리 교환방식, 직렬방식, LG에너지솔루션 21700Cell) 체인 타입
- DNA모터스와 MBI를 벤치마킹한 KR모터스는 배터리 교환방식의 최적화를 위해 48V 30Ah를 채택하여 10kg 미만의 무게와 일정 출력을 확보함
- 배터리 문제와는 별도로 중앙식모터(체인방식)를 사용하여 등판 문제를 해결, 하지만 배달라이더들이 원하는 출력에는 못 미침

2.4. 시장 현황

○ 보급사업의 경우 매년 보조금액은 감소할 것이고 조만간 보조금 정책은 사라지게 될 것이지만, 내연기관 이륜자동차 운행제한과 같은 정책이 보조금보다 더 중요한 변수가 될 수 있음
○ 국내 내연기관 이륜자동차 생산중단 선언, 내연기관 이륜자동차 사용신고 제한 정책 등은 자연스럽게 대중들에게 전기이륜차를 필연적으로 사용해야 한다는 생각을 심어주게 될 것이고, 더 이상 보조금 지원이 없어도 전기이륜차를 구매하도록 유도할 수 있음

- 서비스 융합: 기존의 제작·수입사 위주의 전기이륜차 시장이 서비스 업체 중심으로 재편될 수 있다는 것, 단순 리스·렌탈 서비스가 아닌 이동/운송과 연계된 편의성을 제공해주는 서비스가 전기이륜차 시장의 새로운 대규모 수요처로 성장
- 스윙(Swing)에서 진행 중인 "오늘은 라이더" 서비스가 대표적이라고 볼 수 있으며, 제작·수입사에서 제품의 디자인, 성능 등을 분석하여 신제품을 개발하는 것이 아니라 대규모 수요처에서 요구하는 사양, 가격 등을 따라 갈 수 밖에 없는 상황이 될 수도 있고, 극단적으로는 서비스 업체의 OEM사로도 전락할 수 있다는 의미
- 전기이륜차 안전기준 강화: 국토교통부의 「자동차 및 자동차부품의 성능과 기준에 관한 규칙」 개정(안)의 시행에 따라 배터리팩과 전원관리 기준이 강화로 이에 대한 대응이 늦을 경우 국내 시장에서 더 이상 판매가 불가능할 수 있으므로 개별 업체 대응보다는 협회를 중심으로 협력하면서 해결해야 할 부분이며, 이를 토대로 부품 공용화, 단체표준 제정 등으로 국내 전기이륜차 부품업체들과 상생할 수 있도록 지원
- 국내 산업생태계 구축: 현재 내연기관 이륜자동차 부품 업체들은 국내에 많지 않지만, 전기이륜차의 경우 새로운 산업 생태계를 구축할 수 있으므로 제작·수입사, 중앙부처 등이 협력하여 노력해야 하는 부분으로 아직은 많은 부분을 중국 등 해외에 의존해야 하겠지만, 조그마한 노력을 시작으로 가능
- 국내 이륜차 시장현황
  - 전 세계 완성차 생태계는 내연기관차에서 전기차로 급격하게 중심축을 옮기고 있음
  - 인류가 지속가능하려면 무엇보다 환경을 최우선 가치로 둬야 한다는 공감대를 형성, 하지만 이륜차(오토바이)는 완성차와 비교해 상대적으로 전동화 전환이 더뎌짐
  - 코로나19 팬데믹 이후 이륜차 시장이 빠르게 커지면서 정부와 제조사를 중심으로 전동화 전환을 본격화

<그림> 전기 오토바이 시장 성장세

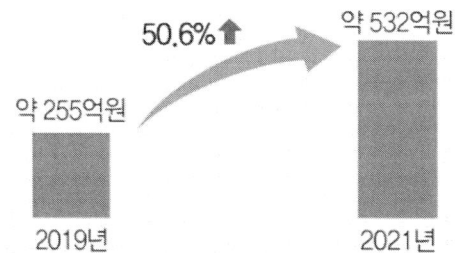

자료: 한국스마트이모빌리티협회

- 국내 이륜차 시장은 1990년 이후 경제성장과 상업적인 수요 증가로 연간 30만 대규모로 지속적인 성장세를 보이다가 외환 및 금융위기로 큰 폭의 감소세를 나타내었으나 이후 지속적인 증가가 이루어졌고 최근 코로나로 인해 크게 성장하였음
- 2021년 신규 이륜차 등록 대수를 보면 2020년 기준보다 대략 27% 성장한 것으로 볼 수 있음
- 전기 이륜차의 최대 고객은 배달라이더로 업계 관계자는 "신규 이륜차 고객의 80%는 배달용"이라고 함
- 지자체의 전기 이륜차 보급정책도 배달 이륜차에 초점을 맞추고, 서울시는 2025년까지 전기이륜차 6만2000대를 보급할 계획인데, 이 가운데 3만5000대는 주5일 배달을 뛰는 전업 배달라이더임
- 세종시는 2024년까지 배달용 이륜차를 전부 전기 이륜차로 전환하고, 주요 지점 60곳에 이륜차 충전시설을 설치할 계획
- 이는 코로나로 인해 음식 배달 수요가 증가하면서 이륜차(오토바이) 수요가 증가한 것으로 볼 수 있고, 앞으로도 배달수요의 지속적인 성장에 따라 함께 증가할 것으로 보임
- 등록 대수 2001년 170만 대 수준에서 2014년 214만 대 수준(국토교통부 통계 기준)으로 성장하였으며 2022년 현재 300만 대를 넘었음

○ 국내 전기차 충전기 개발 현황
- 대구시는 산업부와 함께 국내 주요 기업·연구기관과 컨소시엄을 구성해 배터리 교체형 전기이륜차와 충전스테이션을 개발, 선광엘티아이가 주관하고 대구에서 그린모빌리티, HMG, DGIST, 지능형자동차부품진흥원이 참여
- 대구시와 산업부가 개발비를 지원, 전기이륜차 주행거리를 95㎞ 이상으로 늘리고(기존 60㎞), 배터리 교체형으로 개발

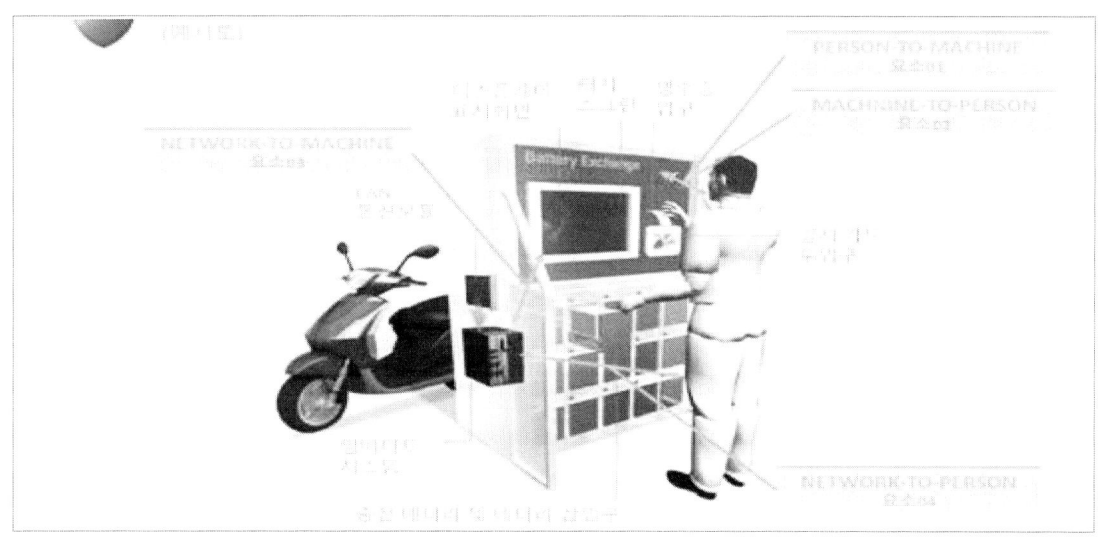

- 전국의 공중전화부스를 관리하는 KT 자회사 KT링커스는 공중전화부스를 활용한 배터리 공유 스테이션을 개발, 충전 장치가 공중전화 부스 옆에 부착되는 방식
- 이를 위해 KT는 지난 4월 충남도, 광주 남구청과 MOU를 체결
- 배달의민족과 쿠팡이츠도 전기이륜차 도입을 추진하고 있는 상황
- 한전 경기본부-전기이륜차 업체와 협력, 한국전력 경기본부 전력사업처는 22일 이쓰리 모빌리티, 하나모터스 코리아와 '전기오토바이 충전 구축 기술개발을 위한 업무협약'을 체결하고 전기오토바이 충전 시연회를 개최함
- 한전 경기본부는 이번 협약과 시연회를 통해 누구나 손쉽게 이용할 수 있는 공용 충전소 설치를 위한 기반을 마련, 전기차 완속충전기 케이블을 전기이륜차 충전기에 연결하고 전기이륜차 케이블을 전기이륜차 배터리에 연결하면 인버터 역할을 하는 충전기가 전기이륜차 배터리에 충전이 가능하도록 전압을 조절

○ EV 폐배터리 시장
- 2021년 전 세계 전기차(EV) 판매량은 전년 대비 2배 상승한 660만 대에 달함
- 특히 배터리 전기차(BEV)는 2040년에 2020년 대비 약 32배 증가한 1억 400만 대가 판매될 것으로 전망

- 2020년 전기차 리튬이온 배터리의 생산량은 160기가와트시(GWh)로 2019년 대비 33% 증가
- 전 세계적으로 폐기되는 전기차는 2025년 54만 대에서 2030년 414만 대, 2035년 1,911만 대, 2040년 4,636만 대로 급증할 전망
- 수명을 다한 폐배터리는 2025년 42GWh에서 2030년 345GWh, 2040년 3,455GWh로 80배 이상 증가할 전망
- 세계적으로 배터리를 환경 유해 물질로 지정하고 있고, 우리나라 국립환경과학원도 산화 코발트, 리튬 등이 1% 이상 함유한 전기차 배터리를 '유독물질'로 분류

○ 우리나라 폐 배터리 시장 상황
- 정부 산하 연구개발특구진흥재단의 조사에 따르면 국내 배터리 재활용 시장은 2020년 1.7억 달러(약 1,990억 원)에서 연평균 성장률 6.1%로 증가하여, 2025년에는 2.2억 달러(약 2,650억 원)에 이를 것으로 전망
- 글로벌 폐배터리 시장 규모는 2019년 기준 1조6500억원에서 2030년 약 20조2000억원, 2050년에는 600조원 규모로 커질 것으로 추산
- 2025년까지 성장률이 한자리 수에 머무는 이유는, 전기차 확산 시기 등을 고려 시 폐배터리가 본격적으로 증가하는 시점이 2025년 이후
- 국내 전기차 폐배터리 배출은 2019년 1백 대에서 2029년 7.9만 대로 증가할 것으로 추정, 2025년 이후 폐배터리 시장은 큰 폭의 성장이 예상
- 중국의 경우 2018년부터 전국적으로 폐배터리 재활용 시범사업에 나섰고, 독일 폭스바겐과 BMW는 ESS 생산라인 구축 등 재활용에 팔을 걷어붙였음
- 이에 배터리 3사를 필두로 완성차, 철강, 중공업 등 주요 산업계에서도 폐배터리 사업을 잇따라 추진하며 잰걸음
- SK이노베이션은 수리(Repair)·렌탈(Rental)·충전(Recharge)·재사용(Reuse)·재활용(Recycling) 등 '5R'을 중심으로 한 폐배터리 재활용 방안을 연구 중
- 올 하반기 출시 예정인 기아의 첫 전용 전기차 EV6에 배터리 재활용 순환모델을 적용, SK렌터카 등과 사업 협력을 통해 배터리 렌탈·충전·재사용·재활용 등을 통한 배터리 순환 경제 구축을 목표로 하는 배터리 서비스인 'BaaS(Battery as a Service) 사업'도 추진
- LG에너지솔루션은 세계 최대 전기차 배터리 생산 능력 확보와 함께 폐배터리 사업에도 박차를 가하고 LG에너지솔루션은 제너럴모터스(GM)와 합작 법인인 얼티엄셀즈를 통해 폐배터리 재활용 사업
- 삼성SDI는 2019년 폐배터리 재활용 전문 기업 피엠그로우에 지분 투자했고 성일하이텍 등 한국의 재활용 업체들과도 협력, 성일하이텍은 세계에서 폐배터리 재활용을 통한 희귀 금속 회수 기술을 가진 몇 안 되는 기업 중 하나로, 미국·중국·말레이시아·인도·헝가리 등 해외에서도 사업장을 갖춤

모빌리티 디지털전환 이해

- 두산중공업은 폐배터리에서 화학제를 사용하지 않고 탄산리튬을 회수하는 기술개발에 성공, 올해 하반기부터 1500t을 처리할 수 있는 설비 실증을 거쳐 본격적으로 사업화에 나설 방침
- 송용진 두산중공업 부사장은 "이번 기술 개발로 광산 등 자연에서 리튬을 채굴하는 방식보다 온실가스 발생량을 대폭 줄이고 자원을 절약할 수 있는 친환경 처리 기술을 확보

모빌리티 디지털전환 이해

초 판 1쇄 발행	2024년 11월 10일
저　　자	이홍식 · 하성용 共著
발 행 처	도서출판 에듀컨텐츠휴피아
발 행 인	李 相 烈
등록번호	제2017-000042호 (2002년 1월 9일 신고등록)
주　　소	서울 광진구 자양로 28길 98, 동양빌딩
전　　화	(02) 443-6366
팩　　스	(02) 443-6376
e-mail	iknowledge@naver.com
web	http://cafe.naver.com/eduhuepia
만든사람들	기획 · 김수아 / 책임편집 · 이진훈 정민경 하지수 박현경 황수정 디자인 · 유충현 / 영업 · 이순우
I S B N	978-89-6356-471-5 (93320)
정　　가	19,000원

이 책은 저작권법에 따라 보호받는 저작물이므로 무단전재와 무단복제를 금지하며, 책 내용의 전부 또는 일부를 이용하려면 반드시 저작권자의 서면 동의를 받아야 합니다.

[교육부대학혁신지원사업 사업비로 개발되었음]